U0352205

"十三五"国家重点出版物出版规划项目

外语学科核心话题前沿研究文库

语言学
核心话题系列丛书
Key Topics in Linguistics

■ 普通语言学
General Linguistics

焦点与量化理论及其运用

*

Focus and Quantification: Theories and Applications

黄瓒辉 著

外语教学与研究出版社
FOREIGN LANGUAGE TEACHING AND RESEARCH PRESS
北京 BEIJING

图书在版编目（CIP）数据

焦点与量化理论及其运用 / 黄瓒辉著. —— 北京 ：外语教学与研究出版社，2024. 9（2024. 12 重印）. ——（外语学科核心话题前沿研究文库）. —— ISBN 978-7-5213-5722-6

I. TP391

中国国家版本馆 CIP 数据核字第 2024M68V15 号

焦点与量化理论及其运用

JIAODIAN YU LIANGHUA LILUN JI QI YUNYONG

出版人 王 芳
选题策划 常小玲 李会钦 段长城
项目负责 陈 阳
责任编辑 陈 阳
责任校对 王小雯
装帧设计 杨林青工作室
出版发行 外语教学与研究出版社
社 址 北京市西三环北路 19 号（100089）
网 址 https://www.fltrp.com
印 刷 北京九州迅驰传媒文化有限公司
开 本 650 × 980 1/16
印 张 22
字 数 327 千字
版 次 2024 年 9 月第 1 版
印 次 2024 年 12 月第 2 次印刷
书 号 ISBN 978-7-5213-5722-6
定 价 99.90 元

如有图书采购需求，图书内容或印刷装订等问题，侵权、盗版书籍等线索，请拨打以下电话或关注官方服务号：
客服电话：400 898 7008
官方服务号：微信搜索并关注公众号“外研社官方服务号”
外研社购书网址：https://fltrp.tmall.com

物料号：357220001

出版前言

随着中国特色社会主义进入新时代，国家对外开放、信息技术发展、语言产业繁荣与教育领域改革等对我国外语教育发展和外语学科建设产生了深远影响，也有力推动了我国外语学术出版事业的发展。为梳理学科发展脉络，展现前沿研究成果，外语教学与研究出版社汇聚国内外语学界各相关领域专家学者，精心策划了“外语学科核心话题前沿研究文库”（下文简称“文库”）。

“文库”精选语言学、应用语言学、翻译学、外国文学研究和跨文化研究五大方向共25个重要领域100余个核心话题，按一个话题一本书撰写。每本书深入探讨该话题在国内外的研究脉络、研究方法和前沿成果，精选经典研究及原创研究案例，并对未来研究趋势进行展望。“文库”在整体上具有学术性、体系性、前沿性与引领性，力求做到点面结合、经典与创新结合、国外与国内结合，既有全面的宏观视野，又有深入、细致的分析。

“文库”项目邀请国内外语学科各方向的众多专家学者担任总主编、子系列主编和作者，经三年协力组织与精心写作，自2018年底陆续推出。“文库”已获批“十三五”国家重点出版物出版规划项目，作为一个开放性大型书系，将在未来数年内持续出版。我们计划对这套书目进行不定期修订，使之成为外语学科的经典著作。

我们希望“文库”能够为外语学科及其他相关学科的研究生、教师及研究者提供有益参考，帮助读者清晰、全面地了解各核心话题的发展脉络，并有望开展更深入的研究。期待“文库”为我国外语学科研究的创新发展与成果传播作出更多积极贡献。

外语教学与研究出版社

2018 年 11 月

目录

总序

人猿揖别，其主要标志固然是人学会了直立行走，手与足形成了明确的分工，从而使人最终走出猿的世界，成为一个新的物种，但在其逐渐学会制造和使用复杂的工具，并需要表达复杂的思想时，具有各种表征结构的语言从简单渐渐走向精细，这一发展过程无疑使人更具备了人的属性。然而，语言虽为人所创造和使用，但语言的规律和本质到底是什么？这一问题至今困扰着语言学家，无法给出一个人人都能认同的答案。这就如同人人都有大脑，时时使用着大脑，对其理应最为熟悉，但是，大脑的组织结构、神经系统等各种复杂关系和功能至今依然成谜，科学家目前对其的认识只是其神秘的冰山一角。如记忆是一个过程，人在记忆时实际上就是重建保存于大脑中零零碎碎的信息，但究竟是何种因素促发大脑开始这个重建过程？这依然令人迷惑。据说人类的大脑仅占人体重量的 2%，其内部的血管总长度居然达到 16 公里，由 1,000 亿个神经细胞构成，相当于银河系内的恒星数量，但这些神经细胞彼此之间到底是怎样联结并发挥各自的功能的？这也是一个难解之谜。所以说，人体自身的东西，人类自己目前也未必就能说得清楚，人类的语言其实也是如此。

语言之谜尽管至今尚未完全破解，但语言在人类文明的演进及其在现实生活中的作用不言自明。人与人之间的交流、国与国之间的交往、文明的记录和传承等均离不开语言。尤其是处于世界多极化、经济全球化、文化多样化、国际关系民主化的当下，世界各国和地区之间的沟通与合作愈益频繁，彼此的依存性、互动性和关联性愈益明显，语言从中所起的作用更是不可小觑。在此若把眼光仅放到国家层面，语言的作用同样十分显明。在《国家中长期语言文字事业改革和发展规划纲要（2012—2020年）》中，“国家语言实力”和“国民语言能力”等概念的提出，足以证明语言对国家发展战略的重要性。这至少可从四个方面得到说明：一是国家的国际化、“一带一路”倡议、参与全球治理、中国文化走出去、讲好中国故事等，无不需要语言铺路。二是一个国家能否充分利用语言资源、提供语言服务、处理语言问题、发展语言事业等是其语言能力强弱的表现，不仅是一种软实力，也是一种硬实力，是国家综合实力的重要组成部分；一个国家优秀文化的承继、一个民族的凝聚力，其表达和传播的主要工具就是语言，事关民族身份的认同，也事关国家的安全。三是推动社会进步、促进经济发展、助推科技创新、推进教育现代化、贯彻国家政策、增强文明意识、提振精气神等，均需借助语言这一重要媒介。四是国民语言能力的高低直接关乎其融入社会、与他人沟通交流、参与社会建设、强化文明行为、履行职业责任、执行国家意志、提升个人素质、保障个体的生存和发展等。总而言之，不论作为世界公民，还是国家公民，抑或个人本身，我们都须臾离不开语言。也正因为此，加强语言研究实属必要。

就学科建设而言，不论西方还是中国，语言研究均可谓源远流长。尤其是20世纪以来，语言因无处不在，无时不存，其重要性越来越受到有识之士的关切，而专门探究语言的规律和本质的语言学在整个科学体系中的独立地位也愈益显豁，在哲学、心理学、社会学、教育学、人类学、伦理学、计算机科学、人工智能等学科中的重要性也越来越受关注，其应用也日益广泛。到了21世纪，语言学无疑已成为一门显学。

毋庸讳言，就现代意义上的语言学而言，我国的研究能力目前尚未进入国际先进行列。若暂且不论1898年《马氏文通》出版以前的中国传统语文学（即“小学”），西方概念上的语言学研究在中国已走过120年的历史。

在这一进程中，中国语言学既得益于西方语言学的研究方法，同时也受缚于西方语言学的研究范式；既成功观察并描写了许多汉语事实，也留下了汉语的一些特殊语言现象因难以纳入西方语言学的分析框架而无法得到充分的解释。这是中国语言研究者，不论是以汉语为主要研究对象还是以某一门外语或某几门外语为研究对象的学者，都需共同关心的问题，也是需合力而为的目标。其实，作为语言研究者，我们不能止步于某一种单一语言的探索，而是需要以人类所有语言为考察对象。尽管我们目前难以将世界上 6,000 余种语言全部纳入研究范围，但至少尽可能开展两种语言、三种语言甚至更多语言的探究。赵元任先生早就说过，所谓语言学理论，实际上就是语言的比较，就是世界各民族语言综合比较研究的科学结论（转引自杨自俭、李瑞华 1990：1）。王力（2008：16）曾提到："赵元任先生跟我说：'什么是普通语言学？普通语言学就是拿世界上的各种语言加以比较研究得出来的结论。'我们如果不懂外语，那么普通语言学也是不好懂的；单研究汉语，也要懂外语。"吕叔湘（1977）曾发表《通过对比研究语法》一文，提出"要认识汉语的特点，就要跟非汉语比较；要认识现代汉语的特点，就要跟古代汉语比较；要认识普通话的特点，就要跟方言比较"。吕叔湘先生的这些话都强调语言研究不能独尊一门语言，也不能独守某一语言的共时现象或某一通用语言，还要兼及方言等。简而言之，赵元任、王力和吕叔湘三位先生所强调的，就是语言研究需要具有历时的眼光和多语的眼光。我个人认为，外语研究者兼研汉语，可以以对比的眼光更深刻地认识自己所研究的外语；汉语研究者兼研外语，也可以以对比的眼光更深刻地反观自己对汉语母语的研究。这恐怕也应是赵元任、王力和吕叔湘三位先生所强调的主要思想之一。最近，张伯江（2018）强调："在世界语言中认识汉语。"我们在此不妨做一个延伸：应在世界语言中认识我们所研究的外语。

语言研究，一般涉及三个层面：一是观察的充分性（observational adequacy）；二是描写的充分性（descriptive adequacy）；三是解释的充分性（explanatory adequacy）。遗憾的是，我们当下的研究中有些往往是观察和描写有余而解释不足。即便有些研究声言其目的是为了解释某种语言现象，但常常仅停滞于表象，语言的规律和本质却远未得到深度揭示，其解释力远未充分。

本丛书就是鉴于我国的语言学研究现状及其不足，力图做到兼收并蓄，既借鉴国外的语言学理论和研究方法，又顾重我国的汉语研究传统以及汉语实际；既有外语界的学者撰写，又有汉语界的学者著述；既有资深专家的参与，也有青年学者的投入；既注重语言的共时，又顾及语言的历时；既用力于单语研究，又用心于多语的对比探索；既力图掘深语言学研究的深度，又竭力拓宽语言学研究的广度；既着力于语言学研究的宏观扫视，又致力于语言学研究的微观透视；既注意本丛书的系统性，又关注各专著的相对独立性。

丛书包含普通语言学、句法学、语义学、音系学、语音学、认知语言学、对比语言学等 7 大子系列，每个子系列选择本领域最核心的话题，对该话题研究的发展力图进行全面、系统的探讨。每本书都包含对国内外理论演进脉络的梳理，对前人和时贤研究贡献的述评分析，对经典理论的阐发，对实证案例的分析，对前沿的探寻和对学术空白的填补，并对研究发展趋势做出展望。

丛书兼顾学术辐射力和学术引领力，希望为外语学科高年级本科生、硕博研究生和年轻学者提供有价值的参考，又冀望也能有益于非外语学科的研究者。这是我们每位作者的真切希冀，也应该是读者的殷切期待。

其实，本丛书宗旨的宗旨，就是立足本来，吸收外来，面向未来，尽力挖掘新材料，发现新问题，提出新观点，构建新理论，贡献具有中国智慧的语言学思想，筑就符合中国实际的语言学。这也应是我国语言学研究的必由之路。

王文斌
北京外国语大学中国外语与教育研究中心
2018 年 11 月

参考文献：

吕叔湘，1977，通过对比研究语法，《语言教学与研究》第二集（未公开发行）。

王力，2008，我的治学经验。载奚博先（编），《著名语言学家谈治学经验》。北京：商务印书馆。9-22。

杨自俭、李瑞华，1990，《英汉对比研究论文集》。上海：上海外语教育出版社。

张伯江，2018，改革开放四十年的语言学研究，http://ex.cssn.cn/wx/wx_yczs/201808/t20180807_4524870.shtml（2018年11月3日读取）。

前言[i]

焦点（focus）和量化（quantification）是两种重要的语言现象。焦点跟语句信息的包装有关，涉及对信息“新（new）旧（given）”程度的区分，以及如何用相应的手段将信息的新旧特征表达出来。量化则跟具有某种属性特点的事物的量（quantity）或范围（range）有关，是将属性特点与话域中的存在个体进行匹配，量或范围的表达也诉诸特定的形式手段。

学界对焦点和量化的关注和研究已有较长的时间。对焦点的研究一般以 Halliday（1967）作为标志性的专门研究的开始。M. A. K. Halliday 于 1967 年在《语言学杂志》（*Journal of Linguistics*）上连发三篇文章，讨论英语及物性（transitivity）和主位（theme）。其中第二篇（即 part Ⅱ）开篇就讨论“信息”（Information）。Halliday 指出，语句信息结构相关的内容是句法选择的三大块之一[ii]，涉及信息的组成部分，信息的新和旧以及它们的组配。Halliday 在文中详细地讨论了“信息单位”（Information Unit），“信息焦点”（Information Focus）以及“旧”（Given）和“新”（New）（Halliday 1967：200-209）。自此，焦点和信息结构逐渐成为研

i 本书的研究得到国家社科基金一般项目“汉语量化手段和机制的深度调查与比较研究”（22BYY136）的资助，谨致谢忱。

ii 其他两块包括及物性和语气。及物性跟外部经验有关，语气跟言语情境以及言者角色有关。语句信息结构相关的方面被 Halliday 命名为 Theme。见 Halliday（1967：199）。

究者们关注的热点。语言学各个部门，包括音系学、句法学、语义学、话语分析等，纷纷从自己的领域研究焦点，方法和理论手段既有形式的，也有功能的，呈现出多角度全面研究的面貌。关于焦点的研究成果极为丰富，产生了大量研究文献，这些文献对焦点的类型和表现形式进行了细致的观察，对焦点的语义功能进行了深入的研究并形成了各种焦点理论，包括焦点结构理论（对语句的焦点—预设或焦点—背景语义结构的观察及相关的理论），焦点投射理论（对重音位置与焦点短语之间关系的观察及相关的理论），焦点移位理论（对焦点显性或隐性移位的观察及相关的理论），焦点选项语义理论（对焦点激活选项的观察及相关的理论）等。

对量化现象的观察在传统逻辑中已经涉及，到谓词逻辑产生时则开始了专门的量化研究。早在古希腊时期，亚里士多德对命题的观察以及其三段论中，就开始区分全称命题和特称命题。全称和特称就是对量的区分[i]。不过，由于传统逻辑对量的观察依附于对主宾式命题的观察，并没有变量的概念，没有引入量词，因而虽然对量有所涉及，但还不能算真正的量化研究。[ii]直至19世纪末谓词逻辑产生，将量词引入逻辑语言中，才标志着量化研究的开始。[iii]而量词引入后，仅包括全称量词和存在量词的一阶谓词逻辑语言远远不能满足量化表达的需要。于是在此基础上产生了广义量词理论。广义量词理论的产生使得量化语言的刻画力大大增强。在逻辑学发展的基础上，对自然语言量化表达的观察随之发展并不断深入。自然语言量化表达的研究，最典型的体现在针对自然语言的语义表达，探究精确的数理逻辑表达方法上，这也就是形式语义学领域的研究。这方面的研究以蒙太古（Richard Montague）为代表。蒙太古以其20世纪70年代发表的三篇论文:《普遍语法》(Universal grammar)、《作为形式语言的

i　全称命题和特称命题分别相当于全称量化句和存在量化句。

ii　见莫绍揆（1979）的有关论述。

iii　量词由弗雷格（Gottlob Frege）引入，被认为是弗雷格对数理逻辑的重大贡献之一。涅尔、涅尔（1985：639）提到:“认为对约束变元使用量词是19世纪最伟大的理智发明之一，这是不为过分的。”

英语》（English as a formal language）和《普通英语中量化的特定处理》（The proper treatment of quantification in ordinary English，PTQ）为代表，形成了关于自然语言句法和语义研究的路径。相应的理论和方法被后人称为“蒙太古语法”。[i] 形式句法领域的研究则主要从句法的角度观察量化语义实现的机制，尤其对量化辖域解读及不同量化辖域关系给出句法上的条件。此外，对量化手段和机制的跨语言调查也成为学者们观察的重点，相关的研究形成量化类型学。这方面的研究以 Keenan & Paperno（2012）和 Paperno & Keenan（2017）为代表。

作为两种相对独立的语言现象，焦点和量化各有自己的形式手段和语义机制。然而，研究也发现二者有一些相似之处，有时二者会产生互动。比如焦点和量化都能引入变量，都涉及显性或隐性的移位，都与语句整体的语义表达有关，对语句的相关语义推理有触发和引导的作用，等等。而二者之间的互动也常能看到。主要表现在焦点和量化能互相影响对方的具体实现。如焦点的位置有时会影响量化表达中量化域的确定，而存在量化所引入的对象往往实现为句中的信息焦点，等等。而有的时候，某些语言成分还可以集焦点和量化功能于一身，如类似英语中 only、even 等的量化焦点副词，既表达量化，也关涉焦点。因此，在以往的研究中，我们常能看到将焦点和量化置于一起的讨论，代表性论著如 Partee（1999）、Herburger（2000）等。本书也将焦点理论和量化理论放在一起介绍。

已往文献对焦点研究已有一些介绍。其中以徐烈炯、潘海华（2005，2023）为代表 [ii]。该书所介绍的内容在分类及形式方面包括焦点的不同概念、焦点的表现形式及焦点与不同大小句法成分对应的类型。在焦点的语义效应方面则较为全面地介绍了几种不同的解读和处理焦点语义的理论。本书对焦点理论的介绍也涉及焦点的形式和语义两个方面，但不是重复以

i　蒙太古语法的一些主要特点为强调句法和语义的对应，采用了广义量词理论，在语义的组构中采用莱姆达演算（lambda-calculus），所认定的基本语义类型为 e 和 t，等等。具体参见蒙太古的三篇文章，以及 van Benthem & ter Meulen（2011：3-96）的介绍。

ii　2023 年出版的是增订本。

往的内容。我们选取了四个方面进行介绍。第一章是焦点类型、表现形式与焦点类型学研究。从呈现焦点和已知信息的表现形式、对比焦点的表现形式，对比焦点的语义表现，句焦点句的表现形式，以及焦点声学特征和焦点重音指派等方面，介绍语言之间的差异及由此可以进行的相应类型学研究。第二章是选项、量级与焦点选项语义学研究。这一章从与疑问相关的选项语义学的最初提出入手，到 Rooth 的焦点选项语义学，再到量级和与量级相关的选项，以及一些涉及量级的语言现象的分析，都进行了详细的介绍，并讨论了在选项语义学基础上对汉语的研究。第三章是问答一致与焦点的疑问语义学研究。首先从疑问与陈述的关系及“问题”的作用等方面较为详细地介绍了疑问语义学，然后介绍疑问语义学理论下对焦点的研究。第四章是对比焦点研究。对比焦点是焦点的一种。这一章详细地介绍了对比焦点的特点，尤其是对比焦点与信息焦点的异同以及对比焦点与对比话题的异同。所选每一章内容各成话题，相对独立。之所以选取这几个方面的内容，是因为这些内容在之前的文献中没有或缺乏详细的介绍，而这些内容又是焦点研究近年来着力较多的领域。本书力图反映焦点研究的最新成果和动态。

在量化理论部分，本书也选取了四个方面进行介绍。第五章是量化对象、量化形式与手段。这一章详细介绍了文献中各种量化对象的引入，尤其是对表达事件类相关对象的不同提法进行了比较，并介绍了不同量化手段和形式，如 DQ 和 AQ 的区分，以及无定形式作为量化形式的性质等。第六章是广义量词理论研究。从广义量词理论的缘起、主要思想及对语言学理论的贡献等方面详细介绍了广义量词理论，并介绍了量化副词的广义量词理论研究。第七章是量词单调性研究。除了介绍量词单调性的不同表现外，还详细介绍了量化副词的单调性以及量词单调性对语言现象的解释。第八章是量词辖域研究。辖域问题是量化解读中最重要的问题。形式句法学领域在这方面做了很多观察，相关的研究成为句法研究的重要组成部分。本书主要介绍不同文献中对量化辖域条件的观察，同时详细介绍汉语量词辖域情况。以往文献对量化理论的介绍已有不少，尤其是介绍和讨论广义量词理论（包括量化单调性）的著作和论文较多，如张晓君（2014）等。本书仍然选取广义量词理论进行介绍，是因为广义量词作为量化逻辑中工具或方法上的创新，具有重要的意义。尤其在作为语义刻画工具上，广义量词理论在量化相关的研究中得到广泛的运用。本书在介绍一般广义量词理论基础上，尤为详细地介绍了对量化副词的广义量词理论研究，这是以往文献中没有介绍过的。

本书在写作上，对相关观点和分析论证的介绍力图回到文献原文，观点尽量引述原文而不做转述。出于论述方便，有的地方需要转述或概括，但也会以小注形式给出原文或做出详细的说明，因此书中会有较多的注释。例句样貌尽量依原文不做改动，因而例句中对焦点的标注形式也会不一。本书是对焦点理论和量化理论的择要述介，而不是从基本概念、理论框架到分析方法的基础理论系统的介绍，适合对焦点和量化理论已有一定了解的读者阅读和参考。

黄瓒辉

中山大学

2024 年 1 月

第一章 焦点类型、表现形式与焦点类型学

语言类型学的研究旨在通过跨语言的考察，发现语言之间的共性和类型差异。虽然焦点作为一个跟信息包装有关的概念，不像其他语法范畴，如时体范畴等，在类型特征上来得显著，但已有的考察显示，焦点在不同语言中确有其不同的表现形式，同时也在一定层面上显示出其共性。随着观察语言的不断增多，对焦点表达的共性和差异的认识也在不断积累。这种情况下一个自然的结果，便是从类型学视角对自然语言焦点表达做出概括和总结。这方面在过去的几十年里确实做了一定的工作并取得了相应的成果。较具代表性的研究有 É. Kiss（1995）、Lambrecht & Polinsky（1997）、Lambrecht（2000）、Haspelmath *et al.*（2001）、Drubig（2003）、Selkirk（2008）、Neeleman *et al.*（2009）、Jiménez-Fernández（2015）、Lee *et al.*（2017）等。这些研究较为系统地梳理了一定范围内自然语言在焦点类型和表现形式方面的共性和差异，为我们提供了自然语言焦点表达的概貌图。

本章拟梳理介绍国外焦点类型学研究的成果。在简单介绍跟类型差异相关的焦点的分类后，主要从呈现焦点与对比焦点的表达、对比焦点的语义差异、句焦点句的表达以及焦点的声学特征和焦点重音指派等方面，来介绍和评述以往对于世界语言焦点表达的共性和类型差异的研究，并在此基础上对如何进一步展开汉语焦点现象的研究做出思考。

1.1 焦点的类型

在焦点的研究中都会提到焦点的类型。以往学者对于焦点的分类，代表性的著作有 Rochment（1986）、Lambrecht（1994）、Gundel（1999）、徐烈炯（2001）等。其中 Rochment（1986）、Gundel（1999）和徐烈炯（2001）是从功能的角度对焦点进行分类的，分出了呈现焦点、对比焦点、语义焦点、心理焦点等不同的小类。具体见黄瓒辉（2003）的介绍。Lambrecht（1994）则是从焦点所实现的句法单位大小的角度给焦点分类的，分出了只跟单个成分对应的焦点和跟多个成分对应的焦点。以句法单位大小作为分类的标准，较为容易判断。我们后文要介绍的句焦点的表现形式中“句焦点”就是这种分类中的一种。

Lambrecht（1994）首先将焦点分为两类：窄焦点（narrow focus）和宽焦点（wide focus）[1]。窄焦点是句子中的某个单一的成分作焦点，是用来确定一个所指对象的。由于窄焦点总是跟句中某一成分对应，因而又称作成分焦点（constituent focus）。宽焦点下面又分为两小类：句焦点（sentence focus）和谓语焦点（predicate focus）。句焦点是整个句子作焦点，是用来报道事件或引进新的话语所指对象的。谓语焦点是句子的谓语部分作焦点，是用来评论话题的。窄焦点、谓语焦点和句焦点的例子分别如（1）（2）（3）所示（Lambrecht 1994：223），其中黑体标示焦点。

(1) Q: I heard your motorcycle broke down.
（我听说你的摩托车摔坏了。）
A: **My car** broke down.
（我的汽车摔坏了。）（窄焦点）

(2) Q: What happened to your car?
（你的汽车怎么了？）

1 有的文献中把 wide focus 翻译成“广焦点”，如袁毓林（2003）。

A: My car/It **broke down**.

（我的汽车摔坏了。）（谓语焦点）

（3）Q: What happened?

（发生什么事了？）

A: **My car broke down**.

（我的汽车摔坏了。）（句焦点）

如果与从功能角度分出的焦点对应的话，以上窄焦点对应的是对比焦点（contrastive focus）或者叫认定焦点（identificational focus），谓语焦点和句焦点对应的是呈现焦点（presentational focus）或者叫信息焦点（informational focus）或断言焦点（focus of assertion）。[1] 在下文的论述中，窄焦点我们主要用"对比焦点"的名称，而谓语焦点和句焦点这两类，当我们不用区分时就统称为呈现焦点，需要区分时仍分别用谓语焦点和句焦点。

在焦点的类型上，以往的研究发现呈现焦点和对比焦点是两类具有不同句法和语义表征的带有普遍性的焦点类型 [见 É. Kiss（1998）、Drubig（2003）及其文中提到的文献]。从功能上看，呈现焦点表达新信息，而对比焦点则是从一组语境给定选项中挑选出一个满足条件的对象（Haspelmath *et al.* 2001b：1079）。不同的语义功能决定了其表达形式和具体的语义解读机制也存在差异。É. Kiss（1998：245）指出，呈现焦点和对比焦点在语言描写时经常被混在一起导致一些矛盾的分析 [2]。Drubig

1 "呈现焦点"的说法较早是出现在 Rochment（1986）里。Rochment 将焦点分成对比焦点和呈现焦点两类。"认定焦点"的说法较早出现在 É. Kiss（1995）。各类焦点的名称在不同文献中常有不同。Haspelmath *et al.*（2001b：1079）在提到呈现焦点和对比焦点时，分别在括号里列出了两类焦点常见的其他名称。

此外，在问答语境中，答句中对应问句中疑问部分的成分往往是窄焦点，在有的语言中答句中的窄焦点无需表达对比，因而也不是对比焦点。

2 É. Kiss 认为以往文献中在句法上把信息焦点处理为在 LF 发生移位的分析方法和在语义上赋予认定焦点和信息焦点相同的语义结构的做法，都是不可取的。见 É. Kiss（1998：246-248）的论述。

（2003：2）也指出，两类焦点之间的差异往往被人们忽略，而承认两类焦点之间的差异，对于焦点类型学来说是基本的。Drubig（2003）根据这两类焦点的不同句法和语义表征，尝试建立相关的焦点类型学方案。第1.3 节会介绍 Drubig（2003）所构建的焦点和焦点结构类型学。

1.2 焦点的表现形式

焦点的表现形式是指焦点在音系、形态或句法等方面的形式。焦点是说话人想要强调的信息，通常会在形式上有一些区别于非焦点成分的表现。语音上的凸显是最通行的形式。形态上的附加标记，或者句法上的移位等也都在诸多语言中显现。

焦点的表达形式一直是焦点研究中的重点。不同语言在焦点表达形式上有自己的特点，也呈现出一定的共性。语言调查中少不了对焦点表达形式的调查。这是建立焦点类型学的最重要的内容。刘丹青（2018：219-245）在“强调”（emphasis）这一个名目下的“如何表达（1）非对比性成分的强调，（2）对比性成分的强调？”中，详列了对几种不同手段的调查。包括：带标记、重音、移位（包括句首、句末、动前等位置）、分裂句、假拟分裂句、出位等。这些被调查问卷列出的手段，是语言中焦点表达的常见手段，只是不同语言会使用其中不同的手段。而同一种手段，在不同语言中具体的表现也会存在差异。比如同是重音，不同类型的语言，如声调语言和非声调语言，其重音的具体表现形式会存在差异。同是分裂手段，不同语言中分裂句的具体构成也会存在差异。甚至即使是同一种手段在同一种语言中，用于表达不同类的焦点时也还会有不同的具体表现。在焦点类型学考察中，不同语言焦点表达总体采用哪些主要形式，表达同一种焦点采用哪些不同形式，而同一种表现形式在不同语言中又存在哪些异同，这些方面都可以用来区分不同的语言类型，从而构建相应的焦点类型学。

1.3 基于呈现焦点与对比焦点形式表现的类型考察

1.3.1 呈现焦点和已知信息的形式与语言类型差异

Drubig（2003）分别从呈现焦点和对比焦点考察世界语言的类型特征和差异。首先是呈现焦点。Drubig 提到，大量的跨语言事实表明，句子的呈现焦点部分和已知部分在表现形式，或者说标记性上具有不对称性。呈现焦点成分出现在原位（in situ），包含在句子更宽的呈现焦点域里，除了韵律上的凸显外，一般是无标记的。而已知或预设的成分则需要额外的编码。跨语言的考察揭示了句中的已知成分是由各种编码手段来表现的。这些编码手段包括英语中处在原位的已知成分的重音去除（deaccentuation），还有在爬升（scrambling）语言里的易位，Catalan 语[1]里的右向出位，罗曼语（Romance）、现代希腊语和其他许多语言里的双重附着（clitic doubling），特别格形态（special-case morphology）以及各种呼应标记，东亚语言里的格脱落现象（case-drop phenomena）和汉语中的“把”字式等。所有这些都被认为与标记已知性（givenness）、指称性（referentiality）或殊指性（specificity）有关。[2] 而这些标记手段的效应，就是要确立一个成分的非内部论元（non-internal argument）的地位，因为动词内部论元处在 VP 之中，而 VP 是呈现焦点域。

汉语中除了“把”字结构中“把”后宾语多为已知成分外，丰富的话题标记也是呈现焦点句较为凸显的标记形式。一般我们会单独考察话题的表现形式，而不会把话题标记跟句子的焦点结构联系起来看。对呈现焦点句的类型考察使我们知道，呈现焦点句中更具标记性的，类型变异更丰富的是已知成分，或者说话题成分，而不是焦点部分。因此在形式表现上，可以通过观察话题的表现形式来了解和概括相应语言中呈现焦点句的形式特征。汉语被认为是话题凸显型语言（Li & Thompson 1981），其话题标

1 即徐烈炯（2002）里的“卡德兰语”。

2 关于这些标记手段的具体形式及用例，可参考 Drubig（2003:5）提到的相关参考文献里的介绍。

记包括语气词、停顿、介词引导等多种形式。话题具有丰富的标记形式，而呈现焦点部分除了韵律上的凸显外，没有特定的形式标记，这符合呈现焦点句中已知部分和焦点部分在标记性上具有不对称的特点。

1.3.2 对比焦点的表现形式与语言类型差异

对比焦点在 Drubig（2003）中也被称作算子焦点，因为对比焦点往往涉及算子性的移位。[1] 跟呈现焦点句相反，对比焦点句中焦点部分的标记形式具有丰富的跨语言变异性。最主要的体现在算子在句中出现的位置以及它们的具体形式上。Drubig（2003：31）概括了算子焦点句的两种跨语言表现形式，如下：

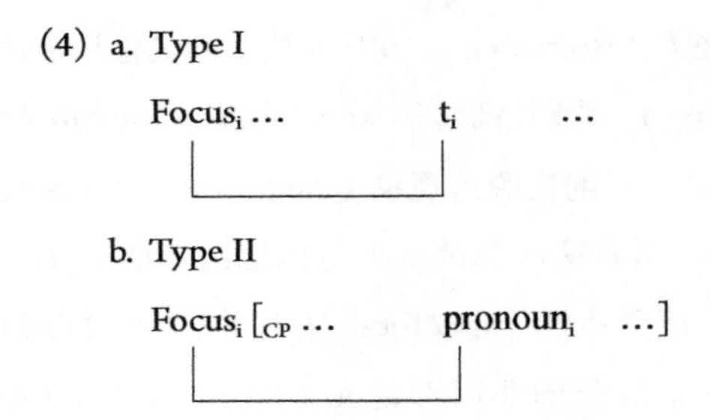

其中（4a）是焦点成分经历了 A-bar 移位的结构。焦点移位可以是显性的（overt），如 Hausa 语中的焦点移位，也可以是隐性的（covert），如英语中的焦点移位。移位的地点可能是 CP 的边界，也可能是 VP 的边界。当移位至 CP 的边界时，焦点成分获得对比 [+ contrastive] 解读，当移位至 VP 的边界时，焦点成分获得穷尽 [+ exhaustive] 解读。（4b）是焦点位于 CP 之外的结构，其中焦点与其所约束的题元位置之间的关联是通过复指代词建立的。也就是 CP 中没有空位，焦点成分无法看作是移位而来，只能认为是在原位基础生成的。这种焦点成分约束其后复指代词的

1 即 A-bar 移位。在后面的章节中，依据文献原文中的形式，A-bar 也会称作 A' 或 Ā。

形式，在非洲语言中很常见。Drubig（2003：32）认为，这种结构是一种缩减的分裂结构（“reduced cleft” construction）。

从以上两类焦点的表现形式来看，对比焦点相对于原位的呈现焦点，是一种青睐句法手段尤其是易位手段的焦点。上列跨语言的两种形式中，无论认为焦点成分是原位生成（4b），还是移位所至（4a），焦点都是处在句首或句子前部分的凸显位置的。对比焦点与呈现焦点的这种差异性，具有一定的跨语言普遍性，成为语言在焦点表达共性上的一种体现。

当然对比焦点也不都会发生易位。有的语言（主要指有形态变化的语言）中，对比焦点仅带上形态标记，如 Manding 语、Efic 语、Navajo 语和 Wolof 语等 [见 Chen（2003：4）的介绍及文中的引用文献]。除了形态句法上的标记外，对比焦点最常用的表达手段就是韵律 [见 Chen（2003：5）的观点]。英语和汉语是典型的以韵律手段来表达对比焦点的语言。除了分裂句是一种以特定的形态句法手段来表达对比焦点的外，汉语主要是依据韵律来表达对比焦点。Chen（2003）通过实验研究了汉语在使用韵律手段表达对比焦点时，如何通过持续（duration）和基频（fundamental frequency）两个参数的改变来表达对比焦点。研究表明汉语中对比焦点主要的鲁棒性特征是持续的延长，跟英语中对比焦点主要的鲁棒性特征是音高重音（pitch accent）不同。[1]

而易位也不只是发生在有对比焦点时。采用易位手段不仅是对比焦点常用的表达手段，也是对比话题常用的手段。因此在对比焦点的考察中，人们往往需要区分它跟对比话题的差异。

同时也有学者观察到，作为对比焦点中的一种，认定焦点在语义表

1 Chen（2003）主要考察持续和基频这两个参数在汉语对比焦点上的表现。虽然汉语对比焦点主要表现为持续这一参数上的改变，但其基频（F0）也是改变的，不过基频的变化所受到的限制跟非声调语言不同。因为汉语已经用了 F0 来标明词项之间的对立，因而在为对比焦点的表达而改变时，其变化的具体型式会受到词项已有的特征性的 F0 曲线的限制。更为详细的汉语对比焦点语音上的特点，及与英语的对比焦点在持续和基频变化上的差异，可参看该文。

达上会存在是否表达对比和是否表达穷尽上的不同[1]。因而 [±contrastive] 和 [±exhaustive] 这两类语义特征及其相应的表达形式也成为划分对比焦点的小类及据此观察不同语言焦点表达共性和差异的依据。接下来我们看 É. Kiss（1998）在认定焦点的表义差别上所做的类型观察。

1.4 基于对比焦点语义差异的类型考察

从名称上看，对比焦点应该就是表达“对比”（to contrast/contrastive）的。理论上焦点和非焦点、话题和非话题总是构成对比的。因此把“对比”专门作为修饰语来界定一种焦点或话题的小类，一定有它特定的所指。以往文献在提到对比焦点或对比话题时，对“对比”的较为普遍的看法是，当焦点 / 话题成分的所指和与之形成对比的非焦点 / 非话题成分的所指都处在话域中为话语参与者熟知、一起构成一个封闭的集合时，该焦点 / 话题就具有对比的特征。因此，“对比”是一个与语境紧密关联的概念。无论是对比话题还是对比焦点，都是在语境中已经有了一个言谈者所知晓的相关对象的集合的情况下才会出现的。或者是语境中已经出现了一个与之形成对比的项。后文第四章 4.1.2 节中还会详细讨论对比焦点关联语境给定的选项集合的这一特点。

上文已经提到，认定焦点是对比焦点中的一种。但有意思的是，按照上面这种对比的定义，认定焦点不总是表达对比。

1 认定焦点是 É. Kiss（1998）所观察的匈牙利语中提到动前、用以表达从一个语境给定集合中选取出符合谓词所表属性的对象而排除其他对象的成分。从下面的 1.4.1 节里就能看到对匈牙利语中认定焦点的详细的介绍。英语中认定焦点是用分裂句或带上 only 的句子来表达。我们在下一章对比焦点研究中，会介绍对比焦点包括的几个小类，其中一种就是认定焦点。

1.4.1 认定焦点的“对比”特征与语言类型差异

É. Kiss（1998）观察到，匈牙利语中有的认定焦点是不表达对比的。例如下面的例子（É. Kiss 1998：268）中，问句问的是谁写了《战争与和平》，而语境中并没有出现一个其成员可能作为“谁”的答案的封闭集合，因而答案是开放性的（即没有被限制在几个选项中），不表达对比。

(5) a. Ki írta a Háiboriú és békét?
who wrote the *War* *and* *Peace*
'Who wrote *War and Peace*?'
b. [$_{\text{TopP}}$ A Háiboriú és békét [$_{\text{FP}}$ Tolsztoj írta]]
the *War* *and* *Peace*.Acc Tolstoy wrote
'It was **Tolstoy** who wrote *War and Peace*.'

英语中的认定焦点也可以不表达对比。É. Kiss 提到（5）中匈牙利语所对应的英语问答也是很顺畅的，其中答句中的焦点同样不表达对比。而下面的句子（É. Kiss 1998：268）对迟到原因的解释，可以用在语境中没有提供可能原因的封闭集合时。

(6) It was **because of the rain** that we arrived late.

而有的语言中，认定焦点位置是必须表达对比的。如果语境中没有给定的集合，就不能以认定焦点句的形式出现。É. Kiss 文中提到的这样的语言有罗马尼亚语、意大利语和 Catalan 语等。下面是罗马尼亚语的例子（É. Kiss 1998：268）：

(7) a. Am auzit ca i-ai invitat pe Ion si pe Ioana.
AUX.1SG heard that CL-AUX.2SG invited Ion and Ioana

'I heard you invited Ion and loana.'

b. [$_{PolP}$ **Numai pe Ion** 1-am [$_{VP}$ invitat]]

only Ion CL-AUX. 1SG invited

'It is **only Ion** I invited.'

(8) a. Am auzit ca ai multi musafiri.

AUX.1SG heard that have.2SG many guests

'I heard that you had many guests.'

b. *[$_{PolP}$ **Numai pe Ion** 1-am [$_{VP}$ invitat]]

'It is **only Ion** I invited.'

c. L-am [$_{VP}$ invitat NUMAI PE ION]

（7）中 a 句的 pe Ion si pe loana（Ion and Joana）提供了一个封闭的集合，答句从该集合中认定一个成分（Ion）作为答案，因而具有对比性。（8）中 a 句的 multi musafiri（many guests）所表示的并不是一个封闭的集合，因而答句不能用认定焦点句的形式（b 句）来回答，只能用处在原位的信息焦点形式（c 句）回答。而（8c）也可以解读为具有对比性的认定焦点，只是此时表达的是弱对比性[1]。

而对 who、what 等（不包括 which）问句，在这几种语言中一般是不能用移位的认定焦点句来回答的。除非听说双方心中已有一个默认的选项集合可以保证这种对比性。因此，下面的罗马尼亚语例子（É. Kiss 1998：269）中，答句前加了（*）标记。

(9) a. Cine vinde cazane?

who sells cauldrons

1 É. Kiss（1998）区分了强的对比性和弱的对比性，认为移位时表达的是强对比性，而处在原位时表达的是弱对比性。

b. (*)**Tiganii** vind cazane.

gypsies.the sell cauldrons

'It is **gypsies** who sell cauldrons.'

c. Cazane vind TIGANII.

'GYPSIES sell cauldrons.'

这个例子跟匈牙利语的例（5）形成对比。后者无需存在一个选项集合就可以用动前认定焦点句来回答，而前者必须由默认选项集合来保证其合法性，否则就只能用原位焦点回答（所以用了 (*) 来标记）。

从上面的例子可见，处在动前位置的认定焦点在是否表达对比上存在差异。据此可以区分出两类：

(10) a. 动前认定焦点：[±contrastive][+exhaustive]

b. 动前认定焦点：[–contrastive][+exhaustive]

1.4.2 认定焦点的"穷尽"特征与语言类型差异

É. Kiss（1998）还区分了认定焦点的两种小类，一种是表达穷尽义的，一种是不表达穷尽义的。É. Kiss 指出，匈牙利语中居于动前的认定焦点都是表达穷尽认定的。比如（É. Kiss 1998：249）：

(11) a. Mari **egy kalapot** nezett ki maganak.

Mary a hat.ACC picked out herself.ACC

'It was **a hat** that Mary picked for herself.'

而有的语言中，动前认定成分不一定表达穷尽认定。例如芬兰语中动词前的 CP 指示语位置是表达对比的位置。该位置既可以出现对比焦点，也可以出现对比话题。例如（É. Kiss 1998：271）：

(12) [$_{Spec-CP}$ Anna] asuu täällä.

Anna lives here

根据 Vilkuna（1994），这句话是有歧义的，可以分别用来回答下面两个问题。其中（13）是对比焦点，表达了对比和穷尽。（14）是对比话题，表达了对比，但不表达穷尽（É. Kiss 1998：271）：

(13) a. Kati asuu taalla.

'Kati lives here.'

b. [$_{Spec-CP}$ **Anna**] asuu täällä.

Anna lives here

'It is Anna who lives here.'

(14) a. Where do Anna, Kati, and Mikko live?

b. [$_{Spec-CP}$ Anna] asuu täällä

'Anna, she lives here.'

因此，当一个动前成分不表达穷尽时，该成分实际上就失去了焦点的地位而变成话题了。所以这里从是否表达穷尽上并不是区分出两类不同的认定焦点，而只是区分了两类不同的动前认定成分。

1.4.3 汉语中认定焦点的表达

汉语中的认定焦点主要是由"(是)……的"结构来表达的[1]。"(是)……的"结构跟英语中的分裂句类似。而 É. Kiss（1998）认为，英语中的分裂句是英语中表达认定焦点的句法结构手段。

汉语中由"(是)……的"结构表达的认定焦点，在对比性和穷尽性

1 可以有动词宾语置于"的"前和"的"后的两种形式。这里统一用"(是)……的"表示。

的表达上如何呢？

“（是）……的”结构有“的”位于宾语前和宾语后两种形式。刘丹青（2018：234）认为，“的”位于宾语前和位于宾语后在句法语义上是不同的。前者相当于英语的分裂句，后者则难以看作分裂句。差异在于前者能表达穷尽和排他，后者不能。例如：

(15) a. 我是昨天喝的葡萄酒（，*我前天也喝了葡萄酒）。

b. 我是昨天喝葡萄酒的（，我前天也喝了葡萄酒）。

杉村博文（1999）也观察到了“的”位于宾语前和宾语后的区别。他是在区分表已然的“是……的”句的两种具体表义类型时，指出它们在形式上还对应着“的”的不同位置。其中一种是信息焦点指定型。这种“是……的”句谓语动词带宾语时，“的”字前移，附着在动词身上。另一种是事件原因解说型。这种“是……的”句“的”字居于句末，即使动词带有宾语，也很少移至宾语前。具体的例子如下：

(16) “是你给我们家打的电话吧？”

“不是我，你没听出来？不过，当时我在电话机旁边。”

(17) 餐车里人多，挤来挤去，我们稀里胡涂吃完，撤了出来。几片红东西从外边打在车窗上，是西红柿，看来是前边谁把剩饭扔出车被风刮回来的。

从例子可知，“信息焦点指定”实际上就是指定或者认定某一个成分是焦点，也就凸显了穷尽和排他的特征。可见杉村博文的观点跟刘丹青的是相似的，都认为“的”位于宾语前是表达穷尽和排他的焦点，而“的”位于宾语后跟穷尽和排他无关。

袁毓林（2003）则没有区分“的”在宾语前和在宾语后在表示穷尽

排他上的差异。认为“的”前后的宾语都是去焦点化的，“的”在宾语前时是缩小了焦点范围，用显性的标记把宾语 O 隔离在“（是）……的”结构所标示的焦点范围之外。在“（是）……的”结构表达的焦点类型上，袁毓林（2003：7-8）认为，可以是传达新信息的信息焦点，也可以是传达已知信息的对比焦点。如下所示：

(18) 周朴园：谁指使你来的？

鲁侍萍：命，不公平的命指使我来的。

(19) 这时呼玛丽走过来，悄悄地把一叠笔记本交给郑波。她说：“……前几天，没有经过你同意，我私自把你的本子拿过来，把这几天的笔记替你抄上了。对不起。”郑波激动极了，是呼玛丽替他抄的笔记！这比别人更使他欢喜。

其中（18）中“不公平的命”是对“谁”的回答，因而是传递新信息的信息焦点。（19）中呼玛丽替郑波抄了笔记在前文语境中已经提到了，是已知信息。因而“是呼玛丽替他抄的笔记”是“传递已知信息的对比焦点”。袁文认为即使是表达信息焦点时也是具有对比功能的，是“跟焦点域中的其他焦点值进行对比”。因而它们都具有 [+ 对比性] 的语义特点。

可以看到，袁文中的“对比性”跟上文介绍的涉及语境中一个封闭的集合的对比性有所不同。从是否涉及语境中已存的封闭集合看，这些“（是）……的”结构有的表达了对比，如（19）中呼玛丽和别人构成一个封闭的集合。有的则没有明显的对比，如（18）中问句就用了“（是）……的”结构“谁指使你来的？”而疑问焦点“谁”的所指具有开放性，难以看出它关涉了一个封闭的集合。[1] 相应的回答也不涉及封闭的集合，因而也不具有涉及已知封闭集合意义上的对比性。

1 “谁”跟“哪（一）个”不同。后者可以理解为是有一个已知的范围，“哪一个”的所指在这个范围之中，因而可以认为是涉及封闭集合的。

1.5 基于句焦点句形式差异的类型考察

前文已经介绍了句焦点是 Lambrecht（1994）按句法单位大小分出的一种类型。句焦点是以整个句子为焦点。如上文的（3）所示。重引如下：

（20）Q: What happened?

A: **My car broke down.**

句焦点句在表现形式上往往有一些特别之处。Lambrecht & Polinsky（1997）较为详细地考察了句焦点句的类型差异。句焦点句的表现形式主要体现在主语上，具体形式也包括韵律上的、句法上的或形态上的。韵律上主要是“韵律倒置”，句法上主要是“主语倒置”，形态上则主要是在主语位置加上形态标记以标明句子特定的信息特征，或者通过形态手段标明主谓之间已经融合成一个单一的成分。通过句焦点句的不同表现形式，可以观察不同语言的类型差异。

1.5.1 英语句焦点句的韵律特征

英语中句焦点句在韵律上的特征为：主语承载焦点重音（focal accent），谓语部分不能出现任何重音（Lambrecht & Polinsky 1997：6）。如下面的句子所示[1]（Lambrecht & Polinsky 1997：6）：

（21）a. Truman DIED. (PF) / TRUMAN DIED. (PF)

b. JOHNSON died. (SF) / JOHNSON DIED. (PF)

其中只有（21b）中第一句话是句焦点句。可见只要谓语部分承载重

1 其中 SF 代表句焦点，PF 代表谓语焦点，大写表示重音位置。后同。

音，句子就不可能是句焦点句。谓语焦点句中一般是谓语部分承载重音。主语部分也能承载重音，此时重音的作用是激活话题（topic activation），（见 Lambrecht & Polinsky 1997：6-8）。由于句焦点句跟谓语焦点句一般的韵律型式恰恰相反，句焦点句这种标记策略被称作是韵律倒置（prosodic inversion）。

句焦点句的韵律型式在通常的重音指派原则下是无法解释的。为了解释句焦点句中的重音现象，Lambrecht & Polinsky（1997）提出两套焦点韵律解释原则。认为一般情况下焦点重音下的成分就是句子的焦点部分，但有的时候，重音需要用听话人的聚合对立（paradigmatic contrast）知识来处理，即一个给定的韵律结构和另一个由已知语言内在语法所提供的，但未使用的可选结构之间的对立。[1] 具体来说，在一个已知语言中，句焦点句的韵律型式和相应的谓语焦点结构型式存在一个最小差异，以标记其在语义语用上的不同。这一原则被 Lambrecht & Polinsky（1997：4）称作聚合对立原则（Principal of Paradigmatic Contrast）。在（21）里，由于其他三种类型都能解读为谓语焦点句，为了标记句焦点句，只好采用一种不同的型式。而这种不同的型式除了用主语单独承载重音的型式，没有其他选择了。而采用这种主语单独承载重音的型式，又跟论元焦点句的韵律型式重合了。因为当仅有论元成分 Johnson 为句中焦点时，句子的韵律型式也是"JOHNSON died."。Lambrecht & Polinsky（1997：7）把句焦点句和主语论元焦点句的相同韵律型式称作韵律同构（prosodic homophony）。而相同的韵律型式得到不同的语义解读，就是运用不同的解读机制的结果。

1 原文为"...are processed via the interpreter's tacit knowledge of a paradigmatic contrast between a given prosodic structure and an alternative but unused structure provided by the internal grammar of a given language."（Lambrecht & Polinsky 1997：6）。

1.5.2 意大利语等语言句焦点句的句法特征[1]

意大利语中句焦点句的主语要跟谓语倒置，即主语要出现在宾语常规出现的位置上。例如：

(22) a. Si è rotta la MACCHINA (SF) — Ho rotto la MACCHINA (PF)
'The CAR broke down.' 'I broke the CAR.'
b. Ha telefonato MARCO (SF) — Ho telefonato a MARCO (PF)
'MARK called.' 'I called MARK.'

（22a）和（22b）横线左边的句焦点中主语成分放到了谓语的右边，也就是出现在了宾语常规出现的位置，形成了句法倒置。而在句法倒置的同时，置于动后的 NP 仍然承载句子的重音。因此可以说意大利语中句焦点句是有双重标记，既有句法上的倒置，同时在韵律上还重音凸显。

而俄语中的句焦点句则可以选择性地采用以上两种形式的其中一种。如下所示：

(23) a. pticy POJUT (PF)
birds.NOM.PL sing.PRES.PL
'The birds are SINGING.'
b. pojut PTICY (SF)
sing.PRES.PL birds.NOM.PL
'There are BIRDS singing.'
c. PTICY pojut (SF)
birds.NOM.PL sing.PRES.PL
'The BIRDS are singing.'

1 1.5.2 至 1.5.4 节里的例句及相关的介绍，除了（24）（25）之外，都来自 Lambrecht & Polinsky（1997），这里统一说明，后文就不再一一标明出处。相关的介绍也都出自该文。

其中（23b）是句法倒置的形式，（23c）是韵律倒置的形式。采用句法倒置时，被倒置的主语NP在语用上有一定的要求，即仅限于不能确认的指称对象（unidentifiable referent），大致相当于英语中的无定成分。而上面意大利语的例子表明，意大利语中句焦点句的句法倒置没有这种要求。

在汉语和英语里，则会看到较为复杂的情况。汉语和英语中事件主体成分能位于动词之后的句子主要是存现句，包括处所主语句。下面的例子显示，汉语和英语中，有的情况下置于动后的事件主体成分须为无定成分，而有的情况下则没有这一要求。

(24) 汉语：a. 来了一辆车。vs. * 来了这辆车。
b. 死了一个人。vs. * 死了张三。
c. 墙上挂着一幅画。vs. 墙上挂着那幅画。
d. 小屋里住着七个小矮人。vs. 小屋里住着约翰的奶奶。

(25) 英语：a. Here comes a bus. vs. Here comes the bus.
b. There's a fly in my soup. vs. *There's that fly in my soup.
c. In a little white house lived two rabbits. vs. In a little white house lived John's Gramma.

前文提到英语中句焦点句主要采用韵律凸显的形式。存现句也是句焦点句。可见英语跟俄语类似，句焦点句有韵律标记的形式，也有以句法标记的形式。不过英语中存现句不是简单的主谓倒置，而是需要以特定的there be句型来表达的形式。

1.5.3 不同语序类型语言句焦点句的形式

1.5.3.1 “动尾”型语言句焦点句的形式

这里的“动尾”和“动首”分别指动词居于句尾和动词居于句首。所观察的句焦点句的形式，也主要是体现在主语的不同句法位置上。

“动尾”语言可以区分为严格型动尾语言和灵活型动尾语言两种。两种语言中相应的句焦点句形式也有别。严格型动尾语言中句焦点句的主语紧邻动词之前，灵活型动尾语言中句焦点句的主语位于动词之后，跟SVO型语言中句焦点句的句法倒置型式一样。下面是Tsez语的例子。其中（26a）是呈现焦点句，（26b）是句焦点句。呈现焦点句中主语和动词之间可以被其他成分（如这里的“˙on-⁄’o”）隔开，而句焦点句的主语必须和动词紧邻。

(26) a. ¿adala ˙on-⁄’o oqoxosi zowsi (PF)
fool.ABS hill-SUPERESSIVE living was
‘The fool lived on the hill.’
b. ˙on-⁄’o ¿adala oqoxosi zowsi (SF; *PF)
hill-SUPERESSIVE fool.ABS living was
‘On the hill lived a fool.’ (NOT: ‘The fool lived on the hill.’)

而下面的例子则是灵活型动尾语言拉丁语中呈现焦点句和句焦点句的对比。其中（27b）句子的主语位于动后，是句焦点句。这种句焦点句跟上文所说的SVO型语言中采用句法倒置的句焦点句的型式是一样的。

(27) a. taurus mugit (PF)
bull.NOM bellow.3SG.PRES.IND
‘The bull is BELLOWING.’
b. mugit taurus (SF)
bellow.3SG.PRES.IND bull.NOM
‘There is a BULL bellowing.’

1.5.3.2 “动首”型句焦点句的形式

动首语言中句焦点句的型式可以是动词和主语的倒置 SV，也可以是动后宾语承载焦点。其中倒置 SV 型式是严格受限的，仅见于不允许一般的话题句也使用 SV 的语言中。如爱尔兰语的句焦点句就采用 SV 型式，如下：

(28) rí amra ro boí for Laignib （Fingal Rónáin）[1]
king wonderful PART be.3SG.PRET over Leinstermen
‘There reigned a wonderful king over the Leinstermen.’

而当 SV(O) 是动首语言的一个可选语序时，焦点位置就是动后宾语位置。例如下面的马达加斯加语的例子：

(29) a. tonga ny ankizy (PF/SF)
arrive ART children
‘The children ARRIVE(D).’
‘There arrive(d) CHILDREN.’ / ‘The CHILDREN arrive(d).’
b. ny ankizy (dia) tonga (PF, *SF)
ART children PART arrive
‘The/Some children ARRIVE(D).’ / *‘The CHILDREN arrive(d).’

当用动后宾语位置来标记句焦点时，这一型式可能跟呈现焦点句构成同音形式。但二者在动和宾之间是否能被其他成分隔开上有别：句焦点句的动词和宾语之间不能被其他成分隔开，而呈现焦点句的动词和宾语之间是可以被隔开的。例如：

1 这里括号里的 Fingal Rónáin 是指句子的出处，出自 Fingal Rónáin（《罗兰弑子》）这部小说。

(30) a. tonga ny ankizy tao an-tsekoly (SF)
arrive ART children in OBL-school
'There arrived CHILDREN at school.'
b. tonga tao an-tsekoly ny ankizy (PF, *SF)
arrive in OBL-school ART children
'The children arrived at SCHOOL.' / *'There arrived CHILDREN at school.'

这种不能被隔开的现象被认为是此时动词和宾语构成了一个单一的成分。

1.5.4 句焦点句的形态表达

除了语序上的特定形式外，有的语言会采用特定的形态标记来标示相应的焦点结构。Lambrecht & Polinsky（1997）观察了三种不同的句焦点句形态标示，第一种是用特定的形态标示主语和谓语发生了融合，第二种是句焦点句的主语和谓语焦点句的主语采用不同的格标记（case marker），第三种是主谓之间一致性的悬置。下面分别来看。

1.5.4.1 以特定的形态标示主谓的融合

主语和谓语融合之后构成了一个单一的成分。上面的（30a）就是谓语和其后的宾语构成了一个单一成分的例子。但它们只是不能被其他成分隔开，构成单一的成分最显著的表达是带上显性的标示融合的形态成分。下面是 Boni 语的例子。其中（31b）和（31c）分别用 *-é* 和 *-á* 标记论元焦点（nominal focus，NF）和谓语焦点（即 verbal focus，VF），而（31a）则没有形态标记标明句焦点，其中主语和动词是黏附在一起的（腭化符号“~”标示黏附的结合点）。

(31) a. áddigée~juudi. (SF)

father-my~died

'My FATHER died.'

b. áddigée-é juudi. (AF)

father-my-NF died

'My FATHER died' / 'It's my FATHER that died.'

c. áddigée á-juudi. (PF)

father-my VF-died

'My father DIED' / 'My FATHER DIED.'

1.5.4.2 主语带上特定的格标记

在有的语言中，谓语焦点句中的话题和句焦点句中的主语会使用不同的格标记（case marker）。如我们在提到焦点的形态标记时经常会举到的日语中的 wa 和 ga。其中 wa 是用来标记话题性的主语的，ga 是用来标记焦点性的主语的，包括句焦点句中的主语和论元焦点句中承载焦点的主语。除日语之外，其他语言中也存在话题性主语和焦点性主语的格标记的区分。通常情况下就是将焦点性主语使用一个非主格的标记。比如丹麦语存在句里存在主体用的是对象格（object case），且出现在宾语的位置。[1]

(32) der er dem som tror

there is them.OBJ who believe

'There are those who believe.'

前文在介绍句法倒置这一手段时，提到了多种语言中句焦点句中主谓的倒置，特别是存现句中的存现主体跟存现动词的倒置。而在有格标记的

1 丹麦语的例子是 Lambrecht & Polinsky（1997）文中引用的 Jespersen（1924：155）的例子。

语言中，往往是倒置和格标记同时使用以标记句焦点。上面这个丹麦语的例子就是如此。存现表达在有的语言如德语和丹麦语中还可以用相当于 give 和 have 的动词代替 be，而允许出现在其后的存现主体带上宾格（accusative case）或者对象格。例如：

(33) a. es gibt einen STREIK （德语）
it gives a.ACC strike
'There's a STRIKE.'
b. der gives dem （丹麦语）
there is-given them.OBJ
'There exist (lit. exists) those...'

(34) da hat es einen STREIK （德语）
there has it a.ACC strike
'There is a STRIKE.'

立陶宛语句子主语如果是主格时，可以出现在动前，也可以出现在动后。当出现在动后时，句子是句焦点句。同时动后主语还可以是属格（genitive），当是属格时，是不能出现在动词之前的，此时主语 NP 必须是无定形式。如下：

(35) a. sveçc-iai atvyk-o (PF)
guest-PL.NOM arrive-PAST.3
'The guests ARRIVED.'
b. atvyk-o sveçc-iai (SF)
arrive-PAST.3 guest-PL.NOM
'The GUESTS arrived.'

(36) a. atvyk-o sveçc-i≤u (SF)

arrive-PAST.3 guest-PL.GEN

'There arrived (some) GUESTS.'

b. *sveçc-i≤u atvyk-o

1.5.4.3 主谓一致性的悬置

主谓在数的一致性上的悬置（Suspended Subject-Verb Agreement），也是句焦点句的形态特征之一。一般而言，在有数的呼应的语言里，主语和谓语动词在单复数上必须一致：当主语为复数形式时，谓语动词也采用相应的复数形式。这在谓语焦点句中是不可违反的。但在句焦点的时候，单数形式的动词可以跟复数主语共现。英语口语、法语、意大利语中都有这样的现象：

(37) a. The three women are (*is) in the room. (PF)（英语）

b. There's (are) three women in the room. (SF)

(38) a. Les trois femmes sont (*est) venues. (PF)（法语）

the three women are (*is) come-PP.FEM.PL.

'The three women came.'

b. Il est (*sont) venu trois femmes. (SF)（法语）

it is (*are) come-PP.MASC.SG. three women

'There came three women.'

(39) a. La Maria la è rivada (*el e rivà). (PF)（意大利语）

the Maria she is arrived (*it is arrived)

'Maria ARRIVED.'

b. El e rivà (*la è rivada) la Maria. (SF)（意大利语）

it is arrived (*she is arrived) the Maria

'MARIA arrived.'

其中英语口语中句焦点句的主谓呼应不一致是可选的，而法语和意大利语中句焦点句的主谓则必须呼应不一致，否则就不合语法。上面例子中的呼应悬置是跟句法倒置一起出现的。除此之外也跟主谓融合一起出现，即当主语 NP 融合进动词时，主谓之间的呼应也随之悬置。如在 Chukchi 语中就是如此。

(40) a. nenenet tergat-™-rk™n-™t (PF)
children.PL cry-EPENTH-PRES-PL
'(The) children are CRYING.'
b. nanana-tergat-™-rk™n-Ø (SF)
child-cry-EPENTH-PRES-SG
'There are CHILDREN crying.'

在有的语言中，主谓呼应悬置也可以单独出现，如俄语中句焦点句中带有量化表达时主谓会发生呼应悬置，此时不用与颠倒语序等形式一起出现。

(41) a. pjat′ fil′mov pojavilis′ na èkranax (PF)
five movies appeared.PL on screens
'(The) five movies were RELEASED.'
b. pjat′ fil′mov pojavilos′ na èkranax (SF)
five movies appeared.SG on screens
'Five MOVIES were released.' / 'There were five MOVIES released.'

1.5.5 句焦点句表现形式与谓语焦点句的异同

从上述句焦点句表现形式可以看到，句焦点句在形式上最突出的特点就是句中事件主体成分是承载标记形式最重的成分。无论是韵律上的，还是位置上的或者形态上的标记手段，都主要是在事件主体成分，也就是上文所说的主语成分上“做文章”。这一点跟谓语焦点句形成相似的局面。前面介绍过以往研究所观察到的句子的呈现焦点部分和已知部分在表现形式或者说标记性上的不对称性（见 1.3.1 节）。相比于焦点部分，已知部分标记性程度更高。而呈现焦点句中，事件主体部分（多数情况下实现为句子的主语）是句中的已知信息。因此在呈现焦点句中，主语部分也就成了那个承载标记形式最重的成分，也就是带上话题标记性的形式。

那么，是否可以认为人类语言倾向于对事件主体成分（/ 主语）做出标记，以显示整个语句的信息结构状态，这还需要对更多语言做出调查并全面对比分析才能下结论。

1.6 基于焦点重音声学表现及焦点重音指派的类型考察

在焦点重音的具体表现上，以往研究已发现一些较具普遍性的特征。比如焦点词较非焦点词在音高、音长等方面会有显著的增加，有的焦点后存在音高骤降（称作“焦点后音高骤降”）等（见王玲 2011）。这种音高、音长等方面的改变情况，以及是否存在焦点后音高骤降等，都可以成为我们观察焦点重音的表现并以此进行类型区分的主要方面。

在焦点重音的声学表现上，声调语言（tonal language）与非声调语言（non-tonal language）往往被预期会有不同。声调语言和非声调语言是从世界语言有无声调而分出的语言类型。汉语属于典型的声调语言。由于声调本身就涉及音高等因素，而焦点的语音表现又在音高、音长等方面都有体现。因此，词语本身的音高特征，被认为会对其成为焦点时所获得的重音的具体声学表现带来影响。

王功平（2019）研究了汉语和非声调语言印尼语中疑问词“几”和 berapa 在句中的重音凸显情况。结论为“几”和 berapa 的焦点重音凸显均涉及音域、音阶和时长等三个因素[1]，而句尾焦点凸显程度都要大于句中和句首焦点。不同在于汉语中句首、句中和句末不同位置的“几”在音域变化和音阶变化上较为明显，而印尼语不同位置的berapa在音域和音阶变化上差异不明显。而汉语中句首、句中和句末不同位置的“几”在焦点凸显时在对音域、音阶和时长变化的利用上跟印尼语中的berapa也是不同的（具体参见该文）。而根据王文的分析，这主要在于汉语是声调语言，而“几”又属于其中的上声这一曲折调。上声本来就有着跟其他声调不同的变调规律。这些因素使得“几”跟berapa的焦点凸显存在明显的差异性。

不仅可以以声调语言和非声调语言为对比对象来观察焦点重音的声学表现，同是声调型语言的不同语言，和同是非声调型语言的不同语言，也可以观察其焦点重音的声学表现是否不同。因为声调型和非声调型是两个大类，每个大类中语言也是千差万别的。各种因素都有可能影响焦点重音的具体表现。王玲（2011）研究了汉语和三种无声调语言德昂语、佤语和藏语安多方言[2]中焦点的韵律表现，发现德昂语和佤语中音高对标记焦点的作用不大，没有焦点后音高骤降。而安多方言跟北京话和维吾尔语的焦点编码方式近似，音高、时长和能量都有显著增加，且有焦点后音高骤降。可见同样是无声调语言，其焦点重音的具体表现还有不同。王玲文中通过比较中国境内属于不同语系和分布在不同地域的语言得出，焦点重音的具体表现跟语系和地域都有关系[3]。

而即使是同一个语言中的不同方言，其焦点重音的表现也可能不同。

1　该文中用到的“音域”“音阶”等术语，名称不同于我们常用来描述声音的“音高、音强、音长、音色”，但实际上都跟音高有关。音域是指最低音到最高音的范围，音阶是指低音到高音或高音到低音的阶梯式排列。

2　其中德昂语和佤语属于南岛语系，藏语属于汉藏语系，但文中所研究的藏语安多方言贵德话无声调。见文中介绍（P1）。

3　跟地域的关系在于，属于不同语系的语言中焦点重音有着近似的表现，这些语言是分布在相同的地域。具体参见该文第六章的分析。

汉语是一种典型的多方言的语言，其中不同方言焦点重音的声学表现就存在不同。过去几年已有一些研究对汉语不同方言中焦点重音的表现展开探讨。如段文君等（2013）对几种山东方言焦点重音语音实现的对比研究，段文君、贾媛（2015）对济南方言和太原方言中焦点语音实现的对比研究，以及钟良萍（2015）对南京方言和徐州方言两种官话、苏州方言和常州方言两种吴语的焦点重音韵律表现的对比研究，等等。我们已经知道汉语方言的差异主要表现为语音的差异。不同方言语音的差异势必也会影响焦点重音的表现。因此对方言焦点重音具体表现的研究，是我们全面了解方言之间的异同，以及通过异同的比较，进一步深化对方言类别及语言本质认识的重要方面。

此外，在焦点重音的指派上，也可以观察不同语言类型上的差异。已有的研究在英语等语言的重音指派形式上有较多的考察。Chomsky & Halle（1968）提出“核心重音规则”（Nuclear Stress Rule，NSR）。该规则从句法结构上看句中核心重音的位置，认为 NS 落在句中最右边的成分上（对于右分枝语言），或者是最低的成分上。而重读的成分（非对比重读）与焦点之间具有投射关系。[1] 于是像下面这样的句子中，虽然重读的成分是 rat，其焦点结构却可以有多种可能的形式，可以是整句焦点，可以是谓语焦点，也可以是谓语中的宾语部分为焦点，或者是宾语中的介词短语为焦点，因而可以分别回答（43）中的各个问题。（42）和（43）引自 Zubizarreta（1998：46）[2]。

1 在非窄焦点的情况下，焦点由多个成分构成。由于语言经济原则的作用，构成焦点的多个成分无须全部重读，一般只需要其中一个成分重读就可以了。到底哪个成分重读，就产生了重音分布的问题（编码时）以及由这个重读成分到焦点的投射问题（解码时）。由重读成分到焦点的投射关系是学者们观察的重点，如 Selkirk（1984，1995）对英语中由重音推出相应焦点成分的规则进行了研究。见陈虎（2003）的介绍。

2 rats 和 hat 上的方向不同的小撇分别表示 rats 承载句子的最重音，hat 承载句中的次重音。

(42) [$_F$ The cat in the blue hàt [$_F$ has written [$_F$ a book [$_F$ about ráts]]]].

(43) a. What happened?

b. What did the cat in the blue hat do?

c. What has the cat in the blue hat written?

d. What has the cat in the blue hat written about?

上列 NSR 是基于不对称的 C 统制关系（asymmetric c-command）。已有的研究中也提出对选择关系敏感的 NSR。此时不是考虑句法结构，而是考虑成分之间的选择关系（selectional relation）。于是区分了 S-NSR 和 C-NSR 两类核心重音规则（S 代表 selection-driven，C 代表 constituent-driven）（见 Zubizarreta 1998：18-19）。在对这两类规则的敏感度上，日耳曼语（如德语和英语）和罗曼语（如西班牙语和法语）显示出类型上的差异。罗曼语只对 C-NSR 敏感，而日耳曼语则对 S-NSR 和 C-NSR 都敏感。而像德语中更是 S-NSR 优先于 C-NSR。具体见 Zubizarreta（1998）的研究。

汉语中的焦点重音指派也是学者们很感兴趣的问题。主要关注的是汉语焦点重音指派是否也遵循 NSR。由于汉语被认为是 SVO 型语言，汉语中焦点位置一般被认为是处于句末的宾语位置，或者在没有宾语的情况下，就是句末动词的位置，因此句末成分往往获得重音。这一特点被概括为“深重”，即句法上内嵌最深的位置获得重音。这一重音位置是符合 NSR 的。但也有学者提出，在句中谓语部分带有状语性修饰成分时，特别是描述性状语或者说方式状语成分时，状语成分容易获得重音。状语是辅助性成分，因此这也被概括为“辅重”。汉语是深重还是辅重，抑或没有规约性的固定的焦点重音位置，成为学界讨论的热点（见黄瓒辉 2024a；李湘、端木三 2017；玄玥 2002；袁毓林 2006 等）。如果汉语在焦点重音指派上有异于英语等语言的表现，那么焦点重音表现的差异在焦点类型学上就具有重要的意义。

1.7 焦点类型学研究现状评价

以上我们从不同方面介绍了焦点的类型学考察，包括基于呈现焦点与对比焦点类型及表达形式方面的，基于对比焦点语义差异方面的，基于句焦点句形式差异方面的和基于不同语言焦点重音声学表现及焦点重音指派方面的。这些不同的方面，或者看焦点在自然语言中的小类区别，或者看某一类焦点在自然语言中的具体表现形式，或者看某一类形式手段在不同语言中的利用情况。焦点小类的区分，如语言中一般都有呈现焦点和对比焦点的对立等，显示的是语言之间的共性；而焦点的不同表现形式，如对比焦点的不同形式，句焦点的不同形式等，则主要显示的是语言之间的差异。可见焦点的类型学研究，可以从不同的角度来看。同时由于焦点有不同小类，其表现手段又涉及语音、句法和形态各个方面，也需要从不同的角度来看。这样考察的结果，得到了不同角度的焦点类型表现，也就得到了不同角度的焦点类型学考察。

如我们在引言中所说的，焦点的性质虽然存在争议，但它的信息包装的用途，使其语用相关性不容被否认。这种语用相关性，使得焦点概念不像时、体、数等语法范畴那样有着显著且确定的表现形式。焦点在各个语言中普遍采用重读手段作为表现形式，就是其形式不外显不明确的一个典型的表现。因为语音的几个特征中，除了音色差异可以让我们明确地感知到形式的不同外，音高、音强和音长的差异，在自然的听感上相对来说是不太明显的。而重读手段，恰恰就是在音高、音强和音长等方面的改变。要得到这方面的精确描写，研究者们往往需要借助仪器进行测量。这种形式手段的隐藏性增加了观察研究的难度。这也是为什么基于不同语言焦点重音声学表现及焦点重音指派等方面的焦点类型学考察相对于其他方面的考察相对薄弱，仍然存在较大研究空间的原因。

总体来说，相对于其他语法范畴的类型学研究，焦点类型学研究是尚未充分展开的一个领域。前面的介绍中，我们所提到的语言数量是较少的。也就是目前对世界语言焦点表现形式及类型的考察，所涉语言数量还非常有限。[1]要得到世界语言焦点表达的全貌图，我们需要扩大调查研究的范围，增加观察统计的语言数量。在此基础上得到对焦点表达的更全面更精准的描写。

1.8 在焦点类型学基础上开展汉语焦点研究

当我们对世界诸语言在焦点表达上的共性和差异有了一定的了解后，再来看汉语，我们能够将汉语在焦点表达上的特点跟已知的共性和差异进行对比，将汉语的焦点表达在世界语言焦点表达图中进行定位。在这种对比和定位中我们看到，汉语焦点表达呈现出跟其他语言相似的地方，也在多个方面展示出自己的个性。

比如，在焦点类型上，汉语同样存在呈现焦点与对比焦点的差异。重音手段在汉语中也是标记焦点的重要手段，句法手段次之，主要是相当于分裂结构的“是……的”式的使用。语序手段（前置）在汉语中不是表达焦点的主要手段，而是表达话题的主要手段。在对比焦点的表达上，脱离语境下单纯的重音手段不是表达穷尽认定的充分手段，而“是……的”结构和“只”等副词的使用则完全可以表达穷尽认定。在句焦点的表达上，汉语也常使用将事件主体置于动后的语序形式，等等。

这些表达特征，是我们对汉语焦点表达深入观察的结果。在跟其他语言的对比中，我们看到汉语并无太多特别之处。尤其是我们经常拿汉语跟研究得较多的英语进行对比，虽然英语跟汉语在句法上有一些明显的差异，但在焦点表达上给我们的感觉却是同多于异。比如两种语言中焦点都没有特定的形态成分或词汇成分做标记。对 Wh 问句的回答，相应的

1 É. Kiss（1995）观察了十种左右的语言，主要是从句法角度对焦点句法表现形式的观察。

答案成分都是处在原位的。对认定焦点的表达，英语用分裂句，汉语用“(是)……的”结构。对用于纠正的对比焦点，都会用明显的重音手段，等等。

我们较多地注意到了这些相同的地方。而在看到前文所介绍的这些依据不同语言焦点表现形式而建立起来的类型差异研究后，同时也可以知道目前对焦点类型学的研究还需要更多的语言数据支撑，于是我们想到，汉语的研究是否也能在这种类型差异研究中贡献自己的一份力量？就像徐烈炯（2002：400）在研究汉语是否为话语概念结构化语言时提到，其研究缘起是 É. Kiss（1995）在讨论话语概念结构化现象时，“引用了几十种欧洲、亚洲、非洲及美洲印第安语言的材料，其中却不包括汉语”。我们期望在这些类型差异的研究中，也有我们汉语的例子，让汉语的事实也参与到说明人类语言焦点表达的特点中。

我们认为，首先还是要充分掌握汉语焦点表达的特点。这依赖于我们对汉语焦点表达形式展开更为细致的观察和研究。

这种更为细致的观察和研究，可以首先聚焦于焦点的语音形式上。如前面所说的，相对于看得见的句法及词汇手段，语音形式具有隐匿性，不容易被把握。因此焦点的语音研究相对于焦点的形态句法研究更有难度。但是通过上面的介绍，我们已经知道焦点重音是焦点的重要表现形式，而同一种语言中不同的焦点类型，或不同语言中相同的焦点类型，其重音表现可能都不一样。因此，准确把握焦点重音的细微异同之处，对于更好地把握焦点下位的形义对应，以及进一步对不同语言类型进行区分或归纳等都十分重要。

受前文介绍的焦点类型学相关研究的启发，在具体问题的研究上，有以下几点值得研究。首先，汉语句焦点句在形式上，除了前文提到的有的情况下用主谓倒装外，在语序形式上都采用正常的语序。那么在韵律形式上，是否具有不同于谓语焦点句的特点，是否也跟英语一样，其中句首主语成分会重读，值得我们深入研究。[1]

此外，上文已经提到了汉语中不同方言间，以及汉语与其他民族语言间同一类型焦点的重音具体表现形式，都可以开展对比。不同方言间或不同语言间的对比，前文已提到一些研究。而汉语中不同类焦点的表现形式，主要是重音的具体表现，也可以展开对比。已有研究中，秦鹏（2021）对信息焦点与对比焦点在语调上的差别做了考察，相关的研究结果为信息焦点和对比焦点的区分提供了进一步的形式上的证据。莫静清等（2010）研究了多重强式焦点共现句的语音感知，相关的研究结果为刘探宙（2008）将“唯量词”从“焦点敏感算子”范围内独立出来的观点提供了证据。类似的研究可以更深入地开展，以从语音形式上对句法语义上的观察做出检验。而上文提到的汉语中焦点重音指派的具体形式和规则也都有待进一步的研究。

而在焦点的句法语义研究上，我们也可以继续深入。焦点的句法语义是以往研究得较多的。而根据前文的介绍，我们仍然有可研究之处。比如在汉语认定焦点的具体用法上，前文已提到认定焦点在是否表达对比上存在语言间的差异。经初步观察发现，汉语“是……的”句是不一定要表达对比的。但在不表达对比时，其具体用法如何？而疑问句的表认定的“是……的”形式和一般形式在使用条件和具体表义上的异同，也需要进一步考察，并展开与其他语言的对比。又如，前文提到在句法语义手段上，汉语中前置易位的形式主要用来表达话题，而不是表达焦点。汉语中易位形式在语义语用上的功能，特别是在焦点和话题的表达上的具体功能，也有待进一步的研究。总的来说，基于焦点类型学的汉语焦点研究，要求我们在精准掌握汉语焦点表达的形义对应的基础上，将汉语焦点表达的形义对应具体情况跟其他语言进行对比，发现异和同，让汉语在世界语言焦点表达类型图上有自己的准确定位。

1　熊玮（2016）研究了汉语中宽焦点句和窄焦点句中焦点的音高和时长模式并进行了对比。其中的宽焦点句就是指的句焦点句。但文中主要是将窄焦点句中不同位置的窄焦点与宽焦点句中相应位置的成分进行对比，并未专门比较相对容易产生纠缠的句焦点句与谓语焦点句的异同。

第二章 选项、量级与焦点选项语义学

选项语义学（alternative semantics）是在疑问研究和焦点研究等领域时常会用到的一种语义学理论。通过一定的机制构建选项集合，并考察不同选项之间的语义关系，在此基础上对语句的语义做出描写和解释。可以说，只要是涉及集合，涉及集合中不同的成员，就涉及选项及选项之间的关系。当然，最为典型的与选项有关、需要结合不同选项来分析的，还是疑问表达和焦点表达。对焦点的选项语义学的研究，形成焦点选项语义学。这方面的研究国内已有李宝伦等（2003a，2003b）、花东帆（2023）[见徐烈炯、潘海华（2023：109-126）]等的介绍。由于以往的介绍主要是针对 Rooth 的焦点选项语义学[见 Rooth（1985）等]，对选项语义学最初如何在疑问语义研究的基础上形成，选项如何与量级和会话推理相关联，焦点之外的极性成分、任选成分的语义分析和解读如何利用选项及选项相关的推理等，尚未见专文介绍。本章拟从选项语义学产生的疑问语义研究缘起，到 Rooth 的焦点选项语义学，再到量级和量级选项，以及任选的选项分析等，全面梳理选项语义学的相关内容。

2.1 针对疑问句语义的选项语义学

2.1.1 选项语义学：与疑问句答案相关的语义学

选项语义学最初是针对疑问语义的研究而提出来的。Hamblin（1976：254）在考察英语中疑问词的语义是否也适合用蒙太古语法来描述时，指出疑问词的语义是可以置于蒙太古语法框架下进行描写的。他认为疑问句的所指可以认定为是可能作为其答案的命题的集合。例如“Who walks?”这个问句的所指就是一个集合，这个集合的成员是像“Mary walks”“John walks”等这样的命题，因而“疑问会在一组能作为其答案的命题之间建立一个选择语境”。这些能作为答案的命题就是“选项”，选项语义学的名称由此而来[1]。为了将疑问句和陈述句的语义进行统一的刻画，Hamblin 将陈述句的所指也认定为不是指一个命题，而是指一个集合，只不过陈述句所指称的集合内部只包括一个成员，也就是独元集。如“Mary walks”这个句子的所指不是玛丽散步这样的命题，而是指包含玛丽散步这个命题的集合。[2]

之后，Karttunen（1977）在考察间接疑问句的语义时，也提出一个类似的观点，认为间接疑问句的所指是命题的集合[3]。只不过将间接疑问句在一个特定情境中所指的命题限定为仅包括那些为真的命题。Karttunen（1977：10-11）提到，他并没有一个强有力的理由来反对 Hamblin（1976）

1 Hamblin（1976）并没有给自己对疑问句的语义分析命名为“选项语义学”。“选项语义学”的名称是后来的研究者（如 Ciardelli *et al.* 2019 等）在概括他的这种语义理论时所使用的名称。有的研究者直接用 Hamblin semantics 来称呼这种选项语义学，如 Alonso-Ovalle（2006）。文献中提到“选项语义学”这一术语最早见于 von Stechow（1991）。

2 关于 Hamblin（1976）的具体论述，请参看该文。这里不详述。

3 Karttunen（1977）仅考察间接疑问句，认为处理间接疑问句的方案可以延伸至处理直接疑问句，因为直接疑问句和间接疑问句之间有一种可以互相转换的关系（见 Karttunen 1977：3-4）。比如“Is it raining?”这个直接问句就相当于“I ask you (to tell me) whether it is raining.”这个间接问句。前者可以认为是后者经过某种句法转换而来，而后者可以认为是前者加上一个合适的语义解读规则而得到。

的方案，但是他的方案能够给像 depend on 这样的动词一个更为直接的解释途径。由于 depend on 可以形成像“Who is elected depends on who is running”这样的句子，即主语和动词的宾语都由间接疑问句充当。当认定间接疑问句的所指是为真的命题时，给 depend on 指派合适的解释就是相当简单的事。但如果将疑问句的所指放宽到可能的命题，而 depend on 指这些可能命题之间的关系时，就会给这种关系的界定带来不必要的麻烦。

Ciardelli *et al.*（2019：165）指出，这两个系统中的疑问句的语义，或者其内涵，都是从世界到经典的命题集合的函数。不同只在于 Hamblin（1976）的是从每一个可能世界到同一个命题集合的函数，这个命题集合是所有可能答案的集合。而 Karttunen（1977）的则是从每一个可能世界到在这个可能世界中为真的命题集合的函数，这个为真的命题集合是所有可能答案集合的子集。而不管是把所有作为可能答案的命题集合起来，还是只把某一可能世界中为真的命题集合起来，其实都是认为疑问句的所指是某些可能的答案的集合。

2.1.2 “可能答案”到底指什么

可以看到，在将疑问句的语义确定为可能答案的集合时，可能答案便成了一个关键的概念。然而，对什么是“可能答案”，以上两位学者的研究中，却没有给出确定的说明。Ciardelli *et al.*（2019：165-173）在指出选项语义学的不足时，其中第一点就是“可能答案”难以确定的问题。书中举了下面的例子进行说明。指出以下（2）中的各句都是可以用来回答（1）的。但对 Hamblin 和 Karttunen 来说，只有（2a）才是（1）的可能的答案。Hamblin 和 Karttunen 没有给出“可能答案”的标准是什么，同时也不清楚（2a）跟（2b-e）如何区分。例子引自 Ciardelli *et al.*（2019：165）。

（1）What is Alice's phone number?

（2）a. It is 055-9090231.

b. It is 055-9090231, but she prefers to be contacted by email.

c. It is the same as Bob's number but with '1' instead of '0' at the end.

d. It is either 055-9090231 or 055-9090233.

e. It starts with 055-9090.

以上（2b-c）跟（2a）看上去的差别还是较为明显的，即前者不是只像（2a）那样简单地将 what 替换成具体电话号码来回答。但是要概括这些不同形式的统一的特征以将所有可能答案包括进去，却不是容易的。而与此相反的另一个问题则是“过度概括”（overgeneration）的问题，即不能排除一些包含了不合适的可能答案的语句，主要是其中的选项之间存在包含关系的语句，例如（Ciardelli *et al.* 2019：170）：

（3）a. #Is John American, or is he Californian?

b. #Is the value of x different from 6, or is it greater than 6?

（4）a. #John is American or he is Californian.

b. #The value of x is different from 6 or it is greater than 6.

上面析取问句和析取陈述句中，A 选项（=John is American）和 B 选项（= John is Californian）之间存在包含关系：A ⊃ B。这样的语句表达是不合适的。以往文献从冗余的角度对这种不合适的现象进行分析解释，将这种冗余表达的语句的真值条件概括为 $|A \vee B|=|A|\cup|B|=|B|$。但这种冗余的分析却不适应于选项语义学。因为在选项语义学的分析里，语句的所指即为选项的集合。具体到上面的例子，会得到 $\{|A|, |B|\}$。由于 $\{|A|, |B|\}$ 既不同于 A，也不同于 B，因而不存在冗余的问题。因此在选项语义学中是无法从冗余的角度去分析（3）和（4）的不合适性的。

2.1.3 用“信息状态”定义疑问句的所指

Ciardelli *et al.*（2019）认为，上述选项语义学的问题在其所提出的疑问语义学（inquisitive semantics）中能够被较好地避免。疑问语义学用“信息状态”（information state）定义疑问句的语义，也即疑问句的所指，认为信息状态是可以有一个较为清晰的前理论意义的。提到有两种具体的途径来评测是否一个主体 *a* 的信息状态 s 可以被认为是能解决问句所提出的疑问的一个状态。这两种途径是两种测试，一是知识测试（knowledge test），一是思考测试（wondering test）。知识测试是指我们能不能说主体 *a* 是知道 Q（指疑问）的，如果回答是肯定的，那么其信息状态 s 就能算作是疑问能在其中被解决的一个状态。思考测试是指看是不是 *a* 有可能正在思考 Q 的问题，如果回答是否定的，那么其信息状态 s 算作是疑问能在其中被解决的一个状态，否则 s 就不能被看作这样一种状态。而通过“信息状态”，也可以对“最简答案”“部分答案”等做出界定。比如最简答案就是，一方面能解决疑问句所表达的问题，另一方面又不会提供比必需的更多的信息，即不会提供比任何其他能解决这个问题的信息更强的信息。而最简答案就大致相当于 Hamblin 和 Karttunen 的“可能答案”，但是它们跟其他答案相区别的方面就比较清楚了。

此外，“过度概括”的问题，Ciardelli *et al.*（2019：171）认为在其疑问语义学中也是不存在的。这也是用“信息状态”界定疑问句的语义而优于以往“可能答案”方案的地方。具体来说，上面的（3）和（4）中，A 和 B 两个析取枝分别定义为其信息状态的幂集，得到 $\wp(|A|)$ 和 $\wp(|B|)$。这样 $|A \vee B|$ 就等于 $\wp(|A|) \cup \wp(|B|)$，而由于 $\wp(|A|) \subset \wp(|B|)$，也就得到 $\wp(|B|)$，符合冗余条件，因此就可以得出这样的语句表达是不合适的。

可以看到，上述选项语义学的不足之处，主要是在对选项缺乏确切界定的情况下，难以较好地分析所有的问答句，或者在技术操作上会产生一些问题。但是选项语义学的思想精髓，即通过构建选项集合来分析解读相关语句的语义，是之后发展出的各个相关语义学理论，包括上述的疑问语义学，以及下面所要介绍的焦点选项语义学所继承下来的。

2.2 针对焦点句语义的焦点选项语义学

这里介绍的焦点选项语义学，主要依据 Mats Rooth 的文章。Mats Rooth 从其博士论文（Rooth 1985）提出焦点选项语义学后，后面还有一系列的文章（Rooth 1992，1996，2016 等）对其观点做进一步发展。

2.2.1 Rooth（1985）的焦点选项语义学

焦点选项语义学是 Rooth（1985）最初提出来的。焦点选项语义学认为焦点句（在英语中主要是带有韵律凸显成分的句子）除了句子本身表达了一个命题之外，还与一组选项相关联。而这种关联是规约性的，即带有强制性，不能被随意取消。选项可以通过句中焦点所在的位置计算出来。具体做法是把句中的焦点成分用变量 x 替换，然后给 x 赋以不同的值。这些被赋予的不同的值必须跟焦点成分所指称的对象是同类的。在用 x 替换了句中的焦点位置后，所得到的可以是跟 x 同等类型的选项的集合。比如在"John only introduced BILL to Sue"这个句子中，Bill 是焦点。而 Bill 是指称人的个体成分。那么替换 Bill 得到的选项集合就是个体的集合 {x|John introduced to Sue'（x）}。Rooth（1985）将选项集合笼统归为命题的集合（sets of propositions，p-sets）。因此在将 Bill 替换为 x 后，得到的是命题集合 {p|p=John only introduced x to Sue}。Rooth 分别用普通语义值（ordinary semantic value）和焦点语义值（focus semantic value）[1] 来指句子本身所表达的命题意义和将焦点替换为变量 x 后得到的命题集合意义，分别用 $[[\alpha]]^o$ 和 $[[\alpha]]^f$ 表示。对于 $[[\alpha]]^f$ 所表示的命题集合，如上面的 {p|p=John only introduced x to Sue}，Rooth 认为"John introduced Bill to Sue"这个命题可以在里面，也可以不在里面。而 Rooth 选择后者在前者之中，即 $[[\alpha]]^o \in [[\alpha]]^f$。

1 又称"选项语义值"（alternative semantic value），见 Rooth（2016）。

2.2.2 焦点回指

Rooth（1992，1996）提出了焦点回指（focus anaphora），认为带有焦点标记的句子都能在前文中找到一个话语先行成分（discourse antecedent），该先行成分是一个至少带有两个答案选项的问句。因此焦点的出现就代表着回指，回指前文中的这个先行成分。Rooth 提出一个波浪线算子“~”（squiggle operator），用以计算这个回指成分。对于命题 ϕ，由 ~ 计算出来的 ϕ 的先行成分是 C，而 C 是一个集合，该集合属于由 ϕ 的焦点语义值所指的集合，且其中的选项成分大于一个。如下所示。其中（5i）表示 C 是 ϕ 的焦点语义值子集，（5ii）表示 C 中的选项大于一个，（5iii）表示 ϕ 的普通语义值是 C 中的一个选项。

(5) i. $C \subseteq [[\phi]]^f$　　ii. $|C| > 1$　　iii. $[[\phi]]^o \in C$

因此这里的回指对象 C 集合是一个较焦点选项集合大大缩小了范围的集合。这种缩小是把替换焦点成分而得到的选项集合限制到了跟话语相关的几个对象上。这种限制很有必要。如果对选项集合不加限制，所有具有相同语义类型的对象都可以构成合格的选项，那么选项的范围太大。真正对答话人选择答案起作用的只会是话语中相关的几个对象。[1]

而 Rooth（1992）中还将焦点回指对象区分为两种：回指只有一个

1 Constant（2014：§3.2.2）对（5）中的第三个条件 $[[\phi]]^o \in C$ 有一个小的修改。Constant 是在讨论所谓的“分选性问题”（sorted questions）时提出对这个条件的修改的。所谓“分选性问题”，是指像“For each person, what did they bring?”这样的问题。如果当下有三个相关的人，Fred，John 和 Sue，那么这个分选性问题具体就是“What did Fred bring? What did John bring? What did Sue bring?”。假定对第一个问题的回答为“Fred brought the beans.”，这个句子以整个分选性问题为它的先行成分 C。而分选性问题的语义不是命题的集合，而是命题的集合的集合（即 {What did Fred bring? What did John bring? What did Sue bring?} 中的每一个问句又是一个命题集合），那么 $[[\phi]]^o \notin C$，也就是 C 中不包含“Fred brought the beans”这样的命题。于是 Constant 就把它修改成了（P93）：

iii. $[[\phi]]^o *\!\in C$　　“C contains $[[\phi]]^o$ somewhere within it.”

也就是 $[[\phi]]^o$ 被包含在 C 的子集（即问句所构成的命题集合）中也是可以的。

对立选项的和回指由多个对立选项构成的一个集合的。前者所对应的是我们一般所认为的对比焦点的情况。如“No, Mary won!”这样的句子，其先行句可能是如“John won.”这样的句子，即前者是对后者的纠正（“纠正”类是对比焦点中的一个小类，见第四章对“对比焦点”的介绍），与“Mary won”构成对比的是前文中的“John won”。后者所对应的是用一般 wh 词提问，即焦点为信息焦点时的情况。如“Mary won.”的先行句可能为“Who won?”，与“Mary won”构成对比的就可能是多个选项，如 John won, Rose won, Bob won, Sue won 等等[1]，这些选项构成一个集合。不过 Constant（2014）认为这种区分没有必要，即使是纠正的语境，也可以得到“Who won?”这样的 Wh 问句作为一个潜在的先行句。而 Rooth（1996）也没有再区分二者，而是将波浪线算子所计算出来的回指对象确定为是由多个选项构成的命题集合。

2.2.3 对焦点选项的限制

前面提到对构成疑问选项的可能答案需要加以界定。这里的焦点选项也是受一定的限制的。焦点选项，或者说相比较的实体，会受到语境或本体类别的限制。这一点 Rooth 的系列文章和 Krifka（1992）等研究中都注意到了。上面提到 Rooth 将 C 限定为焦点语义值的一个子集，就是在对真正跟焦点语义计算有关的选项进行限制。Krifka（1992）也提到，在像“John only introduced BILL to Sue.”这样的句子中，并不是绝对地说 John 就只介绍了 Bill 一个人给 Sue。但是在当前语境中，John 只介绍了 Bill 一个人给 Sue，这一点是肯定的。因此如果提问“Did John introduce Bill and Paul to Sue?”，那么提问所涉及的语境，也就是当前语境中，如果 John 介绍给 Sue 的人不包括 Paul，那么答话人就可以回答说

1 能替换 Mary 的个体的范围由语境限制。比如，如果比赛在一个班级的所有同学中进行，那么能替换 Mary 的个体就是班上除 Mary 之外所有其他的同学。这个集合是能够替换 Mary 的可能个体集合的子集，即上面（5i）里的“$C \subseteq [[\phi]]^{f}$”。

"John only introduced BILL to Sue."。Krifka（1992:20）在给出"断言"的语义时，所提的第三个合适条件（Felicity Conditions）就是关于焦点选项的。提到被断言的选项要是能被断言的，同时对它们的断言要能带来语境的不同，即能够改变语境 c。

König（1991）在讨论焦点助词（focus particles）的语义时，讨论了对焦点选项的限制。指出了如下的三点限制。

第一，语义类型等同，即选项跟焦点成分是相同语义类型的（König 1991：34）。比如，如果焦点成分指的是人，那么相应的选项也是人，焦点成分指的是物，那么相应的选项也是物。

第二，语境依存，即对选项的选择是高度依赖于语境的。

选项是那些正好在说话当下被考虑的对象。而最明显的由语境给出选项的方式，就是通过前文列举出来。例如（König 1991：34）：

(6) a. Fred was there and HIS BROTHER was there too.
    b. I am always late and JOHN never gets to his class in time either.

这里 too 所关联的焦点 his brother 的选项 Fred，和 either 所关联的焦点 John 的选项 I，在 and 所连接的两个并列小句的第一个小句中列举出来了。但有的时候选项并没有在紧邻焦点句的前面的句子中列举出来，可能在距离稍远一点的前面位置出现过。或者根本没有在语句中被列举出来，而是直接出现在听说双方所处的环境中，甚至需要从听说双方的百科知识中调取。跟直接列举出相关选项的方式比，这些算是间接给出选项的方式。

第三，语义值有别，即选项的值须跟焦点成分的值不同。

这里的"值"，是指选项成分和焦点成分的内涵而不是外延。选项成分和焦点成分在外延上可以相同，但在内涵上须不同。König（1991）用了下面这个例子来说明。这句话如果是某一位美国总统对他的女儿说的，那么其中 your father 和 the President of the United States 所指的是同一个人，因而外延相同。但很显然各自的内涵义是不一样的。

(7) You have not only insulted your father, but also the President of the United States.

语言中能激发选项集合的算子有很多。König（1991：33）区分为包含型和排除型两种。包含型是指除了焦点算子所关联的焦点具有某种属性外，还有其他一些选项也具有这种属性。包含型算子如英语中的 also、too、either、even、let alone、in particular 等。排除型是指除了焦点算子所关联的焦点具有某种属性外，没有其他的选项具有这种属性。排除型算子如英语中的 merely、only、exactly 等。[1] 其中有一些算子要求选项在前面的句子中给出，如英语中的 let alone、much less、never mind 等。这些短语用在附加的缩略句中（见 König 1991：34 的介绍）。例如（König 1991：58）：

(8) They can barely even read A NEWSPAPER, let alone POETRY.

其中 poetry 的选项 a newspaper 在前面的句子中给出来了。let alone poetry 附在前一个小句的后面，是个缩略句。

以上 König（1991）的三点限制，跟 Rooth 系列文章中提到的限制是一样的。其中“语义类型等同”和“语义值有别”，就是 Rooth（1985）中提到的替换焦点成分的变量 x 被赋予不同的值（即语义值不同），且必须

1 第四章讨论对比焦点与对比话题的区别时，会提到对比焦点各选项之间是析取关系，对比话题各选项之间是合取关系。可以分别对应到这里的排除型和包含型。因此这里的包含型的焦点，按照严格区分对比焦点和对比话题来看，应该是属于对比话题。

是焦点成分的同类成分（即语义类型等同）。而“语境依存”，就是 Rooth（1992）等文中所提到的焦点会回指一个先行成分，而该先行成分是焦点语义值所指集合的一个子集，也即在范围上大大缩小了的选项集合。

此外，文献中也提出了对一些特定形式焦点的焦点选项的限制。比如对复杂焦点的焦点选项的限制。复杂焦点是指句中标记焦点的重音位置同时落在几个非连续的成分上，而这几个非连续的成分同时与一个焦点算子关联。例如“John only introduced BILL to SUE.”中，Bill 和 Sue 上都有重音，标明它们都是焦点成分，而二者都与 only 关联。根据 Krifka（1992），此时的两个成分仍然是一个复杂焦点（complex focus）而不是两个焦点。在构建选项集合时，将两个焦点分别用变量 x 和 y 表示，但是将这两个变量连起来成一个对子 x · y。因此得到的命题选项集合中的选项是同时适用于这两个变量的对子的。而复杂焦点跟多重焦点是不同的。Krifka（1992）将句中出现几个与不同焦点敏感算子关联的焦点称作多重焦点（multiple foci）。后者的例子如“$Even_1$ $JOHN_1$ $only_2$ drank $WATER_2$.”，其中 even 关联的是 John，only 关联的是 water。多重焦点还包括对多重疑问句的回答中的多个焦点，如对“Who introduced whom to Clyde?”的回答“$Aretha_F$ introduced $Bertha_F$ to Clyde.”中，Aretha 和 Bertha 都是焦点。多重焦点跟复杂焦点在构建焦点选项时是不同的。多重焦点在构建命题选项集合时，每一个命题选项中的焦点位置无需与其他命题选项在焦点位置上完全不同。比如对“Who introduced whom to Clyde?”的回答，“$Aretha_F$ introduced $Bertha_F$ to Clyde.”是一个选项，“$Aretha_F$ introduced $Bill_F$ to Clyde.”也是一个选项。而当是复杂焦点时，由于 x · y 是一个焦点，因此每一个选项中 x 位置和 y 位置都要不同，才构成合格的选项。

文献中还提到对极性焦点的选项的限制。极性焦点（polarity focus，PolF）是一种对比焦点，是用来强调一个句子的命题内容为真的焦点。如 A 说“I hear that he might not work hard. Does he work hard?”时，B

回答“(Yes,) he DOES work hard.”，[1]其中答句中的 does 重读，是极性焦点，标明句子命题内容为真。已有文献指出极性焦点的选项只能是与之相反的另一种极性。比如正极性的选项只能是负极性，反之负极性的选项只能是正极性。Goodhue（2022：120 fn.4）提到，以往研究中注意到了情态焦点（modal focus）[2]和极性焦点是两种不同的焦点现象。因此情态不应该处在极性焦点的选项集合中。虽然极性成分的语义类型可以看作是 *D<st, st>*，即从命题到命题的函数，但不是任意这种语义类型的成分都能成为极性成分的交替成分。极性成分的选项应该受到限制，才不会导致一些不合适的表达也被错误地预测为可以成为其选项。Goodhue 提到，对于任何一个命题，都有一个常量性的函数把所输入的命题映射到它。而这个所假定的映射函数就不能看作是极性成分的交替成分，否则任何句子都能与极性焦点句构成选项成分了。Goodhue 提到，这是当焦点处在高阶语义类成分上时的一个普遍的问题，因此提出焦点选项必须被限制在那些由自然语言表达成分所指的项上[3]。

2.3 量级及量级相关的选项

2.3.1 选项之间的量级关系

不同的焦点选项之间可能是无序的，也可能存在某种顺序关系。当选项存在顺序关系时，按照一定顺序排列起来就构成量级。König（1991）

1 见 Goodhue（2022：124）。

2 情态焦点是如下面对话中 B 所说的话中 can 所标记的焦点。见 Samko（2016：127）：

i. A: Health care reform cannot wait. B: (No,) it CAN wait!

3 Goodhue（2022：120，fn.4）原文为“Focus alternatives minimally need to be restricted to those denoted by natural language expressions.”。这里强调的就是有实实在在显现的句法成分来表达的，才能成为相关的选项。所针对的可能是在我们的语义分析中，经常会假定一些隐性的成分，特别是会假定一些他这里所提到的高阶语义成分，这些假定的成分不适合作为选项成分。

指出，有的焦点算子会引出选项与焦点项之间的排序。例如also和even同是包含型算子，但二者将不同于焦点项的选项包含进来的具体方式不同。also不会引入选项之间的排序，而even会引入选项之间的排序，且这种排序是一种“可能性”大小的排序。如下面的例子所示（König 1991：37）。

(9) a. John also reads SHAKESPEARE.

b. John even reads SHAKESPEARE.

（9a）只能推出John读了莎士比亚以外其他作者的书，而（9b）除了能推出John读了莎士比亚以外其他作者的书之外，还能推出莎士比亚的书是John在阅读时最不可能读的（可能因为太难或者其他原因），其他作者的书（语境中所有的选项）被John读的可能性都要大于莎士比亚的书。这一量级义完全是由even引出的。

当焦点算子引入量级时，焦点成分的选项须跟焦点成分构成量级排序。此时对选项的限制就是选项要跟焦点成分构成顺序关系。

在事物之间的各种关系上，顺序关系是较常见的一种关系。数量上的多少，时间上的先后，年龄上的长幼，辈分或地位上的高低，范围上的大小，质量上的轻重，属性或特征上的程度大小等，都是不同维度上的顺序关系，形成不同的量级。这些顺序关系，是相关事物本身所具有的。相应的语言成分也就具有顺序义。这种顺序义可以认为是相关成分的规约性语义。

2.3.2 Horn量级

Horn（1972）讨论了语言成分本身体现出顺序义的这类量级现象，如数量成分体现出的量级，时间成分体现出的量级，量化成分体现出的量级，情态成分体现出的量级，不同程度形容词体现出来的量级，等等。例如，Horn认为量化词构成的肯定量级和否定量级如下（Horn 1972：75）：

(10)

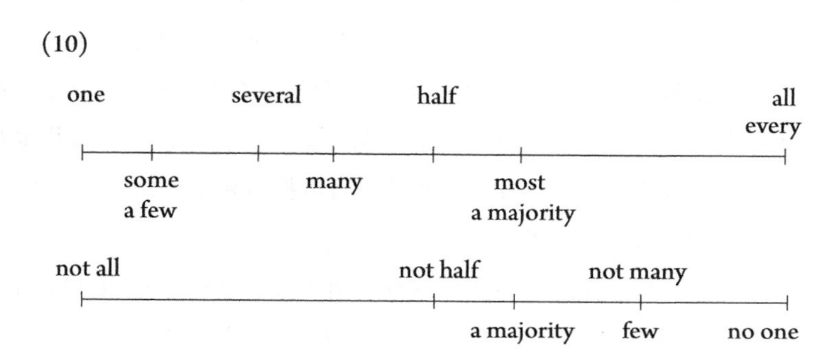

在上面的肯定量级中，从左至右表示的量逐渐增大，直至包含特定范围内的全部（all/every）。而在上面的否定量级中，从左至右表示的否定的量逐渐增大，直至否定特定范围内的全部（no one）。这类本身的语义就构成量级的语言成分在句中的使用，能够使得句子具有一定的推理特征。比如从“所有的学生都来了”为真，可以推出“一些学生来了”为真，从“没有一个人来”为真可以推出“没有一半的人来”为真。即在肯定表达时，可以由多量往少量方向推理，在否定表达时，则由少量向多量方向推理。也就是存在一定的衍推关系（entailment，我们在本书中有时候也说成“蕴涵”）。这种推衍关系是存在于语句之间，不受其他因素的影响的。Horn用语义上的stronger和weaker来描述能够引出这种推衍关系的量级上的成分的特点。可以理解为如果R(e1)能推衍出R(e2)（即R(e1) ⊃ R(e2)），那么e1比e2强，或者e2比e1弱。而Grice的会话含义理论里提出的“合作原则”中“量的准则”（Maxim of Quantity），实际上也是基于一种量级推理。量的准则说要根据当前信息交换的目的，让所说的话语提供的信息量跟要求一致（Grice 1989：26）[1]。这一准则可以简单理解

1 原文为：Make your contribution as informative as is required (for the current purposes of exchange)。

为既不夸大，也不缩小，如实地反映实际情况。因此根据量的准则，当一个人告诉对方自己有 3 个孩子时，如果这个人遵守了量的准则，那么实际情况就是他（或她）的孩子数不多于 3 个，也不少于 3 个，而是正好 3 个。因此从话语“他有 3 个孩子”可以推出他没有 4 个孩子。这种会话含义就是根据句中“3 个”所引出的基数量级而推出来的。基数量级也跟上面的量化词构成的量级一样，在肯定表达时，可以由多数往少数方向推理，但反之不然。因此有 3 个孩子可以推出有 2 个孩子，有 1 个孩子，但不能推出有 4 个孩子。[1]

Horn 文中所讨论的这些量级，在 Horn 之后被冠以“Horn 量级”（Horn Scale）的名称。除了 Horn（1972）所提到的数量、时间、量化、情态等具有蕴涵关系的成分而形成的量级外，有文章如 Hischberg（1985）指出没有蕴涵关系的像级别顺序（rank ordering）、空间顺序（spatial ordering）、过程阶段（process stage）等任何可以形成偏序集合的成分都能在使用上形成 Horn 量级。而在实际解读量级成分句时，对句子所做的推理无需考虑所有在信息量程度上有差异的成分，而只需考虑相关的成分。具体见后文的分析。

除了这种 Horn 量级外，还有一种顺序，是“可能性”大小的顺序。“可能性”具体是指事物发生某种行为或具有某种属性特征的可能性。跟上面提到的事物本身带有的顺序特征不同，可能性大小是事物在参与相关事件时才能体现出来的。因此这种顺序特征不是事物本身固有的。其所排出的量级是根据具体参与事件而排出的量级，文献中称作语用量级（pragmatic scale）。

2.3.3 语用量级

Fauconnier（1975b）专文讨论了“语用量级”。用不同大小的噪音

1 后文第七章 7.2.2 节在讨论量词的 exactly 解读和 at least 解读时，还会谈到 Grice 的量的准则。

具有能打扰人这一特征的可能性的大小，来说明语用量级的排序。具体如下。

不同大小的噪音，在能“打扰人”的可能性大小上有别。一般情况下，声音越大越能打扰人。所以根据能打扰人这一特征，可以排出声音的量级。假定把可能性最大的排在最上面，可能性最小的排在最下面，那么就得到下面这个量级（见 Fauconnier 1975b：361）。

(11)

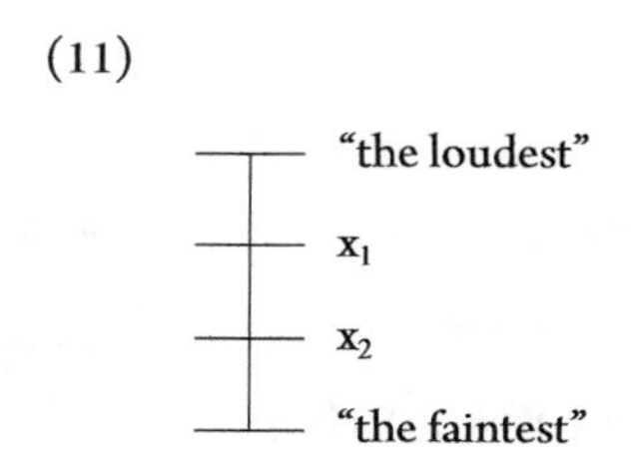

而根据“不打扰人”这一特征，则上面的量级排序需要反转过来。由于一般情况下声音越小越不打扰人，因此最小的声音应该排在最上面，最大的声音应该排在最下面。

(12)

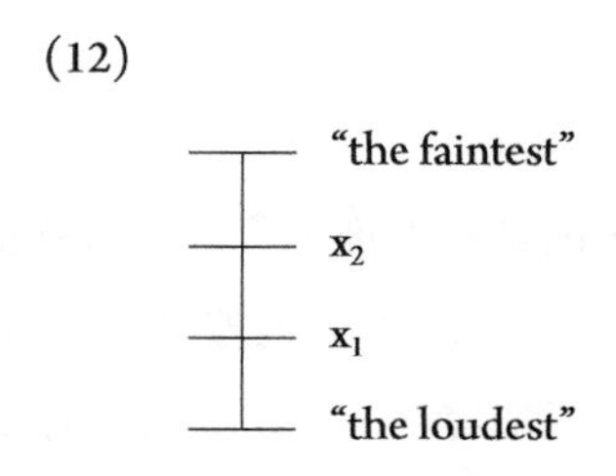

这一按照可能性大小排出的量级，体现了一种衍推关系。这种衍推关系是相对于这些量级成员所参与的事件的[1]。比如上面给噪音排出的量级，

1　这里指广义的事件。

相对的是其具有能打扰人或不打扰人这一特征的。Fauconnier 用“命题框架”（proposition schemata）来指这种排序所依据的事件。比如上面的声音打扰人事件就是 x bothers y。因此衍推关系就存在于这些命题之间。比如（11）中 x_2 bothers y 能衍推出 x_1 bothers y。而（12）中 x_1 doesn't bother y 能衍推出 x_2 doesn't bothers y。由于“打扰人”和“不打扰人”是两种相反的属性，因此根据“不打扰人”的特征来排序后，其衍推关系等于是对前面“打扰人”系列命题的衍推关系的否定，得到的是一个完全反转过来的衍推关系。[1]

事物参与事件的可能性大小，有些是具有一般性的且为大家所普遍认同的规律的。比如噪音越大，越能打扰人。一个能容得下 300 个观众的礼堂，也能容得下 200 个观众，等等。基于这些一般规律的存在，人们可以对话语做出适当的推理。比如当说下面左边的句子时，人们可以推出右边的句子[2]。

(13) a. The faintest noise bothers my uncle. → Noises of any loudness bothers my uncle.[3]

b. The auditorium can hold 300 spectators. → The auditorium can hold 200 spectators.

其中（13a）的推理是在左边句子的基础上推出了全称量化的解读：不管什么大小的声音都能打扰我的叔叔。（13b）的推理是在左边句子的基础上推出了一个“较弱”的解读：礼堂能容得下比 300 人少的 200 人。

上面这些句子中都没有出现焦点算子。其推理是基于事物一般性的规

1 即 Fauconnier（1975b：362）中所说的 if $R(x_2) \supset R(x_1)$ then $\sim R(x_1) \supset R(X_2)$。

2 （13a）中箭头左边的句子引自 Fauconnier（1975b：355），（13a）箭头右边的句子及（13b）为本书自造。

3 König（1991：40）认为，左边这个句子能推出的意思是“Every noise is such that it bothers my uncle.”。跟我们这里的表达是同一个意思，都是表达全称量化。

律特征。[1]（13a）中的 faintest 是形容词的最高级，跟（13b）中的数量成分一样，本身就带有顺序义（或者说量的特征）。由于这里相对于某个命题框架的可能性大小是由它们本身所具有的量的特征决定的，因此排出的可能性大小的量级跟它们数量特征之间有对应关系。即使蕴涵关系反转时，仍然具有对应关系，只是极性反转或者说倒置过来了。而有的成分本身量的意义不明显，但是通过聚焦（focusing）等手段将与相关的命题框架联系起来，能让其量的意义凸显出来。例如（König 1991：41，其中大写表示焦点）：

（14）a. A ROCKEFELLER could not afford to pay for this.

b. Is John leaving for London TOMORROW?

c. You would have been welcome if you had said NOTHING AT ALL.

其中（14a）的 Rockefeller 是焦点，指的是美国石油大王洛克菲勒。所指对象本身不带有量的意义。但是跟“付不起钱”事件联系起来，就凸显了它的一个量的特征：洛克菲勒是美国最有钱的人之一。在拥有财富多少的人的量级上，洛克菲勒算是一个极性成分。（14a）这个句子能产生量级隐含义：谁也付不起这个（或者没有人能付得起这个）。而（14c）中 nothing at all 是指什么东西都没有。它虽然可以跟 something、everything 等构成量级，但是在这个句子里跟特定的命题框架“You would have been welcome if you had said x”联系起来后，其量级义并不突显（即说话多少和受欢迎的程度之间的关联并没有一个一般性的规律特征）。而（14b）中 tomorrow 虽然也能跟“昨天”“今天”“后天”等构成时间先后的量级，但是相对于命题框架“John leave for London x”来说，其量级义也不明显，即 John 去 London 并不一定哪天去可能性大或哪天

1 König（1991：40）用的是人们的“合理的假设”（reasonable assumption）。

去可能性小。但是这两个句子在将这些成分聚焦之后，在特定的语境中可以表达可能性大小的量级义，产生量级隐含解读。其语义效果就相当于用了 even。

值得注意的是这些句子的汉语对译句是没有量级隐含义的。

(15) a. **一个洛克菲勒**付不起这个钱。
  b. 约翰**明天**去伦敦吗？
  c. 你**什么都不说**，会受欢迎。

这些汉语句子中的黑体字也表示焦点。这几个汉语句子都没有量级隐含义。如果需要表达出量级隐含义，就得在句中加入相关的成分，变成：

(16) a. 一个洛克菲勒<u>也</u>付不起这个钱。
  b. 约翰明天<u>才</u>去伦敦吗？
  c. 你什么都不说，<u>也</u>会受欢迎。

而上面的（13a），汉语中也要表达成（17）的形式才能具有量级隐含义。

(17)（即使 / 连）最小的噪音也会打扰到我的叔叔。

如果按照英文句子直接对译成中文句，要理解出这种量级隐含义也是有点牵强的。

(18) 最小的噪音会打扰我的叔叔。

可见汉语中要表达量级隐含义，需要特定的量级算子。光是用重读的手段把相关成分变成焦点，是无法产生量级隐含义解读的。“连……也/都……”结构、“才”“就”“即使……也……”等都能引入量级义，使其所关联的成分成为一个量级中的极性成分，整个结构表达一种量级隐含义。

2.3.4 对量级相关选项的限制

当句中成分产生量级解读时，对选项的限制跟一般的焦点选项比会有一些不同，即选项必须跟产生量级解读的成分（后文称为量项，量项一般是句中的焦点）处在一个量级中，且不同选项要跟量项之间具有量度的差异（即不同的语义值在量级上处在不同的刻度）。

先看句中量项为前文所介绍的 Horn 量级中成员的情况。当量项引出 Horn 量级时，跟该量项构成选项的成员就是 Horn 量级上的成员。而跟句子构成选项的是把其中的量项替换成 Horn 量级上其他成员而构成的句子。例如（Keshet 2017：262），其中 Alt（ ）表示句子的选项：

(19) Paul read three books.

(20) *three* 引出的 Horn 量级：{*one, two, three, four, five, ...*}

(21) Alt (*Paul read three books*) =

$$\left\{\begin{array}{l}\textit{Paul read one book, Paul read two books,}\\ \textit{Paul read three books, Paul read four books,}\\ \textit{Paul read five books, ...}\end{array}\right\}$$

这里很显然是由 three 引出的一个基数量级，具体来说，是一个正整数的量级。量级上的成员为包含 three 在内的正整数。将这些正整数替换 three，得到跟原句不同的选项。这个基数量级包含的成员理论上是无限的，无法穷尽枚举，因此在量级成员 five 和命题选项“Paul read five books”后面都用了省略号。这里根据量级蕴涵能做出的推理就是“Paul did not read four books""Paul read two book"和"Paul read one book"等。也就是分别从语义强的句子推出语义弱的句子的成立，和推出语义更强的句子的不成立（见上文 2.3.2 和 2.3.3 中关于量级推理的介绍）。

虽然理论上基数量级包含无限多的成员，但实际上由选项的"语境依存性"这一限制，可以得到这里真正跟 three 一起构成量级的，是基数序列上 three 前后的部分成员。假定就是十以内的基数。把它们在量级上依次排列出来，这样的量级足够用来说明这个句子的量级蕴涵义了。值得注意的是，当上面句子中的 three books 为对比焦点时，情况就大为不同。对比焦点仅需要跟语境中相关的选项形成对比，不一定要跟相关的选项构成量级。因而跟 three 构成对比的可以是其他任何的数量，且这些数量也不需要是基数链上的连续成分。比如语境中已经出现 one book 和 ten books，那么 three books 跟 one book 和 ten books 构成一个选项集合，其中 three books 是说话人断言的项，而其他两个是被排除的项。这就是符合前面提到的对一般的焦点选项的限制，即依存于语境，语义类型等同，同时具体的值又不同于焦点项就可以了。

再来看句中量项为语用量级中的成员的情况。前文提到，语用量级是一种可能性大小的量级，是句中量项相对于该句子给出的命题框架而产生的。此时跟句中量项构成量级的选项成分，在满足能够替换这个量项，即能参与相同事件的同时，还需要在参与事件可能性大小上跟句中量项有别。而事物参与事件的可能性的大小，有的有一般性的客观的规律，有的则是人们主观上所认定的个体自身的特征。上文所提到的噪音与打扰人之间的关系属于前者，而像"连小王也来参加了她的生日派对"中，小王来参加她的生日派对的可能性是比较小的，这一特点是说话人对小王的主观判断，属于小王的个体特征。比如小王在前不久才跟她吵了一架，关系闹僵了，据此说话人认为他应该不会来参加她的生日派对。这种可能性大小的判断虽然也基于一些常识，但带有较大的主观性。比如说话人在未能全部掌握事实的情况下，或者在其他一些认知局限下，可能会做出不太准确的判断。

语用量级的这两种情况中，前者量项本身就具有某种显著的特征，这种特征决定其参与事件的可能性的大小，因此跟其构成量级选项的就是具有不同显著度特征的同类对象。比如上面的噪音打扰人的例子中，跟 the faintest noise 构成量级选项的是其他响度的噪音，如 the small noise（“小声”），the loud noise（“大声”），the thundering noise（“雷鸣般的声音”）等[1]。而在第二种情况中，量项本身完全看不出有任何决定其参与事件可能性大小的显著特征。如果听说双方缺乏足够的共享知识，听者虽然能够通过句中特定的标记手段，如英语中的 even，汉语中的“甚至”“连……都……”等获得相关的量级义，但同时也会产生疑惑：为什么说话人会有这样的认识？比如当说完“连小王也来参加了她的生日派对”后，听话人可能会发问“为什么这么说？小王本来不会来吗？”听话人之所以这样问，就是因为解读到了“连”字句所表达的小王来参加“她”的生日派对的可能性很小的这种量级义，而又不太理解为什么小王来参加“她”的生日派对的可能性很小。可能在听者看来，小王跟其他人一样也是很应该来参加“她”的生日派对的。在这第二种情况中，跟句中量项一起构成量级的是跟该量项同类的相关的对象。比如跟小王一起构成量级的是其他有可能来参加“她”的生日派对的人，包括来了的和没来的[2]。在说话人看来，这些人在来参加“她”的生日派对的可能性大小上是不同的，具体来说是可能性都比小王要大。

2.3.5 极性量级成分句的全称量化解读

这里还需要讨论的是，带有量级隐含义的句子在什么情况下会产生全

1 实际上是任何响度的噪音，也就是这个句子能产生全称量化的解读。见下文对带有最高级形容词的量级隐含义句子的全称量化解读的讨论。

2 虽然跟“小王”一起构成量级的成员包括来了的和没有来的相关的人员，但这个句子本身并不表达全称量化义。见下文对量级隐含句表全称量化义情况的讨论。

称量化解读。这个问题也跟选项有关。

Fauconnier（1975b）在讨论带形容词最高级成分的句子的量级隐含义时，指出这种句子的语义功能跟全称量化句很相似，能够表达全称量化。所举的例子除了上面提到过的（13a）[重引为（22a）]，还有这里的（22b-e）等（Fauconnier 1975b：353，355-356）。

(22) a. The faintest noise bothers my uncle.
b. My uncle can hear the faintest noise.
c. My uncle would hear the faintest noise.
d. Tommy will not eat the most delicious food.
e. Socrates can understand the most complex argument.

这些句子中都有一个最高级形式的形容词。它们最自然的解读是全称量化解读，而不是字面上的解读。Fauconnier（1975b：356）指出，所有最高级形容词都潜在地具有用来表达全称量化或存在量化的效应[1]。

可以看到，引出全称量化义的量项有一个特点，那就是该量项一定是量级上的一个极性成分，并且这种极性义是在语言形式上有所标记的。形容词的最高级就是一种极性的标记。当表达全称量化时，跟句中量项一起构成量级的成员就包括了所有同类的成员。如跟 the faintest noise 构成量级的就是所有其他响度的噪音。而跟上面（22e）中 the most complex argument 构成量级的就是所有其他复杂度的论点。当句中量项不是极性成分时，句子难以直接获得全称量化的解读。此时跟量项一起构成量级的成员，就不能解读为是所有同类的成员。比如上文中“连小王都来参加了

1 最高级形容词句表达存在量化的例子如下（Fauconnier 1975b：355）。
i. He did not hear the faintest noise.
ii. Did you hear the faintest noise?
Fauconnier 指出，这里的 the faintest 就相当于 any。例（i）相当于“He did not hear any noise.”，例（ii）相当于“Did you hear any noise?”。

她的生日派对"，就不能解读为所有的人都来参加了"她"的生日派对，只能解读出小王是最不太可能来参加"她"生日派对的人，以及由此推出的其他意思（如大家对她的生日很重视，各种人都来了，她的人际关系很好，等等）。当然，它也可以作为论据来说明听说双方所讨论的某个范围内的人都来参加了她生日派对（即没有缺席的）。如当发话人问："她们办公室的人都来了吗？"时，听话人回答："都来了，连小王都来了。"就是用"连"字句来说明办公室的人没有一个缺席的。但办公室的人都来了这个意思不是"连"字句表达的，而是这个语境给予的。再举一个例子。如"她连《红楼梦》都读过"，这个句子中"《红楼梦》"也不是极性成分。这个句子也不表示她读过所有的书，而只是表示《红楼梦》是她最不可能读的书（可能因为难懂，或者篇幅很长，需要花很多时间阅读，等等），以及由此推出的其他意思（她读的书多，她水平很高，能读得懂《红楼梦》，等等）。

2.4 量级常规分析存在的问题及改进

2.4.1 带量级成分的比较句和析取句的推理问题

上文介绍了 Horn 量级及句中出现相关量项时句子的量级含义的推导。量级含义的推导，简单地说，就是由量级上的成分可以推出比它弱的成分的存在，但推不出比它强的成分的存在[1]。这种分析在多数时候是可行的，但也存在会推出错误解读的情况。比如对于数量量级，以往文献就观察到，虽然基数量级非常典型地具有能"隐含弱不隐含强"的这种量级隐含规律，但是当基数成分受到比较义成分的修饰、构成复杂的量的表达时，就不再适用这种隐含规律了。例如（Keshet 2017：262-263）：

1 后文简称为"隐含弱不隐含强"。关于"强"和"弱"见上文 2.3.2 中的介绍。

(23) a. Paul read more than three books. $\nrightarrow$

b. Paul did not read more than four books.

上面（23a）推不出（23b）。其中基数成分 three 前有表示比较的成分 more than 的修饰。此时我们不能简单地用其他基数替换 three 得到句子不同选项的集合，如（24）所示，然后根据基数量级“隐含弱不隐含强”的规律得到（23b）和（25）都为真。

(24) Alt(Paul read more than three books) =

{ Paul read more than one book, Paul read more than two books,
Paul read more than three books, Paul read more than four books,
Paul read more than five books, … }

(25) Paul read more than two books.

除此之外，and-or 量级（合取—析取量级）在其中的析取枝为量级成分时，按照标准的分析也会存在一定的问题。合取和析取构成一个 Horn 量级，其中析取表达蕴涵着相应的合取表达的不成立。例如（Keshet 2017：263-264）：

(26) Paul read *The New York Times* or *The Washington Post*.

Alt(26) = { Paul read *The New York Times* or *The Washington Post*,
Paul read *The New York Times* and *The Washington Post* }

（26）所引出的选项为一个析取表达和一个合取表达。其中合取表达是属于强的语义表达，析取表达是弱的语义表达，因此析取表达蕴涵着相应的合取表达的不成立。

(27) Paul did not read *The New York Times* and *The Washington Post*.

以上标准的分析在析取枝中含有量级成分时会得出错误的推断，会推断出不含量级成分的析取枝为假。例如：

(28) a. Paul read *The New York Times* or some of the books. $\not\rightarrow$

b. Paul did not read *The New York Times*.

其具体推断过程如下。将其中一个合取枝中的量级成分替换成量级上的其他成分，另一个合取枝不变，得到不同的选项。假定 some 构成的量级为 {some, most, all}：

(29) Alt(Paul read *The New York Times* or some of the books) =

{
Paul read *The New York Times* or some of the books,
Paul read *The New York Times* or most of the books,
Paul read *The New York Times* or all of the books,
Paul read *The New York Times* and some of the books,
Paul read *The New York Times* and most of the books,
Paul read *The New York Times* and all of the books
}

上面这些选项中，同是合取或同是析取的句子，其中量级成分在 some 右边的句子语义都比含 some 的句子强，所以（28a）这个析取句蕴涵着语义比它强的句子的不成立。

(30) Paul did not read *The New York Times* or all of the books.

而根据德·摩根定律（DeMorgan's Law）[1]，（30）相当于（31）：

（31）Paul did not read *The New York Times* and Paul did not read all of the books.

而由（31）可以推出 "Paul did not read *The New York Times*."。而这个推论相对于（28a）是不正确的。

Keshet（2017：264-274）为了解决上述问题，提出了将相关的量级成分解读为语义类型为 {e} 型的成分，同时给予相应的量级成分句以存在解读的方案。具体如下。

首先，Keshet 认为可以将像 three books、some books、more than two books 等无定成分，以及像 *War and Peace* or *The Brothers Karamazov*、*The New York Times* or some of the books 类的析取成分做存在解读，解读为表达存在一个特定的群组。例如下面的（32a）解读为（32b）：

（32）a. Paul read more than two books.

b. There is a group *x* of more than two books: Paul only read *x*.

Keshet 进一步采用将某种语义类型的成分转换为相应的包含这种语义类型成分的集合的做法。比如将代表个体的 e 型成分，换成包含了 e 的集合 {e}。通过这样的转换，加上 Hamblin 泛函贴合（Hamblin Functional Application）的操作，可以得到命题选项的集合[2]。再对命题选项集合进行句子性的存在量化，以得到一个单一的命题。这个单一的命题

1 德·摩根定律是符号逻辑领域里一个著名的定律，是描述集合之间的关系的。包括两条：$(A \cap B)' = A' \cup B'$ 和 $(A \cup B)' = A' \cap B'$（公式见《数学辞海》第六卷第 269 页的"德·摩根"条）。前者指 A 交 B 的补集等于 A 的补集并上 B 的补集，后者指 A 并 B 的补集等于 A 的补集交 B 的补集。

2 根据我们的理解，之所以这里在泛函贴合的前面加上 Hamblin，是因为 Hamblin 最早提出疑问句的语义是一组命题的集合，也就是选项的集合。见 Hamblin（1976），前文 2.1.1 里对此有介绍。而这里将相关的量级成分认定为是表达相应的对象的集合后，在泛函贴合时，就需要将集合中成员与相应的函数一一进行贴合，得到的也相应地是一个集合。

是这个命题集合中为真的命题。而 Keshet 进一步假定带有量级隐含义的句子都有一个穷尽算子 *Exh*，当穷尽算子作用于一个命题时，就表明那个命题是唯一为真的命题。

在此基础上，Keshet 指出标准分析对于 more than three 和析取表达存在的问题在上述分析中是可以避免的。比如对下面（34）进行分析时，首先界定 more than two 的意思如（33），即 more than two 表示的是以群组为成员的集合，群组中所包含的个体数大于 2。假定语境中一共有 b1、b2、b3 和 b4 四本书，那么该群组的集合就包含所有由三本书构成的群组和由四本书构成的群组，如（35）所示。然后将该集合中的成员与句中其他的成员进行相应的泛函贴合操作，得到命题选项集合，如（36）所示。最后由穷尽算子和存在量化得到其确定的解读，即如（37d）所示，各个具有穷尽解读的命题选项中，有一个命题为真。

(33) $[[\text{more than two}]] = \{x \in D_e : |x| > 2\}$ (type $\{e\}$)

(34) Paul read more than two books last night.

(35) {b1⊕b2⊕b3, b1⊕b3⊕b4, b1⊕b2⊕b4, b2⊕b3⊕b4, b1⊕b2⊕b3⊕b4}

(36) {Paul read b1⊕b2⊕b3 last night, Paul read b1⊕b3⊕b4 last night, Paul read b1⊕b2⊕b4 last night, Paul read b2⊕b3⊕b4 last night, Paul read b1⊕b2⊕b3⊕b4 last night }

(37) a. ∃*Exh* Paul read more than two books last night.

b. ∃*Exh* {Paul read x last night : x ∈ [[book]] & |x| > 2}

c. ∃{*Exh* Paul read x last night : x ∈ [[book]] & |x| > 2}

d. ∃ {
Paul only read b1⊕b2⊕b3,
Paul only read b1⊕b3⊕b4,
Paul only read b1⊕b2⊕b4,
Paul only read b2⊕b3⊕b4,
Paul only read b1⊕b2⊕b3⊕b4,
}

Keshet 指出，上述的分析由于是对不同数量的书的群组进行选择，而其中包含了由四本书组成的群组，即其中包含了 more than three 的数量，因而不会产生标准分析遇到的会得到错误的推断的问题。因为不管语境中书有多少本，任何超出 3 个的数量的群组包括进选项中，因而任何超出 3 本的数量都是能推出来的。

前面提到的含量化成分的析取表达的问题，上述分析也能解决。具体来说，将 or 分析成是连接两个集合的成分。通过 or 的连接得到集合的并（union），也就是得到选项的集合。该选项集合中的成员分别是 or 的析取枝中的相关成分。当其中一个析取枝含有量级成分时，选项集合还需包含该析取枝的不同的交替项。[1] 在得到选项集合后，应用上面提到的穷尽算子和存在量化的操作，得到命题选项集合中的一个命题为真。由于析取枝中不带量级成分的那一个也在选项集合中，因此也是可选对象之一。在对应到具体实际情况之前，不能从析取表达句本身推出其为假。[2]

2.4.2 新格莱斯量的准则

对选项的限制，文献中还有更多的观察。在构建选项集合时，不能完全凭借成分的信息度的差异而得出选项集合，因为这种情况可能会得到错误的推理。Fox（2007）在讨论析取句“p or q”的推理时，就对此

1　例如，当句子为“Paul read *The New York Times* or some of the books.”时，假定世界中有四本书 b1，b2，b3 和 b4，那么其带有穷尽解读的选项集合如下。见 Keshet（2017：271）的分析。

（i）Paul only read *The New York Times*,

Paul only read b1⊕b2,　　Paul only read b1⊕b3,

Paul only read b1⊕b4,　　Paul only read b2⊕b3,

Paul only read b2⊕b4,　　Paul only read b3⊕b4,

Paul only read b1⊕b2⊕b3,　　Paul only read b1⊕b3⊕b4,

Paul only read b1⊕b2⊕b4,　　Paul only read b2⊕b3⊕b4,

2　关于析取句的解读，以往文献中有很多的讨论。Keshet 这里提出的选项集合看上去跟其他量级成分句的选项集合无异，最后的存在封闭也是从中挑出一个为真的命题。这给人的感觉是析取句跟其他能构建选项集合的句子没有差别了。实际上对析取句的解读是相对复杂的。从析取句可以推出多方面的意思。按照 Fox（2007），析取句可以做三方面的推理。他分别称为基本推理（basic inference），量级隐含（scalar implicature）和无知推理（ignorance inference）。

问题进行了详细的介绍。指出仅凭一般的“量的准则”进行推理，得不到析取句的量级隐含义“p and q 为假”，而仅仅只能得到一个无知推理（Ignorance Inference）：说话人不知道 p and q 为真还是为假。这是因为依据量的准则，如果说话人知道 p and q 为真，而这个命题信息量比 p or q 要大，且说话人遵守量的准则，那么他就应该说 p and q。当他选择不说时，应该是他不知道 p and q 为真。而由于从析取句本身推不出说话人知道 p 的真假，也推不出说话人知道 q 的真假，因此说话人也不知道“p and q”的真假。但实际上，我们需要得到“p and q 为假”这样的推理。

Fox 进一步指出，一般的量级推理中，当我们说 p（如“I have three children.”）时，就意味着比 p 信息量更大的 q（如“I have four children.”）不成立，也就是 q 为假。因为根据量的准则，如果 q 成立，同时如果我们遵守量的准则，那么我们应该选择说信息更大的 q，而不是说 p。而一旦我们知道 q 为假，那就会错误地得出“p and $\neg q$”必然为假。原因是一样的：“p and $\neg q$”是比 p 信息量更大的一个表达，当说话人说 p 而没有说“p and $\neg q$”时，根据量的准则，说话人应该是不知道“p and $\neg q$”为真的。因为如果它为真，且如果说话人遵守量的准则，那么说话人就应该说这个信息量更大的“p and $\neg q$”，而不是说 p。而由于说话人已经知道 p 的真假，也已经知道 q 的真假，那么当说话人不知道“p and $\neg q$”为真时，可以进一步推出说话人知道“p and $\neg q$”为假（而不是不确定“p and $\neg q$”的真假）。[1] 由于 p 为真，且 $\neg q$ 为真（已知 q 为假，那么 $\neg q$ 为真），“p and $\neg q$”实际上是一个为真的表达。

所以在 Grice 量的准则下，无法坚持这样的假设：说话人知道相关的命题 q 的真假。当说话人说出 p，我们会推出说话人不知道 p and q 为真，

1 Fox（2007：73）提到，当说话人不相信（或者说“不知道”，Fox 文中不区分“知道”和“相信”）p 为真时，这对应到两种认知状态，一种是说话人知道 p 为假，一种是说话人没有结论性的意见（即不确定 p 为真还是为假）。由于这里说话人既知道 p 的真值，也知道 q 的真值，当他不知道“p and $\neg q$”为真时，那对应的状态就只能是他知道“p and $\neg q$”为假，而不是不确定它为真还是为假。

也不知道 p and $\neg q$ 为真。也就是得到无知推理。在已知 p 的真假时，只能得出说话人不知道 q 的真假。一旦确定了 q 为假，就会得到相矛盾的推理。

为了解决这一问题，Fox 指出，需要对量的准则进行修改。Fox 将修改前的量的准则称作“基本的量的准则”（Basic Quantity Maxim），将修改后的量的准则称作“新格莱斯量的准则”（Neo Gricean Maxim of Quantity）。新格莱斯量的准则不要求说话人从所有相关的命题中选取信息量最大的命题，而是要求说话人从一个被正式界定了的选项集合中选取信息量最大的相关命题。也就是对选项集合加以限制，将一些看上去在信息量上有差异的成分排除在选项集合之外。比如如果将 p and $\neg q$ 排除在选项集合 Alt（p）的成员之外，我们就无需得出“说话人选择说 p，而不说 p and $\neg q$，是因为不知道 p and $\neg q$ 为真”这样的结论（即不在选项集合里就不是被选对象）。因此说话人也就可以知道 q 的真假，而不是像上面说的在基本的量的准则下，说话人知道了 q 的真假就会得出相矛盾的推理。

Fox 提出的一个处理上列问题的方法之一，就是对选项集合进行限制：让规定的词汇性成分构成的量级来确定命题选项的集合。这些由规定的词汇性成分构成的量级，主要就是 Horn 量级。在各种 Horn 量级中，{and, or} 是一个量级。由这两个量级成分决定的命题选项的集合只包括合取句和析取句两个选项。在新格莱斯量的准则下，说话人对没有说出来的信息量更大的命题的真假是知晓的。因此，当说话人选取析取句来说时，就意味着他知道合取句为假。[1]

1 不过 Fox 文中后面马上否定了这一方案而提出了另一句法方案。认为语言使用的原则不应该敏感于对选项集合 Alt（S）的形式界定。在这一点上基本的量的准则要优于新格莱斯量的准则。但是由于基本的量的准则会得出无知推理，因而如果认为基本的量的准则是正确的，就必须通过其他途径派生出句子的量级隐含义。Fox 指出主要是通过句子的基本意义派生出量级隐含义。Fox 在前人研究的基础上提出自然语言有一个隐性的穷尽算子，*exh*。该算子可选性地附接在句子上，对句子的量级隐含义负责。因此句子的量级隐含义是在语法中派生出来的。*exh* 的具体功能跟 only 差不多，就是排除选项。唯一跟 only 不同的是，only p 句子中，p 是前提，所断言的是排他义。而带有隐性 *exh* 的句子中，命题 p 也包括在断言之中。见 Fox（2007：77-80）的论述。

2.4.3 析取句“任选”解读时的选项

析取句在存在模态结构中的合取解读，就是文献中常说的“任选”（Free Choice，FC）解读。例如下面这个句子（Fox 2007：80-85）：

(38) You're allowed to eat the cake or the ice-cream.

其任选解读为：

(39) You're allowed to eat the cake and you are allowed to eat the ice-cream.

（39）是由（38）推理出来的。and 前后的两个小句是可能模态句，也即存在模态句（existential modal）。（39）可以用符号表示如下，即两个可能模态句的合取形式（“◊”表示可能模态）。

(40) $\Diamond p \wedge \Diamond q$

Fox（2007）指出，由（38）这个析取句的可能的逻辑形式，是难以衍推出（39）这种合取解读的。比如如果将（38）的逻辑形式构建为下面(41）的形式，那么将衍推出(42）的解读。而(42）的这种解读比(39）要弱。

(41) allowed [[you eat the cake] or [you eat the ice-cream]]

(42) You are allowed to eat the cake or you are allowed to eat the ice-cream.

由于从（38）中的析取形式容易得到的是两个可能模态句的析取解

读，因而如何推出它的合取解读成了研究者们感兴趣的问题。以往对这个问题已有较多的讨论，分别提出了从量级隐含义的推理方式推出 FC 的解读 [Alonso-Ovalle 2006；Kratzer & Shimoyama 2002，见 Fox（2007）的介绍] 以及基于递归穷尽（recursive exhaustivity）方式得到 FC 解读的不同处理方案（见 Fox 2007）。

将 FC 作为一种量级隐含义推出，关键在于如何构建一个有效的量级选项集合，通过这个集合中的选项能够正好推出 FC。析取句中的 or 能构建一个 Horn 量级 {and, or}。但是在这个量级上，and 恰恰是比 or 语义要强的成分。因此通过这样一个量级由（38）是推不出（39）的解读的。

可见由于 FC 是一个语义上要比析取表达强的表达，无法直接通过 {and, or} 推出。要想让 FC 通过量级隐含推出，就需要对选项集合进行合理的构建。Kratzer & Shimoyama（2002）提出了一个“有意思的”解决方案[1]。主要是将（38）的选项集合构建为：

（43） a. You are allowed to eat the cake or the ice-cream.

b. You are allowed to eat the cake.

c. You are allowed to eat the ice-cream.

依据这个选项集合，并根据“反穷尽推理”的原则，可以推出（43a）的 FC 解读。

反穷尽推理跟穷尽推理相对。所谓的“穷尽推理”（exhaustivity inference）就是排他性推理。主要跟模态和析取之间的相互作用有关。比如在这样的语境中：听说双方在讨论两本书，一本代数书和一本生物书。其中一人对另一人说“You can borrow the algebra book”，那么听话人可以得出一个穷尽推理“You cannot borrow the biology book”。

1 该评价语见 Fox（2007：83）。

而“反穷尽推理”就是指穷尽推理是推不出来的，或者说是错的。比如由析取句 A or B 推不出其中的 A 为真而 B 为假，也推不出其中的 B 为真而 A 为假。也就是无法做出穷尽推理，是反穷尽推理的 [见 Kratzer & Shimoyama（2002）及文中所提参考文献的论述]。

具体来说，上面选项集合中的（43b）和（43c）虽然各是析取句（43）的一个析取枝，但是听话人在做推理的时候，要把它们做加强义的解读。也就是分别要解读为下面的（43’b）和（43’c）：

(43’) b. You are allowed to eat the cake but you are not allowed to eat the ice-cream.

c. You are allowed to eat the ice-cream but you are not allowed to eat the cake.

这个加强义是由穷尽推理而来的。但是由说话人没有说（43b）和（43c）可以得出（43b）和（43c）是不为真的，也就是可以得到它们的加强义（43’b）和（43’c）为假。由（43’b）和（43’c）为假可以分别得出（43c）和（43b）为真。[1]

1 由（43’b）和（43’c）为假分别得出（43c）和（43b）为真，是因为如果 S & not S’ 为假，而其中的 S 为真，那么 not S’ 就为假，因而其中 S’ 就为真。

这里为什么不能直接将选项集合假定为下面的形式，

（i）a. You are allowed to eat the cake or the ice-cream.

b. You are allowed to eat the cake but you are not allowed to the ice-cream.

c. You are allowed to eat the ice-cream but you are not allowed to eat the cake.

是因为如果直接把选项 b 和选项 c 中 not 部分写出来，而不是由析取句中的析取枝推出来，那么这里 not 后面其实是可以写任意其他的句子的，比如（ib）中可以写 not allowed to the chocolate。这种情况下，那可以推出任何想要推出的量级隐含义了（根据 not 后面出现的部分是什么）。所以将选项集合中的成员定为析取句的两个析取枝，而在推理的时候用它们的加强义去推理，就可以推出相关的 FC 来，而不是得到任意想得到的推理。见 Fox（2007）的介绍。另，这个推理步骤在 Chierchia（2013）就是穷尽算子 *Exh* 的递归使用，即递归穷尽。关于递归穷尽见 Chierchia（2013：109-115）的分析。

上述穷尽推理，也就是由（43b）和（43c）得到（43'b）和（43'c），在 Chierchia（2013）里成为语义的一部分。Chierchia（2013）在 Fox（2007）的基础上，提出将基于穷尽的方法用于量级隐含义的推导。并将量级选项的类型由严格的量级选项这一类，扩展到还包含域选项（Domain Alternatives，D-alternatives）的两类。与某个成分构成域的量级选项的，是该成分所构成的域的子域。Chierchia 不仅认为量级隐含义可以由对量级选项的穷尽操作得来，在构建量级选项时，也需要用到穷尽操作。比如上面对任选析取义的推导，就需要构建经过了穷尽操作的选项的集合。而这种穷尽操作被认为是由隐含在句中的一个穷尽算子（用 Exh 表示）完成的。这种穷尽解读被赋予了语义的地位，而不仅仅是一种语用上的推导。这里不详细介绍，具体参看 Chierchia（2013）。

2.5　关于 only 的选项

根据 É. Kiss（1998），only 句是英语中的认定焦点句，具有 [+contrastive] 和 [+exhaustive] 的特征。only 排除选项集合中除了它的语义焦点所指对象之外其他的选项。跟 only 所关联的对象构成交替项的成分，是语境中跟这个成分同类的成分。比如，“Only John left.” 这个句子中，only 引入的认定焦点是 John。跟 John 构成交替项的成分是语境中其他的人。如果语境中还有 Bill，Sue，Bob 三人，那么这三个人跟 John 构成一个选项集合。only 的作用就是排除了其他三个人离开的可能。这种情况下，选项之间的地位是平等的。所谓“是平等的”，就是指各个选项在具有相关属性的可能性上是等同的，没有程度的区别。

但 only 有时候所作用的对象（即所关联的焦点成分）是跟量级有关的。此时，跟这个对象构成选项的成分须是相关量级上的成员。相应地，only 所排除的对象就是量级上其他的成员。例如，“I have only 100 yuan left.”这个句子中，only 引入的 100 yuan 是个数量成分，跟它构成交替项的是数量量级上的成员。此时 only 排除的不能是 100 以外其他任何的数量，而只能是 100 以外的大于 100 的数量，不能是比 100 小的数量。

有时候 only 句有歧义，跟 only 的语义焦点构成选项集合的成员，可以是具有量级性的，也可以是非量级性的。下面的例子引自 Horn（1972：50）。其中的 pretty，可以是处在形容好看的外貌长相这一属性量级上的一个成员。这个量级可以是 pretty-beautiful。pretty 也可以不跟这个量级上的成员构成选项集合，而跟人的其他品质构成选项集合，如跟形容人聪明的 intelligent 构成选项集合：pretty-intelligent。

(44) Dolors is only pretty.
...she is not beautiful.
...she is not intelligent.

所以选项集合的确定，要根据具体的语境。Horn 指出上面这个例子中，在没有一个相对语境的情况下是第一种解读，在某些条件下，如果被排除的谓词是在语境中可以找回的，则是第二种解读。可见构成量级选项的解读是其优先的解读。值得注意的是，汉语中的“只”跟 only 一样，也有非量级用法和量级用法。殷何辉（2009）讨论了“只”的这两种用法。下面的例子中，（45a）是“只”的非量级用法，（43b）是“只”的量级用法（例句引自殷何辉 2009：53）。

(45) a. 我只有《红楼梦》。
b. 我只有十块钱。

例（45a）中，“只”所排除的选项跟“《红楼梦》”不构成量级序列关系。而例（45b）中“十块钱”是一个数量成分。数量成分能够很自然地引入数量量级。所以这里“只”所排除的是关于钱的数量量级上比十块多的数量，而不是排除十块之外的任何数量。也就是从（45b）能推出“我有九块钱”“我有八块钱”等句子都是为真的。[1]

2.6 在选项语义学基础上开展汉语焦点研究

在汉语焦点研究领域，选项语义学也被应用到了跟选项相关的焦点现象的研究中，比如对焦点敏感算子的研究，对对比焦点的研究，对量级算子的研究等。上文提到的殷何辉（2009），就是直接用焦点选项语义学理论考察汉语副词“只”的量级用法和非量级用法。此外，蒋静忠、魏红华（2010），张进凯、金铉哲（2022）等从焦点敏感算子引出具有量级性的焦点选项集合的角度考察“才”和“就”的用法异同。而在对汉语“连”字句的考察中，研究者们也都注意到了“连”后项会引出一个量级，因此也都从量级的角度考察“连”字句的语义。

在选项语义学分析方法的运用上，对任选的研究是一个重要的内容。前面 2.4.3 节里已介绍了对析取句的任选解读的研究。汉语中任选表达有“任何”“wh- 都”等形式。其中“任何”的语义跟 any 很相似。研究者们可以直接把对 any 的分析，也就是对析取的分析套用到“任何”上。但是对“wh- 都”的分析就不那么简单了。因为“wh- 都”结构中，wh 词的任选解读有跟 any 不一样之处。即 wh 词的任选解读可以不需要否定词或情态词的允准而出现在肯定叙实语境中，在“都”的帮助就能实现。如

1 （44）的汉语对译句在优先解读上有所不同。（44）的汉语对译句如下：

（i）Dolors 只是好看。

根据我们的语感，这句话的完句性不是很好。更顺畅的说法是“Dolors 只是好看而已”，或者接上后续句，如“Dolors 只是好看（而已），谈不上聪明”。（i）难以解读为 Dolors 仅仅只是好看，而不是特别漂亮。即这个句子不是排除一个比“好看”程度更高的外貌特征。如果要表达这种意思，比较顺畅的说法是类似“Dolors 只是好看（而已），谈不上特别漂亮”这样的。

“他什么都给了你”。由于“都”的使用是强制性的，在对这种任选解读的 wh 词进行解释时，就需要认定“都”的贡献。在同样将 Chierchia 对 any 的选项语义学分析法用于对 wh 词非疑问用法的分析中，不同学者对“都”的语义贡献有不同的看法。Liao（2011）认为，“都”是一个焦点标记词（focus marker），它会带来一个附加的预设。这个预设要求除了断言所说的命题为真外，选项集合中还要有其他的命题为真，而选项集合中的任何一个命题都能成为这个为真的命题。而刘明明（2023）则认为，“都”要求所在的句子 S 有一个特定的预设。这个特定的预设是，S 要比当前语境下其他相关选项都强。所谓的“强”，在“都”用于总括时，对应的是逻辑蕴涵，即与“都”结合的句子 S 蕴涵当前语境下的所有相关命题。在“都”用于表“甚至”时，对应的是可能性，即 S 跟其相关选项相比更不可能。两种假设都跟一般所认为的“都”是全称量词或分配算子的看法不同，认为“都”的语义贡献是带来特定的预设。不同在于前者在 wh 词引入的选项集合上认为其会引入一个由各个成员的合取形式构成的量级选项，“都”的作用在于“都”的使用可以去掉在任选义推导过程中出现的语义冲突。后者则不认为 wh 词会引入一个合取形式的量级选项，“都”的作用在于“都”的使用可以得到这个合取形式量级选项的表达效果。两种处理方案以不同的假设为前提（即 wh 词的选项中是只有范围选项，还是也存在量级选项），具体的分析可以参看 Liao（2011）和刘明明（2023）。

此外，Liu（2018）（在其博士论文基础上的一本专著）专门从选项语义学的角度考察了“就”和“都”的语义。认为语言中没有真正同形异义的功能性成分。那些看上去有歧义的成分，其实都有一个单一的语义核心（semantic core），可以做统一的分析。像“就”“都”等焦点副词，表面上都有不同的语义解读，而实际上都可以在选项语义学框架下得到统一的解释。具体来说，通过构建不同的选项集合，也就是通过构建具有多样性的选项集合，来实现语义的统一解释。针对“就”和“都”的不同解读，Liu 区分了基于加合的选项集合（sum-based alternatives）和基于原子的选项集合（atom-based alternatives）两种。当选项集合为前者，也就是替换焦点的成分为焦点同类成分的加合形式时，相关的焦点算子获得排他性解读；当选项集合为后者，也就是替换焦点的成分为跟焦点一样的原子成分时，相关的算子获得非排他性的解读。而这两种解读就涵盖了“就”和“都”的看上去的歧义情况。Liu（2018）也对疑问词的条件句用法（像“张三请了谁，李四就请了谁”）进行了考察。认为疑问条件句中的疑问词不是像有的学者所认为的表示极性存在或者是关系代词，而就是一般的疑问代词，是表示疑问的。[1]

以上这些研究，代表了选项语义学应用于汉语焦点研究的新近的成果。结合选项集合特点的语义推导方法可谓让人耳目一新。而尤其是提出的相关看法，如关于“都”的语义功能的看法，跟以往的全称量化、分配算子或加合算子分析完全不一样，并且这种分析能真正较好地把“都”的总括用法、“甚至”用法以及需要从一些语用角度去给予限制的方面统一起来了。对我们后面从选项语义学角度开展更多的焦点相关现象的研究提供了借鉴作用。当然，相关的研究分析也还可以进一步深入探讨，以得到更为严谨和有说服力的结论。

1 Liu（2018）对 wh 条件句提供了三种分析方案，其他两种，一种为基于自由关系句的等值句分析。文中英文表达为 FR-based equative analysis，其中 FR 代表 free relative。即把 wh 条件句中的两个句子分析成是自由关系句，而两个句子是等值的。另外两种就是把 wh 条件句中的疑问词看作是真正表疑问的，也就是这里说的跟表疑问的疑问词做统一的分析。其中一种是把这种 wh 条件句看作是真正的条件句，强调先行成分和结果成分之间的关系。而另一种则不强调前件和后件之间的条件关系，而是把存在于两个问句中只要答案匹配就有的这种关系直接写进 wh 条件句的语义中。具体参见 Liu（2018）的分析。

第三章 问答一致与焦点的疑问语义学研究

通过上一章的介绍我们看到了疑问和焦点同时都跟选项关联。而二者更为密切的联系，是在问询信息和提供信息上。疑问句通过疑问构成方式向听话人索取未知信息，而答句则通过用相应的非疑问成分（即焦点）替换疑问成分提供信息。疑问和焦点的这种相匹配的话语功能把二者紧密地系联在一起。因而对疑问的研究离不开对相应答句的研究，而对答句的研究也离不开观察其所能回答的问题。

已有的焦点研究中有一个通行的做法，就是用疑问句来框定相关句子的信息焦点。比如对同一个句子“老李明天去北京”，可以用不同的疑问句来确定其中的信息焦点位置。当用来回答“老李明天去哪里？”时，其中“北京”是焦点。当用来回答“谁明天去北京？”时，“老李”是焦点。而当用来回答“老李哪天去北京？”时，“明天”是焦点。这种借助可能回答的问句来确定焦点位置的做法，就是利用了疑问和焦点之间的匹配关系。对疑问与回答的信息问询与提供功能的针对性研究，形成了疑问语义学（inquisitive semantics）这一专门的语义理论[1]，代表性的著作有 Ciardelli *et al.*（2019）等，以及结合当前讨论问题（Question under

1 本书把 inquisitive semantics 翻译成“疑问语义学”。inquisitive 是 inquiry 的形容词形式。inquiry 的意思是“问询、调查、打听、探究”。我们曾经把它翻译成“质询语义学”。这里还是采用“疑问语义学”的译法。

Discussion，QUD）和相关话语推进策略对焦点进行的观察和研究，如 Roberts（1996）等。由于这方面的成果尚未得到系统的介绍，本章拟梳理这方面的内容。重点介绍疑问语义学对疑问与陈述的关系及“问题”的重要性的看法，疑问语义学中如何用“信息状态”的各种关系对语义进行刻画，以及从疑问语义学视角对焦点的考察，并简单介绍从疑问语义学视角对汉语相关焦点现象的研究。

3.1 关于疑问语义学

关于疑问的研究很早就开始了。但早期对疑问的研究，一般直接用“疑问句”（如 Bach 1971），“疑问句的句法和语义”（如 Karttunen 1977）等为题。这些研究以“疑问句”的句法或语义为研究对象，并不专门观察疑问的话语和信息功能。

直接用“疑问语义学”这个名称的是 Groenendijk & Roelofsen（2011）、Ciardelli *et al.*（2013）和 Ciardelli *et al.*（2019）等。至此，对疑问的研究，主要是对其话语和信息功能的研究，成了一门系统的语义理论。其中 Ciardelli *et al.*（2019）是该理论的代表著作[1]。接下来对疑问语义学的介绍，主要是指 Ciardelli *et al.*（2019）的相关理论。

3.1.1 疑问和陈述的融合研究

跟之前对疑问的各种研究一样，疑问语义学也是关于疑问语义理论的一种。但 Ciardelli *et al.*（2019）一开篇对疑问语义学的介绍是“疑问语义学是一个新的语义框架，主要用于语言信息交换的分析”，把疑问语义学的研究对象定位为信息交换，而不仅仅只是疑问句本身，这显示了它与

1 Ciardelli *et al.*（2019）是对其博士论文和前期多篇已发表的论文、手稿和教学材料中的观点和结论的一个集成之作。见 Ciardelli *et al.*（2019）中的介绍。

以往疑问研究的不同。紧接着说“信息交换可以看作一个提出问题和解决问题的过程”，则明确了疑问在整个信息交换过程中的重要地位，同时也强调提问和答问两个部分构成信息交换的一个整体，因而对信息交换的研究就不能只看其中的一部分。Ciardelli *et al.*（2019：2）在引言里特别强调了疑问和陈述融合研究的重要性，说到“对信息交换的研究，不能只要求陈述句的语义理论和疑问句的语义理论并行开展，而是需要一个同时研究陈述句和疑问句的综合的理论。陈述和疑问这两种句类孤立起来是得不到充分的研究的”。

这种把疑问置于由问和答的信息交换大框架下来观察的做法，使得对疑问的观察较之前更为全面深入。而看到提问和回答构成信息交换的整体，疑问和陈述之间有着各种共性，则直接产出了疑问语义学这门将疑问和陈述融合起来研究的综合性的语义学理论。

3.1.2 疑问和陈述的共通之处

一般认为疑问和陈述是两种不同的句类（或者说话语功能）。疑问是用来提出获取某方面信息的请求的，而陈述则是用来直接传递信息的。从语义内容来看，陈述句表达命题，而疑问句不表达命题。但是疑问和陈述也不是完全相异的两种句类，二者之间的共通之处学者们早就注意到了。只不过如何准确地把这个共通之处概括出来，经历了一个过程。

较早注意到疑问和陈述共通之处的有弗雷格。弗雷格指出一个疑问句和一个直陈句可以包含相同的思想，但是直陈还包含更多的东西，那就是断言，而疑问也包含更多的东西，那就是请求。因此应该把直陈所包含的内容跟断言区分开来。所举的例子是陈述句“Bill is coming.”和极性疑问句“Is Bill coming?”，认为这两个句子表达的内容是一样的，只是各自还表达了断言和请求 [Frege 1918，英译本 1956：294，另见 Ciardelli *et al.*（2019：3）的介绍]。但是弗雷格也注意到，认为疑问句跟相对应的陈述句表达的命题相同这一观点，只适合一般的极性问句，却不适合选择问句和 Wh 问句，如 “Is Bill coming, or Sue?”（选择疑问句）和 “Who is coming?”（Wh 问句）。而之后的研究 [如 Groenendijk & Stokhof 1997，见 Ciardelli *et al.*（2019：3-4）的介绍] 则观察到，即使是认为极性问句和相应的陈述句有共同的语义内容的这种观点也是存在问题的。因为如果认为极性疑问句和相应的陈述句具有相同的语义内容，那么当它们分别被包孕在一个句子中，充当同一个动词的宾语时，我们可能会计算出相同的语义结果。例如，如果认为 Bill is coming 和 whether Bill is coming 具有相同的语义内容，那么我们将得出 “John knows that Bill is coming” 和 “John knows whether Bill is coming” 语义相同这样的结论。而很显然这两个句子语义是不同的。

Ciardelli *et al.*（2019：4）在前人的基础上提出了自己的看法。明确地指出描述疑问句语义的概念不能是一般所认为的命题，而应该是能抓住疑问句所提出的问题的这样的概念。他们直接将 issue 作为疑问语义学里一个最重要的概念提出来，并强调对 issue 进行模型化的重要性（我们这里把 issue 翻译成“问题”，后文直接用“问题”代替 issue）。前面提到 Ciardelli *et al.*（2019）将信息交换的过程看作是提出问题和解决问题的过程。用“问题”把提问和答问统一起来，实际上也就是把疑问句和陈述句统一起来了。因此，“问题”是疑问语义学里非常重要的一个概念，疑问和陈述在都关联“问题”这一点上是相同的。[1]

3.1.3 疑问和陈述的统一

疑问本身就是提出问题，所以疑问跟问题的密切关系比较好理解。而陈述跟问题的关系，也就是本章开头提到的陈述可以为问答提供其所索取的信息。陈述句都可以被看作是对一个问题的回答。我们平常对句子的句法和语义进行研究，如果不涉及语用的方面，较少会去考虑一个句子所能

1 Ciardelli *et al.*（2019）在其第 2 章的 2.3 节里，详细地介绍了 issue 这个概念。

对应回答的问题。但是一旦涉及句子的话语合适性（discourse felicity），我们就要联系它所处的对话语境来考察。句子是否具有话语合适性，就是要看它是否回答了当前的问题。“当前问题”即文献中所说的QUD[见Roberts 1996，以及Ciardelli *et al.*（2019：4）所提及的其他文献]。能够回答当前问题，也就是能提供新信息，说明句子是有信息价值的（informative）。因此问题对于确定一个句子的解读至关重要。Ciardelli *et al.*（2019：4-6）提到要看一个句子具有什么样的语用推理或者会话含义，以及要描述一个句子的信息结构，都是要结合其所处的问话语境才能完成的。如下面的例子所示（Ciardelli *et al.* 2019：5），其中（1）和（2）是语用推理的例子，（3）和（4）是信息结构的例子。

（1）A: What did you do this morning?

B: I read the newspaper. → B did not do the laundry

（2）A: What did you read this morning?

B: I read the newspaper. ↛ B did not do the laundry

（3）A: Who did Alf rescue?

B: Alf rescued BEA. / #ALF rescued Bea.

（4）A: Who rescued Bea?

B: ALF rescued Bea. / #Alf rescued BEA.

（1）和（2）中B的回答所针对的问题是不同的，因而得到的可能的语用推理也不同。（1B）回答的问题是B早上做了什么，回答“我读了报纸”，可以得到一个语用推理是他没有干别的。（2B）回答的问题是B早上读了什么，回答“我读了报纸”，可以得到的一个语用推理是他没有读别的，但是这个回答并不排除他做了读报纸以外的其他事情。（3）和（4）中B的回答所针对的问题不同，句中相应的焦点位置也不同。（3B）回答的是Alf救了谁，因而答句中的Bea是焦点（用大写字母标示），（4B）

回答的是谁救了 Bea，因而答句中的 Alf 是焦点。英语中焦点成分一般会得到重读，因此两个答句虽然看上去是一样的，但是句中重音位置是不同的。如果把重音位置弄错，如“#”所标记的句子那样，就是不合适的。[1]可见，要准确把握陈述句，需要结合其问话语境，根据具体的问题来确定陈述句的句义及相关的语用含义。

除此之外，更有直接能带疑问小句作为补足语（即宾语）的动词，如 wonder、be curious 等。wonder 的例子如“John wonders who is coming.”。这样的句子看上去是陈述句，但实际上要对它做语义分析，就不仅需要给其中的疑问句一个合适的语义表征，还需要联系 wonder 事件主体的认知状态而进行。这里事件主体的认知状态是一个疑问状态。Ciardelli *et al.*（2019）区分了主体的信息状态和疑问状态两种认知状态。前者是主体已经知晓或相信，后者是主体感兴趣想要知晓。对疑问句进行表征和对事件主体的疑问状态进行描述，都离不开问题这个重要的概念。

当然，根据具体的情况，问题可以是显性的，即由话语中明确说出的疑问句来表达。也可以是隐性的，即话语中并没有一个显性的疑问句来表达问题。关于隐性疑问以往有很多文献讨论过，如 Carlson（1983）、Roberts（1996）、Onea（2016）等。比如 Carlson（1983）最主要的观点就是对话是由提问和回答来组织的，而问题常常是隐性的，可基于其他

1　实际上，（1）和（2）中 B 的回答中的焦点也是不同的。但这里的焦点的不同只是宽窄的不同，即（1B）中的焦点是整个谓语部分 read the newspaper，而（2B）中的焦点只有动词的宾语部分 the newspaper。根据重音指派规则，这两种情况下重音都是落在 newspaper 上。因此跟（3）和（4）的答句不同。后者中焦点成分一个是在宾语位置，一个是在主语位置。两句话的重音位置完全不一样。而前者两句话是完全一样的。（1）和（2）中 B 答句的会话含义可以看作是焦点的一种排他性语义。得出的机制是第二章里所讨论的 Chierchia（2013）的穷尽操作。一般情况下信息焦点不会有排他性。但是在（1）（2）这种显性使用 wh 词提问的问话语境中，如果答话者遵守 Grice 会话合作原则中的量的准则，那么他（或她）给出的答案就会穷尽所有的情况，而不会只说出部分。后文我们将看到 Wh 问句的不同类型。（1）（2）的这种问句为提及所有类（mention-all）。当问句为提及所有类时，答句需要把所有可能作为答案的对象都说出来。

线索而推出。Roberts（1996）也持这样的观点，提到英语中的韵律焦点（prosodic focus）可以预设当前的问题是哪一种类型，或者说对问题进行重构。还提到疑问不必由一个提问的言语行为来实现，而可以是提供一组相关的选项而言谈者必须对其做出回答，这从技术意义上也是一种提问。[1]

可见，不论是疑问还是陈述，或者语句层面上不论是疑问句还是陈述句，都与问题有着密切的关系，可以用问题统一起来。而通过上面已经提及的例子可以看到，焦点现象是能够结合问题来研究和分析的最典型的语义语用现象之一，也是最需要结合疑问或者问题来分析的一种现象。后文我们将详细介绍在疑问语义学框架下对焦点和信息结构的研究。

3.1.4 疑问句的语义与分类

疑问语义学的主要目标是给自然语言中疑问的语义分析提供一个框架。疑问语义学认为疑问句的语义就是命题的集合，但是跟上一章介绍的同样是处理疑问语义的选项语义学不同，选项语义学认为疑问句的语义是其可能答案的集合。疑问语义学里作为疑问句语义的那些命题不被认为是对疑问句所提出的问题的"可能的答案"，而被认为是解决问题的信息。在这样的认识下，命题的集合就不能是任意的集合，而是具有向下封闭性（downward closure）的命题的集合。也就是，如果一个信息状态 s 能够解决所提出的问题，那么所有其他的信息状态 t 如果具有 $t \subseteq s$ 的特征，那么也能解决这个问题。这样就给命题集合施加了更多的限制，避免了对"可能的答案"无以界定而导致的任何可能的答案都可以形成一个可能答案集合的不足。

话语中显性的疑问句有各种不同的类型。Ciardelli *et al.*（2019：77-92）讨论了以下几种疑问句在疑问语义学框架下如何得到语义刻画。

第一种是极性问句（polar questions）。

1 Onea（2016）则具体地讨论了潜在问题（potential questions）对在话语语义—语用界面上解读相关的语法结构的作用。

极性问句是询问一个给定命题的真值的问句。例如：

(5) Is Alice married to Bob?

第二种是选择问句（alternative questions）。

选择问句是列出一组析取的选项，要求在选项中做出选择的问句。例如：

(6) Is Alice married to Bob or to Charlie?

选择问句中一种特殊的形式是将一个句子跟它的否定形式析取在一起，也就是我们汉语中常说的正反问句。例如：

(7) Is Alice married to Bob ↑ or not ↓ ?

第三种是开放性析取问句（open disjunctive questions）。

开放性析取问句是问话人对问句中的几个选项都不太确定时所使用的一种问句。例如：

(8) Is Alice married to Bob ↑ or to Charlie ↑ ?

Ciardelli *et al.*（2019：79-80）在给出这个例子之前，先给了一大段的背景交代：说话人 Susan 和 Alice、Bob、Charlie 和 Drew 都是高中同学且关系很好。Susan 在自己六十岁生日时想要组织一个同学聚会，想给这几个同学写邀请函。她很久以前听说 Alice 嫁给了他们班上一个同学，但由于分开太久了，不知道 Alice 嫁的是哪一个同学。于是 Susan 跟 Drew 打听 Alice 是不是嫁给了她的两个好朋友 Bob 或者 Charlie 中的一个。如果是的话，那么她写邀请函时就将夫妻俩的邀请函一起写。这个背景交代就是为了说明说话人对于问句中的两个选项都不是很确定。因此这里的问句中两个析取选项都用了上升的语调，而不是像选择问句那样前一个析取项用升调而后一个析取项用降调。

第四种是 Wh- 问句（Wh-questions）。

Wh- 问句也是自然语言中最主要的一种问句。Ciardelli *et al.*（2019）提到 Wh- 问句包含几种不同的小类。

(9) a. Who did Alice invite to her birthday party?

b. What is something that Alice really likes?

c. Who is Alice married to?

d. Who is married to whom?

e. Which students did Alice invite to her party?

这些小类包括提及所有类（mention-all），即（9a）类；提及部分类（mention-some），即（9b）类；单一匹配类（single-match），即（9c）类；多重问句类（with multiple wh-words），即（9d）类，以及带有显性限定域类（involving explicit domain restriction），即（9e）类。从各个小类的名称可知其主要特点。其中提及所有类要求对具有某种属性的个体有一个完全的说明。例如对于“Who did Alice invite to her birthday party?”这一问句，答话人需要说出所有被 Alice 邀请至生日宴会的人。但是对提及所有类的回答，有时可能只是一个部分答案，即只是提及答案所指集合中的部分成员，尚未穷尽所有的成员。提及部分类则不需要说出具有某种属性的全部个体，而只需要说出一部分即可。例如“What is something that Alice really likes?”这个句子，就只需要举例回答出 Alice 真正喜欢的东西。而单一匹配问句则是寻求具有某种属性的唯一个体。例如“Who is Alice married to?”这个句子就只有一个唯一的个体作为其答案。多重问句类是从其形式上来说的，即带有多个 wh 词。如“Who is married to whom?”就带有两个 wh 词，主语位置的 who 和宾语位置的 whom。而相应的回答其实也跟提及所有类一样，需要把所有具有某种关系（在这个句子里是具有结婚关系）的情况全部说出来。最后一个小类是带显性限定成分类，即 wh 词后有一个普通名词充当限定成分，如“Which students did Alice invite to her party?”这一类的问句由于所询问的对象是有属性限定的，因此解决问题的信息状态 s 必须把学生这一属性限定考虑进去。而“学生”这一限定属性可以跟后面的 Alice 邀请至宴会一起作为检视的标准，也可以事先作为条件，在此条件下把 Alice 邀请至宴会作为检视的标准。无论以何种方式去确定答案，最终得到的都是具有既是学生同时又被 Alice 邀请至宴会这两种属性的对象。

这几种分类跟文献中一般对疑问句的分类是大致相同的。其中对 Wh 问句的细分，对于观察相应答案的合适性以及答句中焦点的相关类型非常有用。后文的介绍会看到，认定焦点是否具有对比性，主要是看（显性或者隐性的）问句是否预设了一个选项集合。而上面带有显性限定域的（9e）类，典型地预设了一个选项集合。

3.1.5 “信息状态”等概念和基于一阶语言的语义系统

在特别强调了疑问和陈述的密切关系后，疑问语义学给出了疑问和陈述融合研究的关键概念和具体方法，并得到了一个基于标准的一阶逻辑语言的疑问语义系统。该理论体系中的关键概念有“问题”“信息状态”“命题”“会话语境”等，以及表达“关系”的“加强”（enhancement）（针对信息状态之间的关系），“蕴涵”（entailment）（针对命题之间的关系），“精化”（refinement）（针对问题之间的关系），和“拓展”（extension）（针对话语语境之间的关系）等。Ciardelli *et al.*（2019：13）提到对“信息状态”“命题”“会话语境”等概念的界定都可以借助“可能世界的集合”。而可能世界的集合被认为是多量的信息。其中“信息”是基础概念，

"命题"的内容也是信息,"问题"则是解答它所需要的信息。而对"加强""蕴涵""拓展"等的界定则都利用集合间的包含关系,最终也都是落实到信息之间的关系上。

疑问语义学中对疑问语义进行计算的一阶逻辑语言系统,被命名为"一阶信息模型"(the first-order information model),即这是一个针对信息状态进行计算的系统。在这个语义系统中,疑问句(inquisitive sentences)和传信句(informative sentences)分别通过所对应的信息状态获得严格的定义。Ciardelli *et al.*(2019:64)给出了 informative, inquisitive, non-informative 和 non-inquisitive 的定义。如下:

(10) i. informative iff $info(\varphi) \neq W$.

ii. inquisitive iff $info(\varphi) \notin [\varphi]$.

iii. φ is non-inquisitive $\Leftrightarrow [\varphi] = \wp(info(\varphi))$

$\Leftrightarrow [\varphi]$ has a greatest element.

iv. φ is non-informative $\Leftrightarrow info(\varphi) = W$.

这里 iff 和 $\Leftrightarrow$ 右边的条件表达,(i)的意思是 φ 的信息内容(即 $info(\varphi)$)不等于可能世界的集合(即 W),(ii)的意思是 φ 的信息内容不属于 φ 所表达的命题(即 $[\varphi]$),(iii)的意思是 φ 所表达的命题等于 φ 的信息内容的幂集(即 $\wp(info(\varphi))$),以及 φ 所表达的命题有一个最大的成员,(iv)的意思是 φ 的信息内容等于可能世界的集合。Ciardelli *et al.*(2019:65-70)用了具体的例子来说明。假定话域中包含了两个个体对象 a 和 b,存在一个一元属性 R。那么相对应的逻辑空间中就包含了四个可能世界:*Ra* 和 *Rb* 同时为真的世界,*Ra* 为真但 *Rb* 为假的世界,*Ra* 为假但 *Rb* 为真的世界,以及 *Ra* 和 *Rb* 同时为假的世界。可分别用 11,10,01,00 代替。那么 *Ra*,*Rb*,$Ra \vee Rb$,$\neg Ra$,和 $\neg(Ra \vee Rb)$ 五个句子为真的情况分别如(11)所示。

(11)

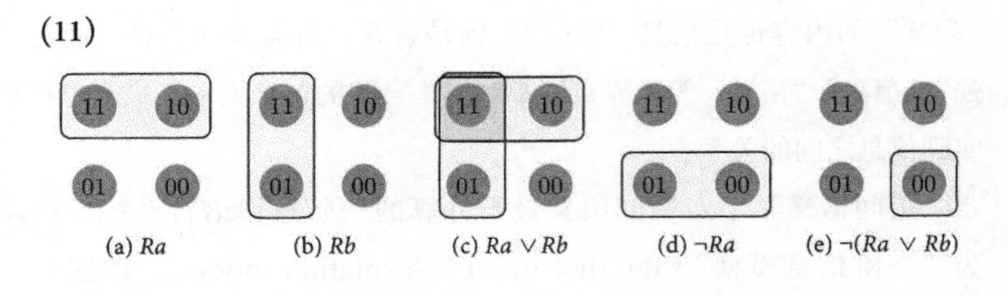

对应（11）的条件，这里

W＝{11，10，01，00}，

info（Ra）＝{11，10}，

info（Rb）＝{11，01}，

info（$Ra \vee Rb$）＝{11，10，01}，

info（$\neg Ra$）＝{01，00}，

info（$\neg$（$Ra \vee Rb$））＝{00}。

用φ代替这不同的句子，由于这里的info（φ）都不等于W，因此这些句子都是传信句。而这些句子中info（$Ra \vee Rb$）不属于[$Ra \vee Rb$]，后者表示$Ra \vee Rb$的命题内容，也就是使它为真的信息状态。其中Ra为真的信息状态是{11，10}，Rb为真的信息状态是{11，01}。而info（$Ra \vee Rb$）是{11，10，01}。这个集合是不属于{{11，10}，{11，01}}的。因此它是疑问的，符合上面（10ii）对inquisitive的定义。Ciardelli *et al.*（2019）特别强调这里的$Ra \vee Rb$不是一般的析取陈述表达，也不是一般的选择问句。后两者需要经过特定的投射操作（projection operation）才能得到。

3.2 疑问与焦点的关系

疑问是用来获取信息的话语手段，（信息）焦点则是句中提供的新信息。从焦点提供疑问所要获取的信息这种二者之间的匹配或契合，可以看出疑问与焦点的密切关系。以下几个方面可以更为具体地展示疑问和焦点之间的关系。[1]

3.2.1 断言是从疑问选项中做出选择

话语交际的研究一般认为，在话语交际中，参与者的主要目标是发现并与交谈对方共享关于我们这个世界的信息（见 Stalnaker 1978 等）。这种“发现”和“共享”就是通过不断地提问和回答来推进和实现的。对问题的回答就是断言。一般认为提问是给出一组选项的集合，而用来回答的断言则是在选项集合中做出选择。在关联原则（Principle of Relevance）和会话合作原则的驱动下，答句一定是根据提问所给定的选项做出的选择，因此答句的断言一定是包含在选项之中的[2]。这使得断言和提问具有非常紧密的联系。问和答也因此经常被一起称为问答对子（question-answer pairs）。而这种断言包含在疑问选项集合中，就使得断言一定是跟疑问共享一些信息的，这就是话语的前提。

3.2.2 信息的冗余保证话语有效进行

Roberts（1996：106）将前提定义为“一个话语 ϕ 以命题 p 为前提，当且仅当 ϕ 在任意给定的蕴涵 p 的语境 c 中都是合适的”，可以简单地理解为一句话的前提必须是已经被那个语境蕴涵了的为真的东西。[3]这种话语中包含语境已经蕴涵了为真的内容，是一种信息的冗余现象。关于对话

1 这里对疑问和焦点的关系的讨论，主要是总结了 Roberts（1996）的分析并加上自己的理解而得出的。

2 例外情况是当答案为不存在具有疑问所提到的某种属性的个体时，所做出的选择是不包含在疑问选项中的。比如当问“Who did Mary invite?”时，回答“Mary invited nobody.”，此时就否定了存在具有被 Mary 邀请的属性的对象，而问句所构建的选项都是预设了存在具有这样属性的个体的。

3 Roberts（1996）提到他采用的是 Stalnaker（1978）和 Heim（1983，1992）的定义。

中信息的冗余，Walker（1993）中有详细的讨论。Walker 将信息冗余定义为“一个话语 u_i 在一个话语语境 S 中是信息上冗余的，如果 u_i 表达了一个命题，而该命题已经在 S 中被蕴涵了”。在提问和回答中，提问所提供的信息已经加入语境中，答句的断言由于是从疑问选项中做出选择，所以总是会包含一部分疑问中已经提供的信息，也就是包含了语境中已经蕴涵了为真的内容。[1] 正是这种冗余信息，将疑问和断言紧密联系起来。

在信息交换中，冗余是必要的，它能够保证话语的连贯性，能帮助言谈双方信息交换的合作能有效地进行。而实现冗余的手段之一，就是话语总是带有预设或者前提。在有显性提问的情况下，显性问句带入语境的信息，在答句中成为前提。而在没有显性提问的情况下，由于自然语言通常会有显性的手段来标记句中的新信息或者说焦点的所在，因此通过焦点手段也可以确知一个断言 ϕ 的前提是什么。在通过焦点手段确定了前提之后，可以进一步检视语境是否蕴涵这些信息，以判断这个话语在该语境中是否合适。自然语言标记焦点的形式手段有多种。在英语这样的以韵律手段表达焦点的语言里，句子中的韵律焦点，或者说韵律凸显部分，能够帮助我们确定句子的前提。

3.2.3 焦点选项集合和疑问选项集合的一致性

焦点选项集合（focus alternative set）和疑问选项集合（Q-alternative set）的一致性，更能反映出问和答的紧密联系，即它们之间必须是完全匹配的。焦点选项集合在上一章已经做了详细的介绍。焦点选项集合是把句中焦点成分替换为变量 x 后，对变量进行赋值而得到的一个集合。比如句子 Mary invited $[\text{John}]_F$ 中，John 被标记为焦点。那么其焦点选项集

1 疑问句被认为其所指是选项集合或者说是可能答案的集合。答案虽然是由从疑问选项中选出的一个选项来充当，但不能认为答案的信息都是在疑问句已经提供的信息之中的。如果是那样的话，那整个答案的内容都是预设中的内容，那就没有信息价值了。疑问句的语义虽然被认为是选项集合，但是那多个选项在当前语境下哪一个为真是不确定的。答案做出选择，就是确定了跟疑问成分相对应的对象。这个对象的确定是断言中真正给出的新信息。

合就是把 John 替换为变量 x 后，对 x 进行赋值，比如赋值 a, b, c, d 等，那么就得到"Mary invited a/b/c/d…"的不同命题的集合。而这个集合跟疑问选项集合是相等的。二者之间的差异仅在于疑问选项集合的选项是通过疑问成分而得到，而焦点选项集合是通过焦点的位置而计算出来。von Stechow（1991）用"问答一致"（question-answer congruence）来称呼这种现象，在其定义中用等于关系（"‖β‖=Q-alt(α)"）来表示两个选项集合的一致。而由于答句的焦点选项集合必须跟问句的疑问选项集合一致，就使得答句的焦点结构限制了其所能回答的问句的形式。

以上几点从不同的角度展示了疑问与断言和断言中的焦点的密切关系。对焦点或信息结构这一特定的语义语用现象的研究，离不开跟疑问融合的研究。焦点选项语义学在解读焦点句时，对焦点选项集合进行构建，实际上就是在通过焦点的线索，回溯包含该焦点的断言所关联的问题及可能的答案。把焦点句置于问和答的大框架下进行解读，能够更好地得到其语义和话语功能。

3.3 疑问语义学视角下对焦点的研究

3.3.1 Roberts（1996）对焦点的研究

在疑问语义学视角下，焦点总是跟疑问相关联的，因此学者们就从焦点与疑问关联的角度来研究焦点。这方面代表性的研究有 Roberts（1996）等。Roberts 文中建立了特定的信息结构（information structure）的概念。指出他的信息结构指的是话语（discourse）的信息结构，即将提问和断言都考虑进去的、话语交际中过程中对信息的探究的结构。这种探究就像游戏一样，有它的目标（goals）、规则（rules）、话语推进（moves）和策略（strategies）。基本的目标就是发现和分享信息；规则包括句法的、语义的和会话性的规则；话语推进包括提问和断言两种形式；策略则是提出一系列的问题（sequences of questions），以达到话语的目标。目标可以等同于所提的问题。一个问题可以分解成一系列相关的子问题（subquestions，SUB-Q）。与这些子问题相对应的就是子目标（sub-goals）。将问题分解为子问题的方式是寻找该问题所能蕴涵的问题。Roberts将问题之间的蕴涵关系定义为，Q1蕴涵Q2，当且仅当所有能够回答Q1的命题也能回答Q2。[1] 例如，"What do you like?"蕴涵着"What food do you like?"，因为对前者的完整的回答一定包含了能回答后者的答案，而对后者的回答也是对前者的回答，但可能只是部分的回答。因此后者可以看作前者的子问题。Roberts还定义了话语推进的相关性。指出一个话语推进 *m* 只要是引入了对当前问题的一个部分答案（*m* 是一个断言），或者是回答当前问题的策略的一部分（*m* 是一个问题），都是相关的。此外，针对焦点，Roberts专门提出，英语韵律焦点总是预设着相关的断言是对一个当前问题（QUD）的合适的（或一致的）回答，而这种预设是规约性的。

下面我们首先以Roberts（1996）从焦点与疑问关联的角度对only的研究为例，来看疑问语义学视角下对焦点敏感算子only的研究跟一般焦点语义学里对only的研究有什么不同。

3.3.1.1 对only的研究

3.3.1.1.1 作为焦点敏感算子的only

第二章讨论焦点选项语义学时，介绍过已有文献从所关联的选项是否具有量级特征上对only的研究。only一般被视作焦点敏感算子（focus-sensitive operator）。多位学者研究过它，如Horn（1969）、Karttunen & Peters（1979）、Rooth（1985）、von Stechow（1991）、Krifka（1992）等。Horn（1969）认为only句的语义包括两个部分，一部分是预设，一部分是断言。only句预设的是句子去掉only之后的部分，only句断

1 Roberts（1996：94）提到他的这个定义采用的是Groenendijk *et al.*（1984：16）的定义。

言的则是将句中焦点成分替换为其补集之后的命题为假。例如“Only Muriel voted for Hubert”中，命题“Muriel voted for Hubert”是其预设，而Muriel之外的其他人投票给了Hubert这个命题为假，是其断言。Karttunen & Peters（1979）同此观点。Rooth（1985）则认为去掉only的命题是only句的会话含义（conversational implicature）[1]，排他义的解读是它的断言。Rooth（1985）将only分析为对命题进行量化的全称算子，其量化域是命题的集合（p-set）。命题集合是通过将句中焦点成分替换为变量而得到的。例如“John only introduced BILL to Sue”这个句子中，命题的选项集合为 λP∃y[P=introduce(j, y, s)]。only的作用就是对这样的集合进行全称量化。von Stechow（1991）和Krifka（1992）则采用结构化语义学方案，认为焦点把句子的语义分为背景和焦点两部分。[2]提到不论是句中有无焦点敏感算子，句中焦点的不同位置都会影响句子的语义解读。当句中出现了焦点敏感算子时，焦点敏感算子的语义会作用到焦点对句子语义所做的不同的划分上，当然会得到不同的语义解读。而当句中没有出现焦点敏感算子时，焦点的不同位置决定其所能回答的是不同的问题，句子的解读当然也是不同的。例如“John introduced Bill to Sue”这个句子，当焦点在Sue上时，能回答的问题是“To whom did John introduce Bill?”，而当焦点在introduced Bill to Sue上时，能回答的问题则是“What did John do?”。联系其所能回答的问题来看焦点句，实际上就是疑问语义学对焦点研究的做法了，后文还会详细比较。

3.3.1.1.2 根据问答一致确定only的量化域

Roberts（1996）指出他的焦点理论也是一种选项语义学理论。提

---

1 到底是预设还是会话含义我们这里暂不做讨论。总之都认为它们不是断言。

2 实际上从Jackendoff（1972）观察到句子分为预设—断言的两个部分，到Rooth（1985）的选项语义学中根据焦点来构建作为量化域的命题集合，都是将焦点句进行划分，划分为背景部分和焦点部分。只是他们没有直接提结构化语义（structured meaning）而已。

到他的解释也是要假定焦点关联主要是关于韵律焦点如何影响对算子的量化域的限定的（P115）。但是他特别强调了他与 Rooth（1985）、von Stechow（1991）、Krifka（1992）的焦点语义学的不同，即他不强调像 only 和 even 等词的焦点敏感性（P108，115），同时认为话语的韵律结构（prosodic structure）就能清晰地给出话语的焦点结构，而无需像 von Stechow（1991）、Krifka（1992）的结构语义学那样对句子语义做出一个独立的划分（P115）。

因此，在 Roberts（1996）的研究中，对 only 句的语义解读也要确定 only 所量化的域（P116）。但 Roberts 不再强调 only 如何具有焦点敏感性、如何通过对焦点位置的计算而得出其量化域[1]，而是纯粹从 only 句如何能回答当前问题、如何寻找其所处的合适语境从而建立话语之间的关联的角度去获得其量化域。

only 句能回答什么样的问题，它又能处在什么样的语境中呢？

Roberts（1996：116）以（12）为例，指出（12）预设了它是回答（13）这样的问题。

(12) Mary only invited $[\text{LYN}]_F$ for dinner.

(13) Which individual(s) is/are such that Mary has no properties apart from having invited that/those individual(s) for dinner?

而这个问题也就是根据断言的焦点选项集合与疑问句的疑问选项集合一致这一点而构建出来的。Roberts 提到，（12）不能被用在孤立语境中。因为根据 Roberts 的观点，孤立语境可以看作是对世界上任何事物所处方式发出询问的语境，即问“What is the way things are?”这个“大问题”（文中称作 Big Question）。本来在孤立语境中，关于任何事物的任何的

1 也就是不假设 only 的词汇语义中就具有焦点敏感性。

属性陈述都是相关的。比如可以说关于 Mary 的情况，而在说 Mary 的情况时，任何关于 Mary 的陈述也都是相关的。但是由于在（12）这个句子中已经预设了 Mary 的存在，那么 Mary 的相关属性，比如 Mary 邀请了 Lyn 去宴会，都有可能在 Mary 存在这一前提下已经被预设了。因此（12）是不大可能或者说不合适在孤立的语境下说的。

Roberts 进一步观察（12）[这里写为（12'）] 能不能用来回答下面（14）的问题。

(14) Who did Mary invite for dinner?

(12') Mary only invited $[\text{LYN}]_F$ for dinner.

可以看到问题（14）和问题（13）是不同的。而（12）要能用来回答（14）的问题，需要满足一个条件，即根据（12）的韵律焦点所构建的问题（13）跟问题（14）是"相关的"。这个"相关"的关系，就是如前面所介绍的问题之间的蕴涵关系，即对问题（14）的回答包含了对问题（13）的回答，而对问题（13）的回答也是对问题（14）的（部分）回答。因此（14）蕴涵（13），（13）对于（14）是相关的。而实际上（13）的答案就是（14）的答案，也就是（13）跟（14）的相关性不仅仅是说（13）的答案可以部分回答（14）的问题，而是构成对（14）的完整回答。

下面来具体看一下对（13）的回答如何构成对（14）的完全的回答。

给定（13）和（14）的答案如下。

(15) Which individual(s) is/are such that Mary has no properties apart from having invited that/those individual(s) for dinner?

A: Lyn is such that Mary has no properties apart from having invited that/those individual(s) for dinner

(16) Who did Mary invite for dinner?

A: Mary invited Lyn for dinner.

说（15A）完全构成对（16）的回答，换一种理解就是，（15A）中所确认的 which individual(s) 所指的对象，跟（16A）中所确认的 who 所指的对象，是同一个集合。如果二者所辨认的集合中的成员是一样的，那么当然对（15）的回答就是对（16）的回答。集合等同的情况下，反过来也一样，对（16）的回答就是对（15）的回答。

那么它们为什么能构成等同的集合呢？ Roberts（1996）给出了这样的分析[1]。其中（16）的答案是"Mary invited Lyn for dinner."（"玛丽邀请了 Lyn 赴宴"）。要回答（16）的问题，需要确定具有 |Mary invited α| 这种形式的一个命题的真值，这个命题中的 α 可能是一个指称个体的成分，也可能是 nobody。而 |Mary invited α| 所指称的属性的集合必须要构成（12）这个 only 句中 only 的量化域，才能使（15）与（16）相关。而以往文献中对 only 的研究，如 Rooth（1985）等，表明（12）中 only 句的量化域正好就是具有 Mary invited α 形式的属性选项的集合。这样，问题（15）跟问题（16）就是相关的。在（12）中，only 对选项集合的量化得到一个唯一的值就是把 α 替换为 Lyn 的那个命题，即"Mary invited Lyn for dinner"。而对（16）的具有 |Mary invited α| 这个形式的疑问选项集合的确定，最终也是"Mary invited Lyn for dinner"。因此（15）和（16）是可以逻辑上互相蕴涵的（P117）。[2]

1 Roberts（1996）文中并没有直接说回答这两个问题的答案所指个体集合是等同的。文中只是提到对（13）[原文中的（33）] 的回答也是对（14）[文中的（34）] 的回答（P117）。此外，Roberts（1996）也没有像我们这里的论述一样直接给出这两个问题的答案。

2 Roberts（1996：117）对（13）和（14）答案等同的证明有更为细致的过程。他通过将（13）转化为下面的问句（i）[原文中的例（35）]，建立（13）和（14）之间更为相似的关系，以显示二者在答案上的共同性。

（i）Which individual(s) x is/are such that of all the properties of inviting someone or other for dinner, Mary has none apart from having invited x for dinner?

=Which individual(s) is/are such that Mary invited no one else for dinner?

可以看到，上面这个转化后的问句跟（14）"Who did Mary invite for dinner?" 就非常相似了。唯一不同的地方是（i）中对 which individual(s) 的修饰成分中多了一个 no one else。Roberts 提到（i）和（14）的不同在于二者的选项集合不同。对（i）的回答总是一个完全的答案，而对（14）的回答可以是部分答案。但是只要是在答案是完全答案的情况下，一个的答案一定也是另一个的答案，即（i）和（14）是互相蕴涵的。

在确定了（12）中的 only 句能够回答的当前问题是（15），进而间接地能回答（16）后，only 的量化域也就确定了。因为 only 句的量化域必须以（15）和（16）中同样的方式来构建，才能跟这些问句相关（P118）。

将以上 Roberts（1996）的在疑问语义学视角下对 only 的研究思路和步骤概括起来，即首先通过句中韵律焦点位置构建出句子所预设的问句，也就是 QUD，然后看这个问题与更前续的什么问题是相关的。也就是 only 句所能回答的问题在什么样的语境中能出现。通过对问句的疑问选项集合的构建，就可以得到 only 句中 only 的量化域，也就得到了 only 句的解读。Roberts 特别强调，这种不规定 only 的焦点敏感性，而通过回溯其 QUD，建立 QUD 与 only 句的关联而得到 only 句的解读的做法，可以解决以往文献中对 Rooth（1985）焦点选项方案的批评。Partee（1991）、Vallduví（1992）、Roberts（1995）等都指出过 Rooth 方案在处理某些情况时会出现错误的预测。这种错误的预测就是规定 only 的量化域必须直接通过对其辖域内的焦点成分进行计算而导致的。Roberts（1996：119）举了一个仅凭句中焦点位置无法算出 only 的量化域的例子，并运用他的方案进行了如下分析。

假定人们正在讨论他们所担心的 Mary 今天可能会在做得不好的事。这些事包括下面四件：

(17) inviting Lyn for dinner
inviting Bill for dinner
staining the tablecloth at lunch
smoking before dinner

在这个语境中产生下面这样的对话。

(18) A: Mary wasn't so bad after all. Of all the things we were afraid she might do, she only [invited Bill for dinner]$_F$.

B: You got the person wrong. She only invited [Lyn]$_F$ for dinner. But it's true that she did only one of those terrible things she could have done.

其中 B 所说的 only 句中，焦点成分为 Lyn。但是此时 only 的量化域不能仅根据对 Lyn 的计算而得出。因为根据语境，only 其实是关联（17）中所列的四个事件，而不是关联邀请这个或者那个人赴宴。为了得到正确的量化域，Roberts 按照他提出的方案进行分析。首先构建 A 和 B 分别能回答的问题，其中的（36）指 Roberts 原文中的（36），即上面的（17）。

(19) Which property is such that out of all of the properties in (36), Mary had no other properties apart from that.

(20) Which individual(s) is/are such that of all of the properties in (36), Mary has none apart from having invited that/those individual(s) for dinner?

其中（19）为 A 能回答的问题，其量化域为（17）中的各项属性。而 B 所预设的问题跟 A 的问题不同。在知晓 B 是对 A 的纠正的情况下，可以将 B 所能回答的问题构建为（20）。因此 B 所断言的是“Lyn 是在所有（17）的属性中，Mary 除了邀请她赴宴，没有邀请其他人的那个人”。Roberts 指出这个解读是对 B 的话的正确的解读，也能给 A 所提出的问题一个完整的答案。

通过上面这样的例子，Roberts 指出语句的韵律可以用来确定语句所出现的语境，从而确定相应的域的限制，但其本身是不能给出 only 的量化域的。而用他的方案就可以解决这些问题，且无需付出额外的理论上的代价。

可以看到，正如 Roberts 所说，他这里讨论的是具有纠正这种特定话语功能的语句。因而对上面（20）所能预设的问题的构建需要联系上文中被纠正的话语进行。纠正是具有很强的话语标记性的语境，那么对于 Rooth（1985）的方案来说，这样的例子是不是也可以看作是特例呢？用于纠正的句子由于紧邻被纠正的句子而说出来，其韵律特征会不同于非纠正语境中的韵律特征，因此对于 only 的选项集合的构建就不能仅仅只计算那个有韵律凸显特征的成分了。

3.3.1.2 对对比话题和对比焦点的研究

上面我们看到了焦点关联现象在疑问语义学视角下的重新分析。这里再看疑问语义学视角下对对比话题和对比焦点的研究。我们也主要是介绍 Roberts（1996）的研究。首先看 Roberts 对对比话题（contrastive topic）的研究。需要注意的是，下面这一类对比话题在一些文献中，包括下面提到的 Jackendoff（1972）中，被认为是焦点 [即 Jackendoff（1972）中的“独立焦点”，韵律特征是带有 B 调型，见下文的介绍]。Roberts 文中小标题写的是“带有对比话题的话语的焦点预设”（P121），但文中论述时又提到他认为像下面（21）中的句子就是包含两个焦点（P123）。下面我们的介绍中就直接说“对比焦点”，而不用“对比话题”这个名称。

对比焦点在众多文献中都讨论过。对比焦点包含多种类型（见本书第四章的介绍），其中一种就是对一个已知集合中多个对象的不同属性进行对比陈述。此时，指称不同对象的成分和不同属性的成分都会带上韵律凸显特征而成为焦点。例如：

(21) [John]$_F$ ate [beans]$_F$.

但是这两个不同的成分所带的韵律特征还会有差异。Jackendoff（1972）指出它们具有不同的调型（intonational contour）。Jackendoff书中称为A调型和B调型。A调型和B调型的主要差异在于边界调（boundary tone）的不同。其中A以L(ower)结尾，B以H(igh)结尾。B调型标记独立焦点（independent focus），A调型标记依存焦点（dependent focus）[1]。上面（21）中两个焦点成分都有可能是A调型或者B调型，如（22）所示。其具体的调型刻画如（23）所示。

(22) a. $[\text{John}]_B$ ate $[\text{beans}]_A$.

b. $[\text{John}]_A$ ate $[\text{beans}]_B$.

(23) a. $[\text{John}]_{L\text{–}H}$ ate $[\text{beans}]_{L\text{–}L}$.

b. $[\text{John}]_{L\text{–}L}$ ate $[\text{beans}]_{L\text{–}H}$.

Jackendoff指出（23a）和（23b）所能对应回答的问题分别如（24a）和（24b）所示。

(24) a. What about John? What did he eat?

b. What about beans? Who ate them?

因此（23）中的焦点是典型的对比焦点。Roberts（1996）还是采用从韵律焦点构建相应的疑问句的方式分析此类焦点句。认为根据句中两个焦点位置，（22）预设的问题为“Who ate what?”。但是（23）并不是对这个问题的直接的回答，而是对（24）中问题的直接的回答。而（24）中的问题就相当于（25）中的问题，其中的John和bean分别为问句中的焦点。

1 Jackendoff（1972: 262）直接用的是独立变量（independent variable）和依存变量（dependent variable）。变量取代的是句中的焦点，因而相应的焦点成分可以认为也具有“独立”和“依存”的不同性质。

(25) a. What did [John]$_F$ eat?

b. Who ate [beans]$_F$?

当预设的问句为“Who ate what?”时，该问句相应的选项集合一般情况下不会是独元集（singleton set）。而根据 Jackendoff（1972：262）所说的“独立焦点”和“依存焦点”的区别，两个焦点成分上特定的韵律特征可以进一步标明哪一个是独立焦点，哪一个是依存焦点。也就是在“Who ate what?”这个问句所提供的两个疑问选项集合中，哪一个成分是被先选出来的，对它的选择就决定着对另一个选项集合中相应成分的选择。因此（23）除了有一个所预设的总的问题“Who ate what?”之外，一定还有一个如（25）中所示的接续的问题。二者共同构成一个提问的策略。而（23）中句子的韵律特征所展示的句子的对比焦点的特征，联系这样的一个相对复杂一点的问句语境，就可以得到很好的解读。不过 Roberts（1996：124）提到，这里光凭句中韵律焦点构建相关的问题还不够，还得进一步观察焦点所承载的韵律凸显特征的具体表现而构建形式上更为特殊的问题。但对于这一点 Roberts 文中未展开讨论。我们认为，这些具有特殊性的方面在焦点的研究中可能是更为重要的内容。

以上是同时包含了对比话题和对比焦点的例子。除此之外，Roberts（1996：124）还讨论了处在同一个句子内的对比焦点的例子：

(26) Mary called Sue a Republican, and then [SHE]$_B$ insulted [HER]$_A$.

上例中 she 和 her 下面的 B 和 A 也表示它们分别承载了 B 调型和 A 调型。也就是其中 she 是对比话题。Roberts 指出，（26）中的第二个句子预设着“Who insulted who?”这样的问题。但是整个句子还有两个额外的前提：第一个句子报道了一个侮辱事件，第二个句子中的施辱者和被辱者角色跟第一个句子比正好反转过来了。Roberts 认为，这样的解读用他的方案直接就能得到，而无需任何其他额外的原则。他分析的过程如下：

由于第二个句子中的 insulted 没有承载重音，这表明此时侮辱事件是正处在讨论之中的。这也就是假定第二个句子能回答的问题是“Who insulted who?”时的情况，即侮辱事件处在讨论中，只是不知道其施事和受事分别是谁。Roberts 认为，在（26）这种小句并列结构的情况下，两个小句是一起对一个问题提供一个复杂的答案。因此当第二个小句预设着侮辱事件正处在讨论之中时，第一个小句也必须是讨论一个侮辱事件，在这个语境中才是相关的、合适的话语。因为只有这样，第一个小句才能构成对“Who insulted who?”的回答。因此这个对比句预设的第一个内容的由来就弄清楚了。

那么为什么第二个句子中的施辱者和被辱者角色会反转过来呢？这完全是由句子必须具有信息价值而得到的。因为第二个句子中代词的韵律特征（B 调型）表明这个句子是一个对比话题句。其所能直接回答的问题是“Who (of Mary and Sue) did Mary or Sue insult?”。而根据前面的分析，第一个句子讨论的是一个侮辱事件。如果要以前一句中的成分为先行成分，且句子要有信息价值（即不重复前一句指称的事件），主语和宾语就不能分别对应回指前一句中的主语和宾语。但是如果将施受角色反转过来，就变成另一个侮辱事件，句子也就有信息价值了。[1] 因此施受角色反

---

1 除了这种例子外，Roberts（1996：126）还讨论了对比焦点位于一个句子内部的例子。其中对比的成分可以是句中的词，如（i）；也可以是小于词的成分，如（ii）：

（i）An $[\text{American}]_F$ farmer was talking to a $[\text{Canadian}]_F$ farmer...

（ii）A PROactive farmer was talking to a REactive farmer.

Roberts 经过分析，认为这样的例子中的对比重音是叠加在一个原本是宽焦点的韵律结构上的。因此这样的例子不能简单地将其 QUD 构建为是“What kind of farmer was talking to what kind of farmer?”。因为其中的对比项不是用来引入不同的选项的，而仅仅是句中两个成分形成对比，因而承载了对比重音。Roberts 提到（i）和（ii）这样的句子所能回答的问题可能是“Who was doing what?”，而回答这样的问题，其实也就是孤立语境。Roberts 借用这种例子，提到对语句的焦点结构的判断需要谨慎，因为除了对句子的基本的重音或对比的印象，还有更多的因素需要考虑进去。

转的由来也就清楚了。

除了上面几种对比外，Roberts（1996：129）还研究了下面（27）这样的有歧义的疑问句。（27）可以有（a）的解读，（a）是一个是非（yes/no）问句（是非问句也即 3.1.4 中介绍的“极性问句”）。也可以有（b）的解读，（b）是一个选择疑问句。两种解读分别对应不同的韵律形式。

(27) Do you want coffee or tea?

a. $[$Do you want coffee or tea$]_F$?

H-H

b. $[$Do you want $[$coffee$]_F]$ $[$or $[$tea$]_F]$?

H-H　　L-L

（27a）和（27b）分别对应下面（28a）和（28b）的解读。

(28) a. {you want coffee ∨ tea}, where *coffee* ∨ *tea* is the meet of |*coffee*| and |*tea*|

b. {you want u: u ∈ { coffee, tea }} = { you want coffee, you want tea}

（28a）的解读是把原句中 or（即表达“析取”）的语义表达出来，同时结合是非问句一般的语义特点而得到的。（28b）则是将选择问句还原为两个完整的是非问句而得来。

Roberts 仍然按照他的方案进行分析。他首先认同 or 就是一个标准的布尔连接词（Boolean connective）。因此（27a）的语义很直接地就能得到。但有的时候 or 还有元语用法。or 的元语用法即表示其所连接的析取项之间的对比。元语用法的 or 连接各项，得到的也是一个选项集合的并集。根据句中韵律焦点位置，（27b）所能回答的问句为“What do you want?”，该问句的语义为 {you want u: u∈D}。而（27b）中由 or 的连接已经提供了

选项集合 {coffee, tea}。因此就用这个集合对 u 所属的 D 进行限定，得到其语义为 {you want u: u∈D and u∈{coffee, tea}}。这个语义也就相当于两个连起来的是非问句的语义。但是这样分析的话，无需假定"并列还原"（conjunction reduction）这样的操作。Roberts 还指出，or 的元语用法所连接的对比项的集合是否是一个完整的集合，跟句子的语调有关。如果句末是 H–H 的形式，那么说明后面还有其他的选项。如（27b）中结尾处也是 H–H 的话，说明除了咖啡和茶以外，还有其他的饮料[1]。因此，Roberts 通过他的方案得到了（27b）的解读，而无需额外的假设。

3.3.2 Lee（2017）对对比话题和对比焦点的研究

Lee（2017）对对比话题和对比焦点的研究，也是在疑问语义学视角下进行的。Lee 在文中直接使用了"对比话题"这一名称。指出对比话题和对比焦点都不会出现在话语开头的句子中。它们是用来回答话语中显性或隐性的问题的。因此联系 QUD 对对比话题和对比焦点进行考察，是该文的主要方法。跟上面介绍的 Roberts（1996）的研究中并没有明确提出要比较对比话题和对比焦点不同，Lee 是直接明确地将对比话题和对比焦点放在一起比较，用它们各自所联系的 QUD 的不同来说明它们之间的不同。

在对比话题方面，Lee 也是认为对比话题句总是与一个针对多个同类对象（话题）进行询问的总的问题相关，同时这个总的问题也一定会有接续的各个子问题。比如当话域中包含 Fred、Sue 和 Kim 三个人，菜豆、豌豆和泡菜三种食物，询问三个人吃了什么东西时，总的 QUD 是"Who ate what?"，进一步变成逐个询问其中对象的子问题，如"What did Fred eat?"等。不过 Lee 还引入了"潜在话题"（potential topic）这个概念。潜在话题即话域中所包含的被询问的所有对象的集合，如 {Fred,

1　作者用脚注（fn.33）说明了这种两个选项末尾都带 H–H 语调形式的句子需要进一步的调查。

Sue, Kim} 或 {beans, peas, kimchi}，可以用来替代 QUD 中的 who 或 what，得到像“What did Fred, Sue and Kim eat?”这样的问题。而这样的问题就是一个问题的集合 {What did Fred eat? What did Sue eat? What did Kim eat?}。而答句可以直接针对清单中的每一个对象作答，或者只针对其中的部分对象作答。比如当回答“FRED ate the beans, SUE the peas, and KIM kimchi.”时，是对话题清单中的每一个话题成分都回答到了，是完整的回答。而当回答“FRED ate the beans.”时，则是针对了其中的一个话题成分 Fred 来回答，是部分回答。而 Lee 认为，“部分回答”的话题句具有规约性的隐含义，即隐含着答话人不知道其他话题对象的情况，或者答话人知道其他话题对象不具有该属性特征。

这种联系 QUD 来解读对比话题句的做法，尤其是引入潜在话题，建立对比话题与 QUD 中的潜在话题之间的“部分—整体”的联系，或者建立对比话题跟 SUB-Q 中的话题的回指关系，很好地把握了话题成分具有回指功能的特点，也能对对比话题句作为“部分回答”时的隐含义关联现象（即隐含着其他相对比的话题对象不具有这种特征，或者说话人不清楚其他对象的情况）做出较好的解释。隐含义由对比而来，这种对比性甚至在语法系统中固定下来，而使得对比话题的隐含义具有了不可取消的规约性特征[1]。

再看对比焦点。对比焦点句也与一个针对多个同类对象进行询问的问句关联。但跟与对比话题句关联的 QUD 不同，对比焦点句关联的 QUD 是一个选择问句（ALT-Q）。Lee 特别指出，ALT-Q 中所涉及的不同同类对象之间是析取的关系，而对比话题句的 QUD 中各个不同同类对象间是合取的关系。例如“Did Sue drink wine ↑ or beer ↓ ?”就是一个选择问句，其中的 wine 和 beer 是析取关系。对它的回答 Sue drunk wine 或 Sue drunk beer 中 wine 和 beer 就是对比焦点。而如上文介绍的 Roberts

1 见 Lee（2017：6）所举的对比话题句隐含义不能取消的例子。第四章 4.4.3.1 节讨论对比焦点与对比话题的语义语用区别时会举到这个例子。

（1996）对析取问句的研究所认为的，析取问句可以进一步联系到其上一层的问句，即“What did you drink?”。通过这个问句可以得到析取问句的语义为 {you want u: u∈D and u∈{wine, beer}}，而无需将其还原为两个并列的问句形式。不过 Lee 文中不是直接讨论析取问句的语义分析，而是讨论跟析取问句关联的对比焦点句的语义分析。所以对析取问句的具体分析在这里并不重要。通过指出对比话题和对比焦点所关联的问句形式不同，就可以把容易引起混淆的“对比话题”和“对比焦点”区分开来。

3.4 在疑问语义学基础上开展汉语焦点研究

在焦点的研究中，焦点句总是在提供听话者以新的信息，因而总能与相应的索取信息的问句匹配。这一点是最为研究者们注意到了的。我们在焦点文献中总能看到用问句框定句中相应的信息焦点位置的做法。例如 Lambrecht（1994：223）在介绍谓语焦点结构、论元焦点结构和句焦点结构时，就是用问答对子来举例的。

(29) What happened to your car?

My car/It broke DOWN.

(30) I heard your motorcycle broke down?

My CAR broke down.

(31) What happened?

My CAR broke down.

问句框定了答句中跟问句疑问部分相对应的成分是焦点。因此上面三个答句虽然相同，但是其中焦点成分是不同的（句中大写的词标明重读位置）。

在汉语焦点研究中也不例外。例如徐烈炯（2002：407-408）在分析“汉语在句法允许的条件下，把信息焦点置于句末”的特点时，给出的例子都是问答成对的。比如指出下面（32）的答句中的信息焦点放在句末比较好，放在动词前面就没有那么合适。而答句中的信息焦点位置跟问句中疑问成分的位置就是对应的。

(32) 你刚才喝了什么?

(33) a. 我喝了咖啡。

b. ? 我咖啡喝了。

除了这种对问答一致的较为普遍的认识外，充分利用语境因素，尤其是利用所能关联的问题来分析焦点现象的做法尚不多见。在讨论句中信息焦点时，我们容易联系相应的问答语境来加以确认和分析。那么在其他焦点问题的分析上，是否也可以或者需要联系语境因素来考察呢?

从上文所介绍的这些从疑问语义学视角的分析来看，有些是对已有研究所不能覆盖的语言事实提供了分析解释的方法，比如对 only 这个词的分析，联系上文语境构建 only 句所能回答的问题，可以较好地避免焦点敏感算子分析法对句中重音位置过于依赖的问题。不过也如我们前文中所指出的，纠正语境是标记性很强的语境，包括后来 Partee（1999）所提到的“重现焦点”的问题，也是属于较为特殊的，或者说是有一定标记性的语境。在这些情况下，我们是不能仅根据句中韵律凸显成分给相关焦点敏感算子确定量化域的。但不管我们是否采用构建 QUD 的方法，联系上文语境都能较好地帮我们确定相关焦点敏感算子所关联的成分。这也适用对汉语中对应的焦点敏感算子如“只”的分析。

而真正较好地联系了疑问语境来分析的是对比话题与对比焦点的区分问题。对比话题与对比焦点在研究中容易引起混淆，主要是二者都承载重音，且都有对比性。这也是有的文献中把对比话题称作“话题焦点”，或者直接称为对比焦点的原因。通过上文对 Lee（2017）的介绍可以看到，对比话题和对比焦点所对应的 QUD 是有差异的，这种差异直接反映了其话语功能的差异，并能解释二者相关的语义推导（如对比话题句的隐含义及对比焦点句的排他义），因而较好地把握了二者差异的关键之处。这也可以直接被我们用来做汉语对比话题和对比焦点的区分。在汉语的焦点和话题研究中，也存在将话题和焦点混淆的情况。比如对"连"字句的分析一直是个研究热点。但对"连"后成分的定性，经常在对比话题和对比焦点中游移。"连"后成分到底是焦点还是话题，我们就可以借鉴 Lee（2017）的分析，从其量级成分的非排他性上，也就是各成员之间是合取而非析取的关系上，判断其为对比话题成分。

黄瓒辉（2022）在疑问语义学视角下考察了"还"与"也"的焦点功能。针对"还""也"句在下面（35）和（36）中的不同表现，指出"还"所追加的项为句子的信息焦点，"也"所表示的类同项为句子的对比话题，在此基础上解释了"还""也"语义和分布上的一些特点。

(34) a. 我吃了苹果，**还**吃了香蕉。

b. 我吃了苹果，**也**吃了香蕉。

(35) a. 你吃了苹果还是香蕉？

b1. 我吃了苹果，**也**吃了香蕉。

b2. # 我吃了苹果，**还**吃了香蕉。

(36) a. 你**还**吃了什么？

b. ?? 你**也**吃了什么？

这篇文章可以算是一个典型的疑问语义学视角的焦点考察。类似的研究尚不多见。在今后的焦点研究中，牢牢把握焦点的话语功能，紧密联系疑问语境对焦点进行考察，说不定能发现一些以往纯句法语义研究未能发现的特点和规律。

第四章 对比焦点及其与信息焦点和对比话题的异同

对比焦点是焦点中重要的一种类型。如本书第一章中所介绍的，对比焦点和呈现焦点（即信息焦点）是两类具有不同句法和语义表征的带有普遍性的焦点类型。本章考察对比焦点的特点，并将对比焦点与信息焦点和对比话题进行比较，厘清对比焦点与信息焦点以及对比焦点与对比话题的异同。

4.1 何谓对比焦点

4.1.1 对比焦点的类型

对比焦点（contrastive focus，CF）跟信息焦点相对，主要用于表达“对比”。对比存在于多种情况中。在话语表达时，纠正、认定（从而排他）以及将不同同类项进行对比，都会用到对比焦点。例如[1]：

(1) a. I didn't say white house. I said white horse. [（1a）（1b）引自 Chen（2003：1）]

1 例句中相关词语的下划线为本书所加。

b. Mary likes white wine and John likes red wine.

(2) Sam does not have two kids; (*but) he has three kids.（Lee 2017： 17）

(3) Who wants to marry John, Jane or Janet?

Janet wants to marry John.

(4) Which lady married Sam, Sue or Rita?（Lee 2017： 15）

Rita married Sam.

其中（1a）和（2）是表达纠正。（1a）中 horse 是对前一句中的 house 的纠正，（2）中后一句中的 three 是对前一句中的 two 的纠正，都是对比焦点。用于纠正的对比焦点，所实施的是一种元语否定功能（metalinguistic negation，见 Horn 1989）。（3）和（4）是表达认定。问句中的两个选项构成对比焦点，而答句中的 Janet 和 Rita 分别是从一个封闭的集合 {Jane, Janet} 和 {Sue, Rita} 中选取一个对象而排除另一个对象，也是对比焦点。（1b）则表达同类项之间的对比：white 和 red 是 Mary 和 John 所喝葡萄酒不同颜色的比较，也属对比焦点。

第三种情况，即表达同类项之间的对比，可以是同时说出的几个同类项之间的对比，如上面（1b）所示。也可以是说出的项跟预期的项的对比。后者如下例所示（Wagner 2006：297）。

(5) Mary's uncle, who produces high-end convertibles, is coming to her wedding. I wonder what he brought as a present.

a. He brought a [CHEAP convertible].

（5a）中的 cheap 带上了重音（句中大写标示重音），表明它是一个对比焦点。但是跟它形成对比的 high-end 并没有在话语中明确地说出来。此时对比项的存在是通过前提增容而得到的。即说话人相信 Mary 的叔叔很富有并拥有一家生产高端车的车厂，因此很容易预期他会给 Mary

带一辆新车作为礼物。所以跟cheap convertible形成对比的high-end convertible是出现在预期中而不是显现于话语的。[1]

不同文献在谈到对比焦点时，所举的例子可能是上面的一种或两种，一般不会将三种类型都包括。但用于纠正的这种对比焦点是常被举到的。例如Zubizarreta（1998：6-7）在讨论对比焦点时，就只提到对比焦点的功能主要是对语境中一个变量的已有赋值进行否定，而赋予其一个新的值。这也就是“纠正”的典型功能。其所举的例子如下。认为其中red是对比焦点，跟语境中（方括号中的句子表示已有语境）的blue形成对比。

(6) John is wearing a **RED** shirt today (not a blue shirt).

[John is wearing a blue shirt today.]

而Kratzer & Selkirk（2020）也主要举了纠正类的例子来讨论对比焦点。如（Kratzer & Selkirk 2020：8，这里保留原文中例句的标注）：

(7) Me: Sarah mailed the caramels.

You: (No), $[\text{Eliza}]_F$ mailed the caramels.

其中Eliza是对比焦点，对Sarah进行纠正。

可见“纠正”是研究者心目中对比焦点的典型代表。这个比较好理解。因为“对比”最主要的特征就是不同对象之间存在差异。纠正时正和误同

1 Wagner（2006）是在讨论已知和局域性问题时举到这样的例子的。用以说明一个成分标为“已知”（在形式上表现为去重音）的条件。根据Wagner，一个成分能否标为已知，除了要看该成分是否在预设中出现外，还要看它的姐妹成分。姐妹成分跟该成分合起来在语境中有一个已存的可以与之交替的成分，该成分才能标为已知。Wagner（2006）的例子中还有跟（5a）相对的另一句话：

（i）# He brought [a RED convertible].

这句话中的convertible没有重读，即标为了已知。但句子前加了“#”号，说明该句在（7）的语境中是不合适的。原因在于red convertible跟high-end convertible不构成真正的交替项（即不形成真正的对比）。

时出现，正误之间差异最大，其对比的凸显性是显而易见的。对于这种对比焦点，Kratzer & Selkirk（2020：35）还专门给了一个界定。指出一个话语所指对象要与一个表达 α 构成对比，该话语所指对象必须跟 α 不同，且必须属于 α 的焦点语义值集合中的一个成员，同时 α 中还不能有其他被标为对比焦点却跟话语所指对象中的对应成分相同的成分。[1]

4.1.2 对比焦点与语境给定的选项集合

在讨论对比焦点的文献中，多位学者是从语境给定的选项集合来界定对比焦点的。

如 É. Kiss（1998）将对比焦点称作认定焦点（第一章 1.3、1.4 节已提到过）。对认定焦点的语义语用功能做了如下的界定：认定焦点代表一个语境或情境给定的集合的子集，该子集具有谓语所指的属性，它被认定为是谓语所指属性的一个穷尽性的子集（P245）。

从 É. Kiss 对认定焦点的界定中可以看出，认定焦点主要是指从一个已知集合中去排他性地“认定”一个具有某种属性的子集。也就是对应到上面例（3）和（4）答句中对问句所提供的可能答案做出认定的对比焦点。É. Kiss（1998）文中所举的认定焦点基本上都是有一个已知集合作为认定范围的[2]。该集合可能是显性的，也可以是话语中没有明确显示出来，但是言谈双方都知道的。不过从认定焦点的这种功能可以看出认定焦点属于对比焦点的一种，但不完全等同于对比焦点 [如（1）所示，对比焦点还包括纠正类和同类项对比类]。因此直接认为对比焦点等同于认定焦点的

---

1 我们这里是把 Kratzer & Selkirk（2020：35）例（49）中用符号表示的三个条件的大意转述出来。其中第三条是指下面这样的两个句子不构成对比。即：

（i）a. John picked strawberries at Mary's farm.

b. John picked [strawberries]$_{FoC}$ at [Sandy's]$_{FoC}$ farm.

其中 b 句中有两个对比焦点成分，而第一个对比焦点 strawberries 跟 a 句中对应的 strawberries 相同。因此 a 和 b 不构成对比。只有当标了对比焦点标记的成分跟对应的成分不同时，才称得上是构成对比的。

2 匈牙利语中同样存在没有一个明显的语境集合时也使用认定焦点的情况，如第一章中（5）所示。

看法是不够全面的。

Haspelmath（2001：1079）也将对比焦点界定为是从一个语境给定的选项集合中认定一个子集。认为对比焦点结构中非焦点的成分（背景部分）提供了一个在语境中具有突显性的开放的命题，焦点句就是基于这个开放命题所提供的选项而得到评价。

从选项集合来界定对比焦点的还有 Lee（2017）。Lee 提到的对比焦点包括两种：用于纠正的和用于从选项集合中做出选择的，认为对比焦点总是由析取的选择问句所引出的（P10）。除了由显性的选择问句引出的对比焦点外，用于纠正的对比焦点也是“由话语语境中已有的两个或多个紧邻的相关选项来允准”（P14），此时紧邻的前面语境给出一个选项，而说话人说出另一个用于纠正的选项，二者共同构成选项集合，而选择问句就可以由此增容进话语中。如下面（8）中分裂句所表达的对比焦点 Sue 是用于纠正的[1]，可以通过其中相对比的成分 Sam 和 Sue 构成一个选择问句（9）。这个选择问句能被增容进话语中，也就是先前语境中已经显现或者隐含了这样一个选择问句，而分裂成分就是选择其一而排除另一个。

(8) Did Sam break the window?

No, it was SUE_{CF} who broke the window.

(9) Did SAM_{CF} break the window or did SUE_{CF} break the window?

而下面（10）跟上文的（1b）类似，表达的是不同同类项之间的对比。（10）中问话人提到 Sam 开了 Mary 的红色敞篷车，询问的是在那之前 Sam 开什么车。答句中提到之前 Sam 开蓝色敞篷车，其中跟前文语境形成对比的是颜色成分 blue，是对比焦点。通过两个颜色成分可以构成（11）这样的选择问句，该问句也能被增容进语境中。

1 分裂句见本章第 4.4 节的介绍。

(10) Q: Sam drove Mary's red convertible. What did he drive before that?

A: He drove her BLUE_{CF} convertible.

(11) Did he drive her RED convertible or her BLUE convertible?

从对比表达的直接性看，如果相对比的几项在话语序列中先后紧邻出现，其对比就非常直接。上面（1）到（4）中各例都是直接对比。而（8）和（10）中的对比相对要间接一些。（8）中 Sue 是对 Sam 的纠正，但 Sam 只出现在了问句中。问话人并未直接表达 Sam 打破了窗户的意思。答话人用了一个纠正句，是认为问话人已经认定或者怀疑 Sam 打破了窗户，因而对其认识进行纠正。而（10）中是将 Sam 不同时间开的车进行对比，由于中间间隔了问句，所以对比的直接性也减弱了。[1]

4.2 对比焦点与信息焦点的区别

4.2.1 信息焦点表达不可预测的信息

在第一章的焦点类型学研究介绍中，我们已经提到了世界语言中对比焦点和信息焦点具有不同的表现形式。不同的形式标记编码的是不同的语

1 除此之外，Lee（2017：16）还提到了一种对比焦点重叠（CF-reduplication）的现象。举例如下：

（i）A: I want a drink.

B: Here, have some coke.

A: No, I want a drink_{CF}-drink.

[Do I want a drink like COKE_{CF} or do I want a drink_{CF}-drink?]

(immediately relevant alternatives?)

其中的 drink_{CF}-drink 就是“对比焦点重叠”现象。这里的 drink_{CF}-drink 跟 coke（非酒精性的饮料）相对，指带酒精性的饮料。如果跟 beer 或 wine 相对，则指强的酒精性饮料。Lee 提到这是一种有趣的现象。由于这种重叠现象不具有普遍性，我们认为这不能算是对比焦点的一种表现形式，顶多算是一种特殊的词汇性现象（即一个词在对比语境中通过重叠而具有特定的指称）。在话语功能上，上述例子中重叠性的对比焦点用于表达纠正。

义语用功能。对比焦点和信息焦点的不同形式特征，同样反映了其语义语用功能的不同。从语义语用功能上看，一般认为信息焦点是传达新信息（new information）的。

信息的新（new）和旧（given）是讨论信息结构的文献中必定会区分的（如 Halliday 1967）。新信息，或者信息焦点，被认为是话语中非预设的（unpresupposed），或者不可预测（unpredictable）的信息。“不可预测的”是指在话语说出之前，听话人无法预知未说出的部分是什么。这个无法预知的部分，如果按照 Prince（1981）对“新”的界定，就是在当前话语中没有被提及的，也没有出现与其同义的词或者下位义的词，或者其语义没有被任何已说出的部分蕴涵的。但也可能是之前语境中提到过的对象。提到过的对象就是已知的。因此，“不可预测性”不能完全用是否“已知”来判定。Beaver & Velleman（2011）特意举例说明了它跟“已知”的关系。下面的例子中，参加派对的五个人的名字都说出来了。但是我们仍然不能预测其中醉得最厉害的人是谁，尽管这个醉得最厉害的人是五人之一，是一个已知对象（Beaver & Velleman 2011：1673）。

（12）Gary, Larry, Harry, Barry and Mary all showed up at the party. And you won't believe who got the drunkest. It was ________!

下面的例子中（Beaver & Velleman 2011：1677），答句中的 John 虽然在问句中出现了，但对于答案来说也是不可预测的，因而也是新信息[1]。

（13）a. Who does John's mother love?

b. She loves $John_N$.

1 这里保留了原文中的标注，答句中 John 所带的下标 N 代表新信息。

因此，Beaver & Velleman（2011：1674）在给指称对象的不可预测性做界定时，就包括了两种情况。一种是“新的指称对象”（new referents），一种是“旧的指称对象”（old referents）。新的指称对象是指之前没有出现过的，这种毫无疑问是不可预测的。旧的指称对象在新的角色中也是不可预测的。如何判断是否处在新的角色中？就是看它的出现跟之前的出现是否平行。比如“John loves Mary”出现在语境中，那么“John loves somebody”跟“John loves Mary”是平行的，因而是可预测的；而“Somebody loves John”跟“John loves Mary”是不平行的，因而是不可预测的。

“新”和“旧”的二分让人感觉信息在信息传递中的性质或者地位是一种截然的非此即彼的差异。而实际上信息地位或者价值是一种层级的、渐进程度的不同，即不同成分所承载的信息量是一种程度的差异。Firbas（1992）[1] 提出“交际动力”（communicative dynamism，CD）的概念，认为不同句法成分对于交际的进展所做的贡献不同，有些成分比其他成分更具有动力（P7），也就是存在“交际动力程度”（the degree of CD）的不同。Firbas 特别指出，语言成分对交际进展的贡献是一种相对的程度（relative extent），并对“相对的”做了详细的说明。指出“相对的”指的是语言成分所携带的信息是无法用信息比特量来衡量的。句中每一个成分的交际动力程度都取决于该成分与句中其他成分对交际进展贡献的关系。

此外，Ariel（1990）提出了“可及性”（accessibility）和“可及性程度”（the degree of accessibility）。可及性指的是在任意特定的话语阶段中语境能够为听话人得到的这样一种性质。可及性也有程度的差异。可及性程度不同，听话人处理相关信息时需要付出的努力程度就不同。在可及性程度上，刚刚处理过的前面的话语对于听话人来说是最可及的。而更早

1 Jan Firbas 是布拉格学派的代表人物，主张功能语言观。

一点的话语相对于刚处理过的话语，在可及性程度上就要低一些。在言语事件的物理语境中，被关注的具体对象或事件是具有高可及性的。而百科知识（encyclopedic knowledge）在其他条件同等的情况下，是可及性较低的（Ariel 1990：3）。[1] Ariel（1990）提出可以用可及性代替“已知”，因为已知跟可及性一样，也是一个有程度差异的概念，也是需要参考语境来界定的。Ariel 提出语境的三种形式，或者说“已知”的三种类型：一般性的或百科知识（general or encyclopedic knowledge），物理环境（physical environment）和语言语境（linguistic context）。不同的语境跟语言形式之间是有关联的。比如代词性的成分一般指称语言语境，指示代词一般指称物理环境，而专名指称一般性的或百科知识。Ariel（1990）主要是考察不同的可及性标记，也就是不同语言形式与其已知性之间的联系。可以看到，这里的已知性跟讨论信息结构和信息焦点时所说的可预测性也是不同的。将已知或可及性与语言形式挂钩，其实就是不看具体信息传递时某个成分或某个对象跟其他成分的关系是否已被听话人知道，而是主要看语言表达形式是否标记其所指对象为已知的或可及的。就是否可预测而言，一个可及性很高的成分，可以是不可预测的。如上文所举的（13）中，答句中的 John 是问句中刚刚提到过的，因而是可及性程度很高的。但是它跟 She love ____ 的关系，即它作为 She love ____ 事件中的受事对象的这一点，是不可预测的，因而它是新信息。也就是可及性程度跟是否为新信息之间没有必然的关联。

1 Ariel（1990）这里是介绍的 Sperber & Wilson（1982，1986）对可及性的认识。Ariel（1990）认为 Sperber & Wilson 的论著中对可及性的概念阐述得不够详尽。Ariel（1990）提到 Sperber & Wilson 认为可及性由“关联假定”直接统治，即一个听话人愿意达及那些可及性越来越小的事物，是由最优关联假定（the presumption of Optimal Relevance）单独支配的。而 Ariel（1990）认为说话人也有具体的手段来引导听话人去做语境的回溯以达及语言成分所指的事物，而不是完全靠听话人自己的决定。不过在“可及性”是指听者能够达及语言成分所指的事物这一界定上，Ariel 跟 Sperber & Wilson 应该是一致的。

4.2.2 信息焦点不引入选项集合

在是否传达可预测的信息这一点上，实际上对比焦点无法跟信息焦点区分开来。因为对比焦点传递的信息对于听话人来说也是不可预测的。前文（1）到（4）的几个例子中，用于纠正或认定的成分 [如（1a）中的 horse,（2）中的 three,（3）中答句中的 Janet,（4）中答句中的 Rita] 对于听话人来说都是新信息。对比焦点真正跟信息焦点区分开来，是在其能引入对比选项集合上。纯粹的信息焦点是不引入选项集合的。而引入选项集合是文献中对对比功能较为一致的认定。

可以用 [±contrastive] 来表达是否具有对比的特征，将对比焦点和信息焦点区分开来。对比焦点具有 [+contrastive] 的特征，信息焦点具有 [-contrastive] 的特征。二者共同的“不可预测”的特征可以用 [+new] 来表示。

关于信息焦点不表达对比，仅仅只是传递新信息，而对比焦点一定会表达对比这一点，Kratzer & Selkirk（2020）在讨论对比焦点、已知和信息焦点在英语形态句法中的地位时特别指出来了。下面的例子引自 Kratzer & Selkirk（2020：2）：

(14) Me: Did anybody eat the clementines? I can't find them in the pantry.
You: (I think) Paula might [have eaten the clementines]$_{G}$.

(15) Me: Sarah mailed the caramels.
You: (No), [Eliza]$_{FoC}$ [mailed the caramels]$_{G}$.
Aunt: (Yes, and) [Ewan]$_{FoC}$ [mailed]$_{G}$ [the chocolates]$_{FoC}$.

这里我们保留了原文中的标注。其中下标 FoC 标注的是对比焦点，下标 G 标注的是“已知性”（Givenness）。在（14）中，Paula 是新信息，但不具有对比性，不是对比焦点。因此它的特征是 [-contrastive]

[+new]。（15）中“你”回答的话是对“我”说的话的纠正，其中标注 FoC 的 Eliza 是对比焦点，而 Aunt 说的话中则有两个对比焦点成分：Ewan 和 the chocolates。这些标注 FoC 的成分跟第一句中的成分形成对比，同时它们又是新信息。所以它们的特征是 [+contrastive][+new]。[1]

可见对比焦点与信息焦点的主要差异在于是否具有对比性。对比性如上文所述，主要由语境中已存的封闭的选项集合来保证。而对比焦点也传递了新信息，是因为无论是像（15）中“你”对“我”的话的纠正，还是（15）中 Aunt 的话直接跟“你”的话形成对比，都提供了新信息。前文提到的对选择问句的回答也是提供了新信息，即从两个选项中选择一个进行肯定。因此对比焦点和信息焦点的区别不是绝对的。但在是否与语境中一个已知的封闭的选项集合关联这一点上区别开来。

信息焦点不引入选项集合这一特点，在语义刻画上需要引起注意。É. Kiss（1998）就指出过 Krifka（1992）的语义刻画式把信息焦点也刻画成了是引入对比选项的。Krifka（1992）采用结构化语义方法刻画焦点的语义。结构化语义方法对于下面的句子（16a）和（16b），给出的语义刻画式都是（17）。

(16) a. Tegnap este **Marinak** mutattam be Pétert.
last night Mary.DAT introduced.I PERF Peter.ACC
‘It was **to Mary** that I introduced Peter last night.’
b. Tegnap este be mutattam Pétert MARINAK.
‘Last night I introduced Peter TO MARY.’

(17) ASSERT (< λ x.introduced (I, Peter, x), Mary>)

1 这里要注意的是，说（14）中的 Paula 不具有对比性，是在其最自然的解读下，但不是绝对的。见 Kratzer & Selkirk（2020）所提到的（14）的语境不鼓励其中 Paula 作为对比焦点的解读，但并不完全排除其对比焦点的解读。

上面的例子引自É. Kiss（1998：247）。由于É. Kiss是指出Krifka的这种分析方法无法应用于把信息焦点和认定焦点严格区分的匈牙利语，所以她举的是匈牙利语的例子。其中（16a）是认定焦点，（16b）是信息焦点，文中分别用黑体和大写标记。根据É. Kiss的介绍，（16b）的匈牙利语例子中不仅作为信息焦点的Marinak带有重音，be也带有重音。（16a）表达的是话语中有一个个体的集合，这个集合中只有Mary而不是其他人昨晚被"我"介绍给了Peter。而（16b）不表达这样的意思，仅把Mary作为非预设的信息呈现出来了。但是这种语义区别，在（17）这样的结构化语义表达式里没有反映出来。（17）这个结构化语义表达式中，用变量x替代焦点Mary得到的 λx.introduced（I, Peter, x）是背景。背景和焦点构成其语义结构的两部分。由于句子是一个断言，因此在前面设置一个断言算子ASSERT约束焦点变量。

当用 λ 算子把句中焦点成分抽象掉，得到一个开放的命题时，这个开放的命题表示语境中所有具有这个开放命题所表示的属性的对象。这种用变量代替焦点的方法也就是Rooth选项语义学里得到选项集合，或者说得到句子的焦点语义值的方法。而Rooth的选项语义学主要是针对具有对比性的焦点而提出的。（16a）表示当前所讨论的是具有昨晚被"我"介绍给Peter这种属性的对象，而具有这样属性的对象就是Mary。因此Mary是从可能对象的集合中被认定或挑出的一个，其他对象都被排除在外了。而É. Kiss指出这样的解读是不符合匈牙利语母语者对（16b）的语感的。

因此，对纯粹的信息焦点的刻画，不能给它附加上对比的特征。但实际上我们对信息焦点的纯粹度很难把握。除非是在孤立语境下整个句子是焦点，或者是讨论某一个话题较为宽泛的特征，如"What about ...?"或"What did you do yesterday?"等，其中对于焦点部分引出的选项集合的特征只能做较宽泛的限定[1]，也就是谓语焦点句的形式。其他的窄焦点句中，焦点成分都很容易解读为对比焦点，即在解读时很容易增容一个对比

1　所给的限定越宽泛，得到的选项集合越不具体，对比性意义就越弱。

选项的集合，而得到该窄焦点成分是具有认定或穷尽功能的对比焦点。

在对英语的研究中，有学者明确地否认英语的原位焦点具有穷尽认定性，如É. Kiss（1998）、Vallduví（1990）等。确实，原位焦点句本身不会强制性地排斥类同项的存在，也就是原位焦点句在句法上是没有排他性的。而分裂句强制性地排斥类同项的添加，因而分裂句法本身就编码了排他性。但是如果不是叙述语篇中信息流自然地给出，如（18）所示，而是在对话语境中，那答句中的窄焦点在语用上是会或多或少地具有对比穷尽特征的。（18）也是匈牙利语的例子（É. Kiss 1998：249）。以其对应的英语句子为例。其中第二句中的 a hat 是信息焦点。因为在第一句话的语境下，第二句话中只有 a hat 是增加的新信息。而这个 a hat 很难解读出穷尽认定性。

(18) János és Mari vásárolnak.
John and Mary are shopping.
Mari ki nézett magának EGY KALAPOT.
Mary has picked herself A HAT.

或者我们可以提出，对比性实际上是焦点的一种内在性质。只是对比性也具有程度上的差异，有的焦点对比性较强，而有的焦点对比性较弱，甚至弱到感觉不出来。真正孤立语境中，整个句子是句焦点。句焦点其实也可以认为是跟其他与之完全不同的句子所表达的意思存在对比的。只是这种对比太宽泛了，以至于让我们感觉不到对比的存在。如果句中的新信息仅仅是某个句法成分，它所能引出的对比项被当下句子中其他成分所构成的属性框定住了，此时确定对比选项就比较容易了，对比的意义也就容易凸显出来。

此外，语义上对比焦点一般具有排他性，或者说穷尽性，信息焦点则一般不具有排他性 / 穷尽性。下文会详细讨论。

4.2.3 对比焦点与信息焦点在韵律上的差别

对比焦点和信息焦点不仅语义上有区别，形式上也存在区别。如第一章中所述，对比焦点在一些语言中会选择句首位置，跟一般处于原位的信息焦点区分开来。但是在像英语这样的语言中，对比焦点和信息焦点的差异往往被忽略。因为英语中虽然也有分裂句来表达对比焦点，很多时候对比焦点也是处在原位，主要通过韵律手段来标记，所以学者们很容易认为对比焦点跟信息焦点在韵律表现上没有什么区别。比如下面的句子，当重音位置在 tie 上时，句子既可以表达对比焦点，用来回答“Which woman is Geach married to?”这样的问题，或用于纠正像“Geach is married to the woman with the scarf.”这样的说法。也可以表达信息焦点，用来回答“What happened?”这样的问题。以下例句引自 Selkirk（2008：333）：

(19) [Geach [is married [to the woman [with the [TIE]]]]]

因此从早期的这种焦点韵律特征的观察得出的结论就是，不管是对比焦点还是信息焦点，都具有韵律凸显特征，二者无需区分。

但是也有一些学者认为对比焦点是受制于短语重音指派特有的原则的，这使得对比焦点和非对比成分之间在韵律凸显性上存在着可以用语法来表征的区别。Selkirk 就在她的多篇文章（Kratzer & Selkirk 2020；Selkirk 2008 等）中强调要将对比焦点和信息焦点区分开来。因为对比焦点跟非对比成分在韵律上是有细微的差异的，这种差异已经被研究者们通过语音实验观察到了。如 Katz & Selkirk（2005/2006）的研究结果就表明，在持续（duration）和音高增长（pitch boost）上，对比焦点要比一般的信息焦点在韵律凸显上要强得多。比如下面的例子中，（20a）含有跟 only 关联的对比焦点 Anscombe，（20b）整个句子是新信息。（20a）

中的 Anscombe 跟（20b）中对应位置的成分相比有着更为凸显的韵律特征（Selkirk 2008：334）[1]。

(20) a. Wíttgenstein only$_i$ [brought a glass of wíne over to **Ánscombe**$_i$].
b. Wíttgenstein brought a gláss of wíne over to Ánscombe.

而这种韵律凸显，即使是在重现的对比焦点（second occurrence focus，SOF）上也有体现。SOF 是指下面（21B）中重现（21A）中出现过的对比焦点。

(21) A: Wíttgenstein only$_i$ [brought a gláss of wíne over to Ánscombe$_{Fi}$].
B: Also$_k$ Géach$_{Fk}$ only$_i$ [brought a glass of wine over to Anscombe$_{SOFi}$].

（21B）中主要的焦点是跟 also 关联的 Geach[2]，brought a glass of wine over to Anscombe 是对（21A）中已经出现的成分的重提。实验测试的结果表明，即使是这种 SOF，它也比在同等位置上出现的不是对比焦点的成分 [如（22B）所示] 在韵律特征上更凸显，主要也是体现在持续和强度（intensity）上（见 Beaver *et al.* 2007 的实验）。

(22) A: Wíttgenstein brought a glass of wíne over to Ánscombe.
B: Géach$_i$ [brought a glass of wine over to Anscombe], too$_i$.

1 这里我们保留了原文例句中的标注。其中字母上的“ˊ”是原文中用来标示重读位置的，（20a）中的下标 i 和（21）中的下标 k 表示焦点关联。

2 Selkirk（2008：335）认为这个跟 also 关联的焦点是对比焦点。后文将看到，跟 also 关联的成分应该是对比话题，而不是对比焦点。

4.2.4 信息焦点在语法中的地位

上文介绍了以往文献对对比焦点和信息焦点在韵律特征上的差异的研究。对比焦点由于韵律强度上会比信息焦点凸显，因而被认为不能与信息焦点混在一起。除了韵律上的差异外，在形态句法上，对比焦点往往会被易位（ex situ），或带有特定的形态标记（见第一章 1.3.2 节的介绍），而信息焦点往往处于原位（in situ），且不带任何形态标记。而对 Wh 问句的回答也无法作为区分对比焦点和信息焦点的充分条件[1]。这些特点促使研究者们思考一个问题：信息焦点在语法中到底处于何种地位？

Kratzer & Selkirk（2020：14）认为英语中对信息焦点是不做标记、视而不见的[2]。从理论角度看，英语中不存在“信息焦点”这样的东西。英语中对没有任何信息结构特征的句子有一个缺省的（或默认的）韵律。但是，对于什么样的情况下是不带任何信息结构特征的这一问题，Kratzer & Selkirk（2020）指出是在无语境（out-of-the-blue，也称“孤立语境”）的情况下说出来的句子，即整个句子都是新信息。Kratzer & Selkirk 称作“全新句”（all-new sentences）。如下面这个句子如果在无语境的情况下说出来，就是不带任何信息结构特征的（Kratzer & Selkirk 2020：14）[3]。

(23) Sárah mailed the cáramels.

Kratzer & Selkirk（2020）提到（23）这个句子也可以将其中的每一

---

1 有的文献仅以对 Wh 问句的回答可以出现在原位，也可以易位，而认为信息焦点可以在这两种位置实现。如 Hartmann & Zimmermann（2007）记录了 Hausa 语里对成分问句的回答里的新信息的部分既可以出现在原位，也可以出现在移位的位置，认为 Hausa 语里的信息焦点可以出现在这两种位置。但是 Kratzer & Selkirk（2020：fn.21）认为他们没有控制答案中的对比焦点的增容，因而不能得出这样的结论。之所以要控制答案中对比焦点的增容，是因为跨语言的研究表明，回答 Wh 问句的成分并不一定只能具有 [+new] 的特征。有的时候还可以有 [+contrastive] 的特征。

2 Kratzer & Selkirk（2020）讨论的是“标准的美国和英国英语”（Standard American and British English）。

3 这里仍然保留原文中的词的重音标示，即字母 a 上的小撇。

个成分都标上 [N] 的标记。[N] 代表 new，是 Beaver & Velleman（2011）中用来标记新信息的方法。

(24) Sárah$_N$ mailed$_N$ the cáramels$_N$.

但是如果英语中新信息的韵律特征由语法中默认的韵律给出，我们就无需依据一个每个成分都标了 [N] 的表征式来读取其韵律特征。也就是 Kratzer & Selkirk 提到的像（24）这样的表征式对于读取其韵律特征来说是标注过剩的。

Kratzer & Selkirk（2020）对全新句的缺省的韵律给出了详细的派生过程。包括韵律成分结构的表征，韵律凸显范式的表征，以及重音和边界调的表征。具体可参看该文（P15-25：§6）。总之，英语中像信息的"新""旧"二分，以及信息结构这样的内容，在 Kratzer & Selkirk（2020）等的研究中被认为是不存在的。以往在这些名目下研究的内容都可以归结为两种由句法所促动的特征，就是对比焦点和已知（文中分别标为 [FoC] 和 [G]）。这两种形态句法特征分别标示话语进行中的对比（即激活选项从而标记对比）和匹配（即匹配或者说回指前文中已经出现的对象）。

可以看到，这样的研究结果完全打破了以往对"焦点"和"信息结构"的认识。从 Halliday（1967）对信息结构和信息焦点的观察开始，信息结构被认为是话语的语法，跟其他两大句法领域（及物性和语气）共同构建句子的结构。而在信息结构中，最重要的分别就是"新"和"旧"，新信息被标为信息焦点。信息结构的实现方式主要就是语调的音系特征。如果认为信息结构和信息焦点在英语语法中根本就没有形态句法的反映，信息结构完全可以被解构，那么关于句法中的这一个层次及其作用好像可以认为是不存在的了。而 Kratzer & Selkirk（2020：14）也提到，他们这种分析带来的结果是很重要的，也不完全被研究者们所理解和领会。他们提到，如果认为新信息是无标记的，不跟任何语法相关的焦点类型对应，那么就不能再像以前一样，说“焦点的经典语用用途就是突出答案中与成分问句中的 wh 词相当的部分”（Krifka 2008：250），或者说在“对一个成分问句的回答中，跟 wh 短语相当的部分必须是焦点”（Büring 2016：12）。而把对问题的回答作为焦点的一种类型，这是以往文献中最常见的做法。

4.3 对比焦点的排他性与穷尽性

“排他性”（exclusiveness）可以跟“穷尽性”（exhaustivity）等同起来，说的是肯定一个选项，就否定了其他的选项。例如：

(25) Q: Did you drink coffee or tea?

A: I drank coffee.

当回答“我喝了咖啡”时，就否定或者排除了“我喝了茶”。也就是“我喝了咖啡”穷尽了当前语境中我所喝的饮料。

在对比焦点的定义中，排他性可以算作是一个必要条件。即如果没有排他性，那一定不是对比焦点。这也就是文献中所提到的排他性是一种规约性含义（conventional implicature）而不是会话含义，它是融入了对比焦点的语义中的。[1] É. Kiss（1998）用 [±contrastive] 和 [±exhaustive] 来描述认定焦点的语义特征时提到，有的认定焦点不一定有对比性（见第一章 1.4.1 节的介绍）。但所有的认定焦点都具有穷尽性，把具有穷尽性写进了认定焦点的定义里：认定焦点代表了一个语境或情境给定集合中的一

1 见 Lee（2017：12）提到的 “The exclusive component of an ALT-Q is not directly challengeable and thus constitutes a non-at-issue implication of a conventional implicature (Karttunen & Peters 1979)(or presupposition (Aloni & Égfe 2010))”。另，规约含义和会话含义的介绍中文文献可参考冯光武（2008）。

个子集，对于该子集谓词是成立的。它是谓词于其成立的该集合的一个穷尽性的子集（P245）。É. Kiss 将具有对比性定义为是作用于语境中一个封闭的为言谈双方已知的实体的集合（P267）。对于并非所有的认定焦点都具有对比性，她提到了匈牙利语的认定焦点就是 [±contrastive] 的，即有的时候有对比性，有的时候没有对比性。下面这个例子（É. Kiss 1998：268）[1] 中，认定焦点就没有对比性，因为问句中用 who 发问，没有提供一个封闭的选项集合给回答者选择，但答句依然用了认定焦点的回答。

(26) a. Ki írta a Háiboriú és békét?
who wrote the *War* *and* *Peace*
'Who wrote *War and Peace*?'

b. [$_{TopP}$ A Háiboriú és békét [$_{FP}$ Tolsztoj írta]]
the *War* *and* *Peace*.ACC Tolstoy wrote
'It was Tolstoy who wrote *War and Peace*.'

而对于认定焦点的穷尽性，É. Kiss（1998：250-251）采用了 Szabolcsi（1981）和 Donka Farkas 给她提出的穷尽认定测试来判断一个成分是否具有穷尽性。Szabolcsi（1981）提出的测试是通过观察一个带有并列成分充当焦点的句子，是否能够蕴涵一个去掉一个并列成分而仅保留一个并列成分作焦点的句子。若不能蕴涵，则句中的焦点为认定焦点；若能够蕴涵，则不是认定焦点。这种测试在后来的文献中简称为“并列测试”（如徐烈炯、潘海华 2005，2023）。例子如（27）和（28），其中每个例句的第一行为匈牙利语，第二行是英文的对译。（27）中的焦点成分用黑体标示，（28）中的焦点成分用大写标示。

1 第一章 1.4.1 节介绍并非所有的认定焦点都表对比时也举了该例。

(27) a. Mari **egy kalapot és egy kabátot** nézett ki magának.

Mary a hat.ACC and a coat.ACC picked out herself.to

'It was a hat and a coat that Mary picked for herself.'

b. Mari **egy kalapot** nézett ki magának.

'It was a hat that Mary picked for herself.'

(28) a. Man ki nézett magának EGY KALAPOT ÉS EGY KABÁTOT.

Mary out picked herself.DAT a hat.ACC and a coat.ACC

'Mary picked A HAT AND A COAT for herself.'

b. Mari ki nézett magának EGY KALAPOT.

'Mary picked A HAT for herself.'

É. Kiss 提到，（27a）中的匈牙利语和英语句子都不蕴涵（27b），但是（28a）中两种语言的句子都蕴涵（28b），因此（27）中的焦点是认定焦点，具有穷尽性。（28）中的焦点不是认定焦点，不具有穷尽性。

除此之外，É. Kiss 文中（P251）还提到 Donka Farkas 给她提出通过否定的形式来测试穷尽性。这种测试被后来的文献称作"否定测试"。例子如下。同上例，例句第一行为匈牙利语。

(29) a. A: Mari **egy kalapot** nézett ki magának.

Mary a hat.ACC picked out herself.DAT

'It was **a hat** that Mary picked for herself.'

B: Nem, egy kabátot is ki nézett.

no a coat too out picked

'No, she picked a coat, too.'

b. A: Mari ki nézett magának EGY KALAPOT.

'Mary picked herself A HAT.'

B: %Nem, egy kabátot is ki nézett.

%'No, she picked a coat, too.'

这里对话中 B 所说的话否定的就是 A 话语中焦点成分的穷尽性。如果否定能够顺利进行，说明 A 话语中的焦点具有穷尽性，反之不然。因此（29a）中 A 话语中的焦点是认定焦点，而（29b）中 A 话语中的焦点不具有穷尽性。

穷尽性是对比焦点与信息焦点和话题的一个最主要的区别。信息焦点和话题性成分是不表达穷尽的，因此凭借这一点可以把对比焦点和其他几种不同信息地位的成分区分开来。不过值得注意的是 Fox（2007）、Chierchia（2013）、Constant（2014）和 Keshet（2017）等也都有对穷尽标记 Exh 的使用。他们书（或文）中的穷尽标记 Exh 不光包括带有显性对比标记或 only 类词的焦点所表达的穷尽，还指 Wh 问句的答句中的完整回答，以及一般叙述句中在格莱斯的“量的准则”下的穷尽。如 Chierchia（2013：30-34，109-115）提到了句子不诉诸显性的 only 的使用就带有穷尽义解读。例句包括问答对子和一般的叙述句（引自 Chierchia 2013：32-33）。

（30）a. Who did John kiss?

b. John kissed Paul and Sue.

（31）Yesterday, John eventually decided to show up at the party. He walked in, grabbed a drink, greeted everybody, kissed Paul and Sue and then left.

（30）中 b 对 a 的回答正常情况下要解读为是穷尽了 John 吻过的所有的人。而（31）中的 Paul and Sue 也应该解读为是穷尽了 John 当时在晚会上吻过的所有的人。由于这些句子解读时都带上了穷尽的语义，而本身并没有出现一个显性的 only，因此被认为是带上了一个音系上为空白的隐性的穷尽算子。

在 Constant（2014：16-18）中，给问题提供了完整答案的焦点被称作“穷尽焦点”（exhaustive focus）[1]，用 Exh 标记。而“问题”则是 Roberts（1996）所说的“当前讨论问题（QUD）”（P18：fn.9）。下面的例子中，Persephone 直接回答了上一个问句中疑问词 who 所对应的问题，因而是穷尽焦点，用下标 Exh 标示[2]（Constant 2014：20）。

（32）A: What about the gazpacho and the salad?
　　　Who brought those?
　　B: [Persephone]$_{Exh}$ brought [the gazpacho]$_{CT}$…

而 Keshet（2017）则在讨论量级隐含义与选项语义学的关系时，提出句子的量级隐含义的产生是因为句子带有一个穷尽算子（P268）。穷尽算子带来的效果就是当前讨论问题 [跟上面提到的 Constant（2014）所说的“问题”一致] 可能的答案选项中一个命题是为真且唯一为真的。如下所示[3]。

（33）a. What did Paul read last night?
　　b. ∃*Exh* Paul read *War and Peace* and *The Brothers Karamazov*.
　　c. 以下集合中的一个陈述为真：
　　{Paul read *War and Peace* ⊕ *The Brothers Karamazov* but not *The New York Times*.}

如果语境中有三本书：*War and Peace*, *The New York Times* 和 *The Brothers Karamazov*，对（33a）的回答如（33b），那么 *Exh* 算子告诉

1 Constant（2014：17）对穷尽焦点的定义是 “The phrase denoting the answer to the question being addressed.”。

2 句中另一个下标 CT 标示对比话题。对比话题见下文 4.4.1 的介绍。

3 第二章 2.4.1 节里已提到过 Keshet（2017）对 *Exh* 算子的使用。

我们，另一个表达“Paul read *The New York Times*”的命题选项是错的。而这种跟量级隐含义有关的穷尽解读，在 Fox（2007）的研究中也提到过。前文第二章 2.4 节里讨论量的准则会得出无知推理，进而产生问题时，提到过 Fox（2007）的研究。在其 fn.52 里提到了 Fox 在前人研究的基础上提出自然语言有一个隐性的穷尽算子 *exh*。该算子可选性地附接在句子上，得到句子的量级隐含义。

因此，在有明显对比焦点的语境中，对比焦点的所指一定是穷尽了语境中具有某种属性的所有对象的。但由上面所举的这些例子可以看到，在格莱斯会话含义理论下，当说话人遵循量的准则时，话语总是具有穷尽性的。因此，这个意义上的“穷尽”可以看作是在会话交际中提供足量准确信息的代名词，是无处不见的话语信息传递的一个特点。

4.4 对比焦点与对比话题

4.4.1 对比话题

最容易跟对比焦点混淆的是对比话题。下面的例子中，（34）是对比焦点，（35）是对比话题（分别用 CF 和 CT 标注）。

（34）a. Did Sam break the window?

b. No, it was SUE_{CF} who broke the window.

（35）a. What did Fred, Sue and Kim eat?

b. FRED_{CT} ate the beans, SUE_{CT} the peas, and KIM_{CT} kimchi.

（34）是前文所列的几种对比焦点小类中的纠正小类。（34b）中表纠正的 Sue 是对比焦点。（35）中的 Fred、Sue 和 Kim 是当前讨论对象，是话题性成分。（35b）用了三个句子分别陈述三人吃了什么，其指人的主语是每一句中的对比话题。像（35b）中这样的“对比话题”在有的文献，如 Kadmon（2001）中，被称作话题焦点（TOPIC-focus）。[1]

(35) 是典型的对比话题的例子，可以从中概括出对比话题的主要特征，即对比话题总是涉及一个听说双方正在讨论的多个对象的集合，如（35）中的 {Fred, Sue, Kim}。该集合中各个对象的情况各有不同。对这些对象的不同情况分别进行陈述，指称这各个对象的成分就分别成为这些分述句中的对比话题，如（35b）中下标的 CF 标注所示。有时候答话人可能只挑出其中一个对象来说明，而不提其他几个对象。这种情况下可能是答话人只确定这一个对象的情况，而不确定其他几个对象的情况，如（35）中可以只回答 Fred ate the beans。此时可以推测答话人只知道 Fred 吃了豆子。听说双方所讨论的多个对象的集合在对话中也不一定明确地出现，而是会隐含在语境中。此时对对比话题的判断可以根据语调，或者一些形态句法的标记。比如英语中对比话题都会带上一个对比重音[2]，或者带上像 As for、What about 等词汇性的手段来标明。[3] 后者的例子如（Lee 2017：4，8）：

(36) a. As for [the oranges or the bananas]$_{CT}$, they are next to the door.

b. Well, what about Fred$_{CT}$, what did he eat?

由上面的例子可知，对比话题和对比焦点都涉及语境中已提供的多个对象，并且二者在句中都会得到一定程度上的韵律凸显。但是二者的名称已经显示它们绝不是同一类的信息成分。下面我们就来更具体地比较一下二者的异同。

1 Kadmon（2001：380-401）将这种对比话题称作 TOPIC-focus，将信息焦点称作 FOCUS-focus。

2 Jackendoff（1972）的 B 调型（B contour），见第三章 3.3.1.2 节的介绍。

3 也有的语言中对比话题会带上形态标记，如日语中的 wa 和韩语中的 nun 等。

4.4.2 对比焦点与对比话题的共同特征

对比焦点与对比话题都表示“对比”，因而都要涉及多个同类对象之间的比较。文献中提及对比焦点和对比话题时，会提到二者都要求一个语境中已存的封闭的集合。关于对比焦点如何要求语境中有一个已存的封闭的集合，前文 4.1.2 节已经介绍了。而对比话题与已存的封闭集合之间的关系，学者们也观察到了。如 Lee（2006：382）提到，对比话题是话域中一个潜在话题（Potential Topic）的一部分，而潜在话题是前面已出现的或者被增容的问句中带来的，可能是一组并列成分，也可能是量级上不同的值构成的集合。Constant（2014：vii）提到，对比话题标记是对话语中一个复杂问题的回指，而话语中已有的复杂问题会提及相关的封闭集合，因此这种回指也就是关联了一个已存的封闭的集合。

由于对比焦点和对比话题都涉及一个选项集合，使用对比焦点句时，也需要从相关的选项集合中选出一个或者一些成员，因而对比话题在一定程度上也具有焦点性。正因为如此，对比话题有时候也被称作话题焦点。而正是这种焦点性，使得对比话题和一般的话题区分开来（Lee 2006：385）。但是要注意的是，这种焦点性是次要的。因为无论是形态、句法还是语音特征上，它都跟焦点有着明显的区别（见后文）。

在语音特征上，对比话题和对比焦点都承载明显的韵律凸显（prosodic prominence）。我们一般说成是“对比重音”。这种具有韵律凸显性的特征，也使得对比话题和对比焦点有时候会被混淆。在有的语言中，对比话题会带上特定的形态标记，如韩语中的 nun，日语中的 wa 等。汉语中的“呢”也被认为是对比话题标记（见 Constant 2014）。在话题标记和焦点标记不同的语言里，对比话题和对比焦点就不大容易被混淆。

4.4.3 对比焦点与对比话题的区别

4.4.3.1 语义 / 语用上的区别

对比焦点和对比话题的差别，当然首先是语义或语用上的。第三章

3.3.2 节已介绍了 Lee（2017）从疑问语义学视角对 CT 和 CF 的研究。CT 句和 CF 句所能回答的问题是不同的，如下面的例子所示。[1]

(37) Q1: Who ate what?

Q2: What did Fred, Sue and Kim eat?

Q3: What about Fred? What did HE eat?

A: FRED_{CT} ate the beans

(38) Q: Did she drink coffee ↑ or tea ↓ ?

A: She drank COFFEE_{CF}.

（37）是对比话题的例子，（38）是对比焦点的例子。（37）中对比话题回答了一个 Wh 问句。（38）中对比焦点回答了一个选择问句。[2]

（37）中从 Q1/Q2 到 Q3，相当于 Roberts（1996）的总的问题和子问题。Q2 和 Q1 相当，只是在 Q2 中把 Q1 中 who 所对应的语境中的封闭集合说出来了［关于 Roberts（1996）的总的问题和子问题见第三章 3.3.1 节的介绍］。

在语义上，对比焦点和对比话题最大的区别是选项集合中成员的关系。对比焦点的选项集合中成员之间是析取关系（disjunction），对比话题的选项集合成员之间是合取关系（conjunction）。上面（37）中 Fred、Sue 和 Kim 是合取关系，严格来讲，表示关于 Fred、Sue 和 Kim 三个人的情况的说明，或者说三个命题，是合取的关系，可以表示为 $P_1 \wedge P_2 \wedge P_3$。（38）中选项看上去是 coffee 和 tea，但其实也是两个命题 she drinks

1 （37）来自 Lee（2017：4）的例（1），有相关的改动。（38）来自 Lee（2017：13）的例（20a），有相关的改动。

2 （38）问句中的向上的箭头表示上升的语调，向下的箭头表示下降的语调。这样的语调标示（38）是一个典型的选择问句。如果将（38）中的问句改变语调，变成以升调结尾，那么选择问句就变成了一个是非问句，需要用 yes 或 no 来回答。

（i）Did she drink coffee or tea ↑ ?

coffee（P_1）和 she drinks tea（P_2），两个命题是析取关系：$P_1 \vee P_2$。[1] 值得注意的是，对比话题条件下的合取关系表示的是对几个不同的话题成分的说明是同时成立的，或者说是同时为真的。比如当问“What did Fred, Sue and Kim eat?”时，回答“Fred ate beans, Sue ate tomatoes and Kim ate peanuts.”，此时 Fred ate beans，Sue ate tomatoes 和 Kim ate peanuts 三个命题是同时为真的。这个回答同时说出了三者的情况，是一个完全的答案。但有时候答话人可能只说出其中一个人的情况，如上面的（37）中 A 的回答就只回答了 Fred 的情况。这种情况下的答案是部分答案。如 Lee（2017）所指出的，当给出部分答案时，存在隐含义（implicature），隐含着说话人不能确定剩下的人的情况，即“I don’t know what Kim and Sue ate”。或者直接就隐含着剩下的人没有吃，即“Kim and Sue did not eat beans”。Lee（2017）把这种隐含义认作是一种规约性隐含义，而不是一种会话含义。原因在于这种隐含义是跟特定的对比话题标记相关联的。Lee（2017：6）举了下面的例子说明。

(39) a. Most of the roommates ate kimchi. In fact, all of them did.

b. MOST_{CT} of the roommates ate kimchi. #In fact, all of them did.

其中带有对比话题标记的（39b）中隐含着数量上不是全部，而是大多数的意义。这种不是全部的隐含义是不能被取消的。而不带对比话题标记的（39a）中“不是全部”的这种隐含义是可以被取消的。Lee 提到很多语言中对比话题都带有特定的标记，韵律的或者形态句法的。在英语里

---

1 英语中选择问句的两个选项中第二个选项可以只保留跟前一个选项不同的成分，例如（38）这个问句中第二个选项中只保留了 tea。但不是所有的语言都可以这样省略。例如韩语就要用到两个小句的形式，而且每个小句的末尾都得用上 ni 这个疑问标记（见 Lee 2017：12）。

汉语中选择问句的第二个选项可以用省略的形式，也可以保留完整的 VP。但省略形式有时候会受到一些限制。比如，“你找我还是找他？”就不大能说成“你找我还是他？”。具体的限制条件我们这里不做详论。

对比话题没有特定的形态标记，（39b）中的 CT 标记应该是特定的韵律凸显型式。

在对比话题各个命题选项的合取关系上，有两种情况容易跟对比焦点形成混淆。第一种是对比话题不是处在句首，而是处在原位，而答案又是部分答案时。对比话题不处在句首的例子如（Constant 2014：2）：

（40）I studied ukelele formally, but I learned **accordion** on my own.

（41）A: Did you learn to play ukelele and accordion on your own?

B: I learned **accordion** on my own… (Ukelele, I learned formally.)

Constant（2014）把上列句子中是对比话题的部分用黑体做了标示。可以看到它们虽然不处在句首，但都能够在语境中找到与之对比的成分。我们假定（40）回答的 QUD 如下。

（42）Q: How did you study ukelele and accordion?

A: I studied $[\text{ukelele}]_{CT}$ formally, but I learned $[\text{accordion}]_{CT}$ on my own.

这里的问话语境设定了 ukelele 和 accordion 是话题成分。由于问句中 ukelele 和 accordion 居于动后宾语位置，而英语中话题可以居于原位，因此答句中两个对比话题成分仍然居于原位。而刚好答句所给出的学习 ukelele 和学习 accordion 的方式相对，一个是正式地学，一个是自学。这容易让人将答句中的 ukelele 和 accordion 分析为对比焦点。但是注意这里真正相对的是 formally 和 on my own。这是针对问句中的 how 给出的新信息，而 ukelele 和 accordion 是问句中已经给出的两个对象。答句中的两个命题为合取关系，选取不同的对象，对应到不同的学习方式。因此，ukelele 和 accordion 是两个对比话题。

第二种是对对比话题的说明正好是相反的两种情况时，对比话题容易被看作是对比焦点。Jackendoff（1972：263）在提到肯定和否定的区别可以是句中的依存变量，对它们的选择可以满足带 B 重音的成分需要一个依存变量的值与之相配的要求时，举了下面的例子说明[1]。

(43) a. Did John and Bill leave yet?

b. Well, JOHN has left, but BILL hasn't.

B B

这个例子中问句询问 John 和 Bill 两个人是否已离开。答句告诉我们 John 离开了，而 Bill 还没有离开。两人的情况正好相反。此时 John 和 Bill 都承载重音，很容易让我们想到它们是对比焦点。但我们可以看到这里虽然是两种相反的情况，两种情况却是同时存在的，也就是它们之间是合取关系，句中真正的新信息是对他们离没离开的肯定或否定。因此 John 和 Bill 是对比话题，如句中 B 重音所标示的，而与之相配的肯定或否定是对比焦点[2]。

跟对比话题的合取特点相对，对比焦点是析取，因而是具有排他性的。对比焦点由于有形式标记（韵律的或者形态句法的），其排他性就是规约性的。在选择问句中，是非问句是一种特殊形式的选择问句，其选项包括肯定形式和否定形式两个。对它的回答一般情况下要么是肯定，要么是否定。根据 Jackendoff（1972：263），表示肯定或否定的成分也可以单独成为句子的焦点，此时对肯定或否定的选择是由句子的前提决定的，

1 其中 B 标明该成分承载 B 重音，带 B 重音的成分就是对比话题成分，见第三章 3.3.1.2 节以及下文 4.4.3.2 节的介绍。

2 Jackendoff（1972）中没有在 has left 和 hasn't 下面标上 A 重音，说明此时这两个成分没有明显的重读。如果把重读看作焦点的必要条件，那么这里不能说它们是对比焦点。所以 Jackendoff（1972）说的是独立变量和依存变量，没有提“独立焦点”和“依存焦点”。没有承载重音的 has left 和 hasn't 可以不看作焦点，但它们是依存变量。

因此焦点所引入的变量也是一种依存变量[1]。对正反问句的回答就是如此。比如对“Did John leave?”这个问句，回答“Yes, he did.”或者“No, he didn't.”，肯定或否定的答案由前提决定，其中 did 可以承载 A 重音。由于正反问句也是选择问句的一种，因此其中“肯定”或“否定”的焦点可以看作对比焦点，跟前面例子中的回答“喝咖啡”或者“喝茶”是一样的。以对命题的肯定或否定为焦点，实际上是一种事实焦点（Verum Focus）。关于事实焦点的讨论见 Goodhue（2022）。

4.4.3.2 音系和句法上的区别

对比焦点和对比话题在语音形式上也存在差异。在以韵律凸显（prosodic prominence）标记 CT 和 CF 的语言里，虽然 CT 和 CF 都具有韵律凸显性，但二者实际上存在差异。Jackendoff（1972：258-265）按照 Bolinger（1965）的做法，将对比话题所承载的语音形式称作 B 重音（B accent），将焦点所承载的语音形式称作 A 重音（A accent），详细地描述了 B 重音和 A 重音的具体差异。[2] 不过 Jackendoff 书中没有用到“对比话题”这一术语，用的是独立变量（跟“依存变量”相对）。B 重音和 A 重音的具体差异在于 B 重音是以 L–H 结尾的，而 A 重音是以 L–L 结尾的。Constant（2010：1-2）给下面例子的标注和图示清晰地显示了 CT 跟一般的信息焦点在韵律上的异同：

---

1 Jackendoff（1972）认为在句中出现了 B 重音的时候，由于 B 重音引入一个独立的变量，即我们这里讨论的对比话题，而该变量是需要与一个依存变量相配的，就可以把肯定和否定的区别看作一个依存的变量（P263）。

（i）Did John and Bill leave yet?

Well, JOHN has left, but BILL hasn't.

2 Jackendoff（1972：258-259）提到他是按照 Dwight Bolinger 在其书《英语的形式：口音、词素、语序》（*Forms of English: Accent, Morpheme, Order*）（1965）中的做法，区分 B accent 和 A accent。也就是 Bolinger 是最先区分两种重音类型或者说两种语调类型的人。不过之后文献中提到两种调型时，一般会提到 Jackendoff（1992），而不大会提到 Bolinger（1965）。不过很遗憾我们没有找到 Bolinger 的这本书。

(44) A: Well, what about PERSEPHONE? What did SHE eat?

B: [PERSEPHONE $]_{CT}$ ... ate [the GAZPACHO $]_{F}$.

[(L+)H* L– H% $]_{IntP}$ [H* L– L% $]_{IntP}$

[TOPIC] [COMMENT]

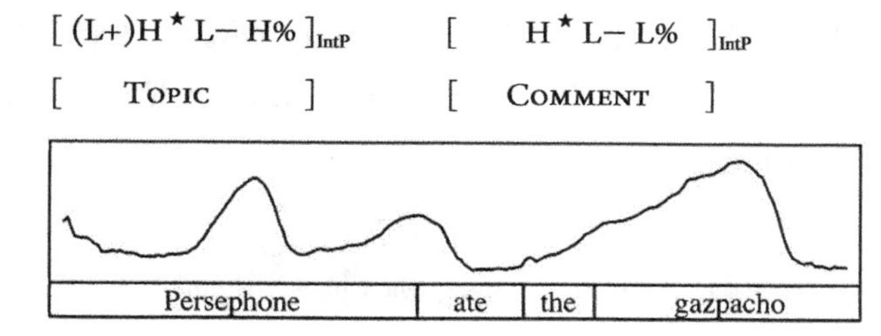

上例显示了 persephone 和 gazpacho 的不同，反映在它们所对应的曲线上，可以看到差异主要在 persephone 结尾部分对应了一段上扬的语调，而 gazpacho 结尾部分对应了一小段较为低平的语调。[1]

在句法位置上，对比话题可以位于原位，也可以被提前。被提前时通常会认为是经历了话题化的操作。话题化操作对于一般性的话题和对比话题都是一样的。下面是英语和汉语的例子。

(45) I studied **ukelele** formally, but I learned **accordion** on my own.

(46) **Ukelele**, I studied formally. **Accordion**, I learned on my own.

(47) **我喝红酒，也喝白酒。**

(48) a. **红酒我喝，白酒我也喝。**

b. **我红酒也喝，白酒也喝。**

1 Jackendoff（1972：261）也通过图示展示了对比话题和焦点的语调的不同。如下：

（i）Well, what about FRED? What did HE eat?

（ii）Well, what about BEANS? Who ate THEM?

FRED ate the BEANS.　　FRED ate the BEANS.

（i）中 Fred 是对比话题，beans 是焦点；（ii）中 Beans 是对比话题，Fred 是焦点。相比于 Constant（2010）的图示，Jackendoff 的这个简图可以更清晰地显示对比话题跟焦点的语调的不同。

原本居于句中的成分提前，是一种成分易位。英语中话题成分可以易位。在对比话题的情况下，多个话题成分对举说出，原来的位置无需出现代词来指称被易位的成分，如（46）所示。当几个话题成分不是对举说出，其中一个成分用 as for 引出时，原位需要填充一个代词成分。例如（Lee 2017：9）：

(49) As for the oranges, Mary likes *(them).

虽然话题成分在英语中可以易位至句首，但这种易位并不常见。也就是英语中话题成分是可以居于原位的并且这种"不挪位"的情况是常见的。汉语中的话题成分则通常要居于 VP 之前，包括句首或者句子的主语之后 VP 之前。汉语被认为是话题突显型（topic-prominent）语言（Li & Thompson 1981）。上面（47）中在副词"也"的帮助下，对比话题成分留在了原位。但是更常见的是类似（48）的表达。（48a）中受事成分提到了原来的施事主语的前面，（48b）中受事成分提到了施事主语和谓语动词之间。（48b）这种情况被认为是句中有一个主话题，有一个次话题，主话题为"我"，次话题为"红酒"和"白酒"。

对比焦点则更为常见地采用易位手段来表达。很多文献都观察到对比焦点会移位到句子的左边界（left periphery）。比如 Gungbe 语（见 Aboh 2007），意大利语（见 Rizzi 1997），Wolof 语（见 Torrence 2013）等。Gungbe 语和 Wolof 语的例子如下 [例句转引自 Kratzer & Selkirk（2020：4），其原始出处如下所标]。

(50) Gungbe

a. Sɛ́sínú wɛ̀ dà Àsíàbá.

Sessinou FOC marry Asiaba

'SESSINOU married Asiaba.'

b. Àsíàbá wὲ Sέsínú dà.
Asiaba FOC Sessinou marry
'Sessinou married ASIABA.' （Aboh 2007：289）

（51）Wolof

a. Xale bi l-a-a gis.
child the XPL-COP-1SG see
'It's the child that I saw.'

b. Ca lekkool ba l-a-a gis-e Isaa.
P school the XPL-COP-1SG see-APPL Isaa
'It's at school that I saw Isaa.'

c. Gaaw l-a-a ubbe-e bunt bi.
quickly XPL-COP-1SG open-MANN door the
'It's quickly that I opened the door.' （Torrence 2013：182）

上面标注中的FOC代表焦点助词，XPL代表expletive，COP代表corpula，MANN代表manner suffix，P大致代表preposition。可以看到其中对比焦点成分都被置于了句子的左边位置。

在采用易位这一手段上，话题化成分与对比焦点类似。话题化的操作通常是将话题成分前移至句子的左缘位置。比较下面的两个意大利语例子。其中（52）是话题前移，（53）是对比焦点前移（Rizzi 1997：286）。

（52）Il tuo libro, lo ho letto. （topic）
'Your book, I have read it.'

（53）IL TUO LIBRO ho letto (, non il suo).（focus）
'Your book I read, not his.'

上面两个例子中，话题和焦点都移到了句首位置，唯一的不同是话题句中多了一个跟 it 相当的代词成分 lo 来回指前移的 Il tuo libro（即 your book）。

下面的英语例子中，（54）是话题前移，（55）是对比焦点前移。

(54) Who was the luckiest boy on his birthday this year?
Why, it was Robin!
To Robin$_i$, his$_i$ mother gave lots of presents.

(55) That Mary, she never returns anything she borrows.
Look at her yard, littered with other people's stuff.
I can only think of one counterexample—
[THAT RED SNOWBLOWER]$_i$, Mary returned t_i to its$_i$ owner last week...
But now it's back in her yard again.

对于前移的成分到底是对比焦点还是话题，句法理论学者提出了相关的句法上的检测手段。比如 Rizzi（1997：291-295）提出可以用弱跨域效应（WCO）来检测。弱跨越效应指的是算子和其所约束的语迹中间不能有一个与语迹同指的代词。焦点成分的移位被看作是量化性的 A'-movement，移位的成分和语迹之间形成算子（operator）—变量（variable）的关系。焦点成分的移位会呈现弱跨越效应，而话题成分的移位则对弱跨越效应不敏感。[1] 上面（54）就显示了话题成分的移位对 WCO 不敏感。其中 Robin 和 his 同指，但句子仍然合法。（55）没有 WCO 现象。如果把（55）改成下面的（56），句子就不合法了。说明焦点移位是有弱跨越效应的。

1 Rizzi（1997）将焦点移位和话题移位区分为是量化性的 A'-movement 和非量化性的 A'-movement。认为只有量化性的 A'-movement 才呈现 WCO 效应。

(56) I am the greatest salesman ever. Nobody ever returns my merchandise.

I can only think of one counterexample—

*[THAT RED SNOWBLOWER]$_i$, its$_i$ owner returned t_i to me.

But you can be sure it'll be sold again tomorrow.

其中与前移的 that red snowblower 同指的 its 出现在前移成分与其语迹之间，句子不合法。因此焦点移位不能违反弱跨越效应的要求。

前移的对比焦点成分往往还伴随着韵律上的凸显，即带有重音。不过对 Wolof 语的声学研究表明 Wolof 语的焦点是没有韵律上的标记的（见 Kratzer & Selkirk 2020：5 的介绍及里面提到的参考文献）。

4.5 分裂句

4.5.1 分裂句与认定焦点

分裂句是包含一个分裂成分和一个关系小句的双子句构式（biclausal construction）。英语中是"It is/was X that..."这种形式的句子，带有一个系词和一个非人称的 it[1]。É. Kiss（1998）指出，英语中的分裂句是表达认定焦点的手段。其中认定焦点实现为分裂句中的分裂成分，也就是"It is/was X that..."中的 X。这个 X 是一个移位而来的成分。因此英语中的认定焦点跟匈牙利语中的认定焦点一样，是有看得见的移位的。

认定焦点，或者说对比焦点，在很多语言中都是前置的。É. Kiss（1998）举了多种语言中认定焦点前置的例子。如希腊语、芬兰语、Catalan 语、匈牙利语等。这些前置的认定焦点表达在语义上相当于英语

1　不同语言中分裂句有不同的具体表现形式。英语中有显性的系词和代词 it，而西班牙语分裂句有显性的系词，但没有非人称代词。

中的分裂句，文献中对它们的英语翻译也都是分裂句的形式。不过由于前置焦点前面没有像相当于英语中 it is/was 这样的成分，文献中没有直接称它们是分裂句。下面分别是希腊语、芬兰语、Catalan 语、匈牙利语前置焦点的例子[1]（É. Kiss 1998：246）。

(57) a. [$_{\text{FP}}$ **Ston Petro** [$_{\text{TNSP}}$ dhanisan to vivlio]] （希腊语）

to.the Petro lent.3PL the.ACC book

'It was **to Petro** that they lent the book.'

b. [$_{\text{TNSP}}$ Dhanisan [$_{\text{VP}}$ to vivlio STON PETRO]]

'They lent the book TO PETRO.'

(58) a. [$_{\text{CP}}$ **Annalle** [$_{\text{IP}}$ Mikko antoi kukkia]] （芬兰语）

Anna.ADESS Mikko gave flowers

'It was **to Anna** that Mikko gave flowers.'

b. [$_{\text{IP}}$ Mikko antoi [$_{\text{VP}}$ kukkia ANNALLE]]

'Mikko gave flowers TO ANNA.'

(59) a. **Del calaix** la Nuria (els) va treure els esperons.（Catalan）

of.the drawer the Nuria them has taken.out the spurs

'It was **out of the drawer** that Nuria took the spurs.'

b. La Nuria els va treure DEL CALAIX els esperons.

'Nuria took the spurs OUT OF THE DRAWER.'

(60) a. Tegnap este **Marinak** mutattam be Pétert.（匈牙利语）

last night Mary.DAT introduced.I PERF Peter.ACC

'It was **to Mary** that I introduced Peter last night.'

b. Tegnap este be mutattam Pétert MARINAK.

'Last night I introduced Peter TO MARY.'

1 É. Kiss（1998）中除了匈牙利语，其他语言的例子都来自相关文献中已有的对相关语言中的前置焦点和原位焦点的讨论。具体出处请读者参看该文。

汉语中也有分裂句的形式。如：

(61) a. 今天（是）张三买的饮料。

b. 她（是）昨天进的城。

c. 他（是）用毛笔写的留言。

不过汉语中如果认定焦点是事件中动作行为的受事成分，一般难以用这种一般的分裂句的形式。如：

(62) *是《红楼梦》我看的。

此时可以用准分裂句（pseudo-cleft sentence）的形式。

(63) 我看的（是）《红楼梦》。

4.5.2 准分裂句

英语中的准分裂句形式如（64a）所示，准分裂句和分裂句之间具有对应关系。例句引自 Akmajian（1970：149）。

(64) a. The one who Nixon chose was Agnew.

b. It was Agnew who Nixon chose.

根据 Akmajian（1970），准分裂句和分裂句中系动词后紧挨着的成分承载最重的重音，是句中的凸显部分。Akmajian（1970：149）将它们都称作“焦点”。分裂句和对应的准分裂句被观察到是表义相同的，受到一些共同的选择限制。Akmajian（1970）认为二者之间存在转换关系，具体是分裂句是通过一个分裂外置规则（the Cleft-Extraposition Rule）

将准分裂句中句首的关系小句外置到句尾而派生得到的。不过他的这种分析并未能得到研究者们的一致认同，因为有些分裂句是没有对应的准分裂句形式的。比如下面分裂句所对应的准分裂句就是不合法的，因此无法认为该分裂句是从相应的准分裂句派生而来的。例句引自 É. Kiss（1998：257）。

(65) It was to John [$_{CP}$ that I spoke]

*[$_{CP}$ that I spoke] was to John

其他学者提出了不同的分析，如 Chomsky（1977）、Emonds（1976）等。具体参看 É. Kiss（1998：256-260）的介绍。É. Kiss（1998）也提出了自己的分析。由于 É. Kiss 认为分裂成分具有认定焦点性质，因而认为整个句子的结构中有一个焦点短语 FP，这个 FP 介于主句 CP 和小句 CP 之间。分裂成分是处在 SpecFP 的位置，是从小句中经由 SpecCP 的位置移位到这个位置的。É. Kiss 还提出了分裂成分的基础生成方式，认为它跟移位方式对于分裂句的分析都是可能的。对于一些不适合移位分析的成分，比如当认定焦点是小句中的主语成分时，如"It is me who is sick"这样的句子，由于假定主语移位会违反空语类原则（ECP）[1]，就可以认为它是基础生成的。

汉语中的分裂句跟英语中的分裂句形式不同。汉语分裂句由"(是)……的……"结构表示，其中没有一个像 it 那样的形式主语。"是"所标记的认定焦点是处在原位的，而"是"可以依据认定焦点的位置而出现在不同的位置。如：

1　空语类原则（Empty Category Principle，ECP）指的是非代词性的空语类必须受到合理的管辖。具体见 Chomsky（1981：248-252）。这里如果假定 me 是主语移位而来的，那么主语的语迹必须受到先行词管辖。而这个语迹跟 me 之间有一个 who，构成了一个语障，因而得不到合理的管辖。

(66) a. 是小王在他这里买的饮料。

b. 小王是在他这里买的饮料。

c. 小王在他这里是买的饮料。

d. 小王在他这里买的是饮料。

其中（66d）可以算是前面提到的准分裂句形式。

英语分裂句中的 is/was 是系动词无疑。而对于汉语分裂句中的“是”的属性则不同学者有不同看法。如果类比于英语中的分裂句，那么“是”就是一个系动词。但有的学者不同意这种分析，认为“是”是一个副词（见 Huang 1982；张静 1987 等）。Shi（1994）则认为“是”是一个情态动词。由于不论是英语的分裂句还是汉语的分裂句，都存在对其句法性质上的不同认识，这里暂且不予讨论。我们主要要说的是在语义功能上，英语 is/was 和汉语“是”后成分都具有穷尽认定功能。“It is/was X that...”和“是……的”可以认为是认定焦点的结构化的表达形式。前文讨论对比焦点的穷尽性时，提到了排他性的并列测试和否定测试。英汉中这两种形式都能通过这两个测试，表明它们的结构形式就是排斥其他同类项的。而不是由这种特定结构来表达的带有焦点的句子，是不能通过这两个测试的。尽管可能在具体语境中它们也能表达对比焦点，也具有穷尽性，但是它们的结构本身不排斥同类项，也就是这种排他性没有编码进句法中，而是一种语用的解读。

4.6 汉语中的对比焦点与对比话题

4.6.1 汉语中对比焦点的各种类型

汉语中的对比焦点从语义 / 语用功能上也包括前文提到的三类：表纠正的、表认定的和表同类项对比的。4.1.1 节的（1）到（4）中各例的汉语对译句也都是包含有对比焦点的句子。

(67) a. 我没有说白色的房子，我说的是白色的马。

b. 玛丽喜欢白葡萄酒，而约翰喜欢红葡萄酒。

(68) Sam 不是有两个孩子，他有三个孩子。

(69) 问：谁想嫁给 John，是 Jane 还是 Janet?

答：Janet 想嫁给 John。

(70) 问：哪个女人嫁给了 Sam，Sue 还是 Rita?

答：Rita 嫁给了 Sam.

跟英语一样，汉语中的对比焦点也没有专门的形态标记，主要通过韵律手段标示。汉语常规语序的句子中，每个位置的成分都可以重读而成为对比焦点。例如（其中“ˈ”表示重读位置）：

(71) 老王明天去北京。

a. ˈ老王明天去北京。

b. 老王ˈ明天去北京。

c. 老王明天ˈ去北京。

d. 老王明天去ˈ北京。

其中重读的 NP 分别能与相应的同类成分形成对比。比如“老王”重读时，跟语境中其他的人形成对比，“明天”重读时，跟其他的时间形成对比，“北京”重读时，跟其他的地方形成对比。而其中的动词“去”重读时，一般情况下是跟其否定形式“不去”形成对比。此时句子可能是纠正前面说话人认为老王明天不去北京的错误认识，也可能是回答“老王明天去不去北京”的问题。后者也是对比焦点，因为是在肯定和否定中择一回答。

4.6.2 汉语中对比焦点的词汇性标记形式

跟英语一样，汉语没有标记对比焦点的形态手段。那么是否有标记对比焦点的词汇性手段呢？

汉语学界存在一个较为普遍的认识，即分裂句中的“是”是对比焦点标记。方梅（1995：281）提出了焦点标记的三个特征：自身不负载实在的意义因而不带重音，其后面的成分被标示为焦点身份因而带有重音，能够省略而不影响句义。“是”符合这三个特征，因而被认定为焦点标记。在方文之前的徐杰、李英哲（1993）同意汉语中没有单纯的焦点标记，不过认为在确认“是”的动词身份基础上，不妨认为“是”是以动词身份充当焦点标记。

刘林（2013，2016）也指出，汉语中没有单纯的焦点标记词，认为“是”只是一个非常接近单纯的焦点标记的词，但文中还是把“是”称作典型的焦点标记。

方梅（1995）研究了汉语对比焦点的句法手段。但该文实际上把对比话题也包括进去了，归纳如下（P386）：

(72)

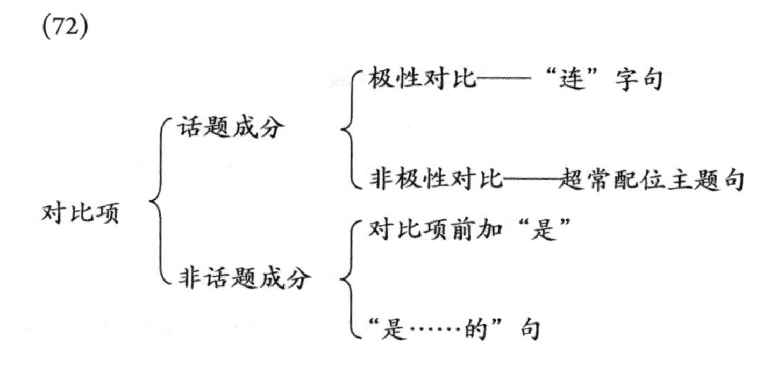

方文中区分了话题成分和非话题成分的“对比焦点”句法手段。其中话题成分的“对比焦点”就是我们前文讨论过的对比话题。话题成分的对比用“连”标记，或者通过超常配位的方式呈现。话题成分的超常配位是参照陈平（1994）提出的充任主题成分的语义角色优先序列而言的。该优先序列为：系事 > 地点 > 工具 > 对象 > 感事 > 受事 > 施事。当话题句中相关话题成分所配置的位置打破了这一优先序列时，带上重音就能表达对比话题。例如（方梅 1995：284）：

(73) a. 这事老高有办法。

b. * 老高这事有办法。

c. 老高'这事有办法（，别的事就未必了）。

（73a）是受事话题句，受事成分位于句首，在施事“老高”之前，符合陈平提出的常规配位，因而句子是很自然很顺畅的。（73b）中受事成分位于施事之后动词之前，不符合常规配位序列，方文认为这个句子不能说。但如果将“这事”带上重音，句子就可以说了，此时如（73c）所示，表示“这事”和别的事相对比。

因此，虽然方文中列了这些手段，但其中算得上对比焦点词汇性标记的只有“是”。

4.6.3 “连”字句中“连”后成分的性质

“连”字句是汉语中讨论得较多的一种句式。跟焦点现象相关的讨论主要是“连”所引导的成分（后面简称为“‘连’后成分”）的信息地位。有的认为“连”后成分是话题，具有话题的几个特征，如曹逢甫（1987）（后面简称为“话题观”）。有的认为“连”后成分是“话题焦点”，如徐烈炯、刘丹青（1998）（后面简称为“话题焦点观”）。袁毓林（2006）不完全认可曹逢甫的“话题观”，认为过分强调“连”后成分的“话题”性质，有夸大“连”后成分话题特征之嫌。主要是曹逢甫用来证明“连”后成分具有话题性的几个特征并不是典型的话题性成分所独有的，如能控制话题链中互参 NP 的代词化或删略，能用停顿小品词将“连”后成分与后面的说明成分隔开，对一些句法操作如反身化等不起作用等，这些特征像疑问词主语句中的疑问词也具有，但一般不会将表达疑问的疑问词认定为句子的话题。

袁毓林（2006）也不同意“话题焦点观”。话题焦点是徐烈炯、刘丹青（1998）用 [±突显] 和 [±对比] 两对特征区分出的三种焦点之一，具有 [–突显][+对比] 特征。三种焦点除了话题焦点之外，还有“自然焦点”和“对比焦点”。自然焦点是 [+突出] [–对比]（自然焦点相当于前文说的信息焦点），对比焦点是 [+突出] [+对比]。袁毓林不赞成设立“话题焦点”，因为“任何焦点都有对比性，已经实现的焦点成分总是跟焦点域（focus domain）中的其他交替成分（alternates）构成对比关系”。所以自然焦点也是有对比性的，只是对比性没有“对比焦点”那么强。强的对比性是具有穷尽和排他特征的。袁毓林认为，从这一点看，“连”后成分“不像是对比焦点，至少不是对比性很强的焦点成分”。可以认为“连”后成分同时具有话题性和焦点性，但焦点性是其作为“连”字句中“都/也”所约束的语义焦点[1]而带来的。袁毓林主张暂时取消话题焦点这一类型。

前文 4.4.1 节中提到过，Kadmon（2001）将下面（74）的这种对比话题称作 TOPIC-focus，将信息焦点称作 FOCUS-focus。

(74) a. What did Fred, Sue and Kim eat?

b. FRED_{CT} ate the beans, SUE_{CT} the peas, and KIM_{CT} kimchi.

因此话题焦点或对比话题实际上是文献中对相同现象的不同称呼。而袁文中（P20：fn.9）也提到了徐烈炯、刘丹青（1998）也是把他们的“话题焦点”看作是对比性话题的。并提到方梅（1995）明确地指出“连”

1 对“语义焦点”（semantic focus）不同的文献有不同的界定。在 Gundel（1999）中，语义焦点大致相当于一般所说的信息焦点，是传递新信息的成分。而在徐烈炯（2001）里，语义焦点专指句子中与焦点敏感算子（focus-sensitive operator）关联的成分，语义焦点的不同位置能影响句子的真值。见黄瓒辉（2003）的介绍。袁文中的“语义焦点”采用的是后一种意思。

引导的成分是对比性话题。因此，不论是“话题焦点”，还是“对比话题”，说明大家对“连”后成分的性质的看法是趋于一致的。它们不像信息焦点那样缺乏对比性或对比性较弱。“连”后成分是对比性较强的。这里的“对比性”指的是“连”后成分跟一个相关的集合有关，这个集合由语用量级上的不同成员构成。[1] 同时说它是话题性成分，既是指它跟后面述谓部分构成“话题—说明”的关系，也由于它和量级上其他成员都具有某种属性，彼此之间构成合取的关系。前文4.4.3.1节在介绍对比话题时已经提到，对比话题跟对比焦点在语义上最大的不同在于对比话题之间是合取关系，而对比焦点之间是析取关系。“连”字句中“连”后成分的合取关系，袁毓林（2006）通过例（75）进行了说明。袁文指出“连”后成分不具有排他性而具有类同性，而对“类同性”的说明是“跟同一语用尺度上的其他元素一样具有某种性质”。这当然是一种合取关系。（75）引自袁毓林（2006：21）。

(75) 不仅祖父是矛盾的，不仅大哥是矛盾的，现在连他自己也是矛盾的了。

袁毓林（2006）观察到，从信息的新、旧特点看，“连”字句中“连”后成分为新信息的情况占大多数。在其所观察的100多个“连”字句中，话题成分和述题成分都为新信息的句子最多。其次是话题是新信息、述题在某种意义上是旧信息的句子。分别如下所示（袁毓林2006：22）。

1 一般认为“连”字结构能激活具有量级序列关系的选项，这些选项构成一个量级。在这个量级中，“连”后成分位于量级的一个端点，其所指的对象是最不可能具有“连”字句中谓词所表示的相关属性的。根据极差蕴涵（scalar entailment）的原则，“连”字句能推出量级上所有成员都具有相关的属性。对“连”字结构激发相关的语用量级以及极差蕴涵的直接讨论，见殷何辉（2009）。关于量级选项见第二章的相关介绍。

(76) a. 要是说我太硬，我会放松，连呼吸也软下来。

b. 原来多么厉害的人也都有欺软怕硬的时候，就连爹也不例外，……

根据袁文的分析，（76a）中“连”字句中话题和述题都是新信息，（76b）中话题是新信息，述题是旧信息。

所以这里是把“连”字句放到语篇中观察，从“连”后成分和述题成分各自是否能在前文语篇中找到先行成分而确定其是新信息还是旧信息。因此“对比话题”中的“话题”不是说一定是在前文中已经出现了这个意义上的话题，也就是不是指“旧信息”意义上的话题。这里的“话题”主要指其关联了量级上不同的成分。这种由量级引入的集合中不同成员，不一定是紧邻的前文语境刚出现过的。也就是它们不像（74）那样是由当前问题所引入的一组讨论对象（话题）。它们是通过量级推理而得到的一组具有某种相同的性质，但是在具有这种性质的可能性程度上具有差异的对象。

“连”字句中“连”所引入的语用量级上这些成员的存在，构成“连”字句的前提，而不是断言。这一点跟“也”相似。“也”所关联的与其语义焦点具有类同属性的成分也是它的前提。跟前提性成分类同的成分，其本身也是具有一定的前提性的。这也是判断“连”后成分为话题性成分而非焦点性成分的一个依据。“连”后成分和“也”所关联的成分的前提性，从下面跟它们相当的英语中的 even 句和 also 句不允许前提悬置（presupposition suspension）可以看出。

(77) a. *Even John loves Arthur, but he may be the only one.

b. *John is here too, if anybody else is.

上面的例子引自 Horn（1972：18）。Horn 在讨论“前提悬置”时举了很多例子。其中有的句子前提可以被悬置，而有的句子前提不能被悬置。这里的 but 和 if 引导的从句就是对前面句子前提的悬置。星号表明了句子不合法。其中（77a）的 but 句说 John 可能是喜欢 Arthur 的唯一一个人，而 even 会引入一个包含多个选项的量级，即量级中包含 John 但不止 John 一个人。这个量级的存在不允许被悬置[1]。（77b）的 if 句说的是如果有其他人也在这里，too 会引入一个跟它的语义焦点 John 类同的选项，而这个选项的存在也是不能被悬置的。

1 这里说 John 可能是唯一的一个人时，实际上该 even 句的前提已经被否定了。

第五章 量化对象、量化形式与手段

本章讨论量化对象、量化形式与手段。量化对象的问题是量化理论中必然涉及的问题。对量化句进行语义描述时，确定量化对象是首要的步骤。量化对象有不同的类型。在量化文献中，常能看到某个量化词是量化个体、某个量化词是量化事件这样的区分，也能看到对非个体的量化对象的提及中，有时间、事件、场景、情境等各种名称。而后随着语义学理论的发展，又出现了可能世界、程度等量化对象。这些不同名称的量化对象，有一些的所指类同，有一些则是特定的语义学领域里所关注的对象。本章拟详细介绍以往文献中各种量化对象的引入，对表达事件类相关对象的不同提法进行分析比较，对一些量化对象的本体地位进行介绍和讨论，以使我们对量化对象相关的问题有清晰的把握。同时本章也对相应的量化形式与手段进行介绍。在全面深入地了解自然语言量化对象及量化形式与手段后，我们可以更好地分析和把握语句的量化语义表达。

5.1 量化对象 [1]

5.1.1 关于本体论及个体量化

量化对象的问题是跟本体论有关的。而本体论则跟存在有关。但蒯因提出了“本体论承诺”（Ontological Commitment）[2]。本体论承诺指的是本体论跟实际的存在没有关系，是一个理论在其阐释中蕴涵着存在什么，即“承诺”并不是事实，完全由语言表达所决定。自然语言可以作为各种理论的描述语言。其所描述的理论体系中，存在对象各有不同。而作为日常语言使用的自然语言，反映的是我们的世界以及我们在世界中的生活。因而日常语言使用所蕴含的存在，也就是对世界中的存在的反映。相应地，日常语言中的量化对象也就非常密切地关联着世界中的各种存在。因此在量化理论的讨论中，总是不能避开对量化对象的说明，也就是对本体论的说明。比如 von Fintel（1994）在给出副词性量化的语义学时，其组成部分中就有“本体论”（Ontology）这一部分，明确地说明量化的对象是情境，并对各种具体的构成做了翔实的说明。

关于世界中的各种存在，我们最能直观感受到的就是一个个具有空间特征的事物。事物都是运动的，具有时间特征的动作行为是事物存在的方式。事物及其动作行为由语言中的词句编码。由于事物具体可视的空间特征，其存在性，或者说其本体地位是显见的。反映到对语言结构的认识上，人们看到的是语言中的谓词关联不同的个体性论元，或者说个体在事件中扮演着不同的角色。这就构成了经典谓词逻辑对语句的认识。在经典谓词逻辑的传统下，对句子的分析总是以谓词为中心，由谓词带上一定的主目（即语言学中的论元，argument），构成句子的语义刻画。如 P（a）

1 本节内容引自《量化对象为何物——量化语义学里本体论的丰富和发展》，原载于《语言教学与研究》（2022 年第 4 期，第 90-100 页，作者：黄瓒辉）。

2 蒯因在他的系列著作里讨论了本体论承诺的问题。可以参看涂纪亮、陈波主编的《蒯因著作集》第 4 卷的第一部《从逻辑的观点看》。国内介绍和评述蒯因本体论的论文也有很多。可参看陈波（1996）、王路（2015）等。

或 P（a, b）等。由于是由谓词所表示的属性对名词所指的个体进行述谓，因而属性成了附着于个体上的东西，认为其承载者才是基本和重要的，具有本体的地位。直到后来事件语义学的产生，才标志着除了个体之外，人们也看到了事件的本体地位。于是在量化相关的本体论方面以及动词的论元结构方面都有了认识上巨大的改变。

5.1.2 事件、时间、场景和情境

5.1.2.1 事件论元的引入

事件论元（event argument）在 Reichenbach（1947）就提出来了，并进行了很多的讨论。但是 Reichenbach 没有将其引入动词的论元结构中，而是将其看作是由整个句子来述谓的一个对象[1]。明确地将事件论元引入以描述动词的语义的是 Davidson（1967）。[2]

Davidson（1967）讨论了动作行为句的逻辑形式。通过观察语言中对事件的指称与对人或物的指称的相似现象，以及对同一个事件可以用不同的语言表达形式（如对一个事件的辩解或说明）表达的现象，指出动作行为也是一种存在的事物，句子可以从不同的途径去描述它，也可以用一般的指人或指事物的代词去指称它。而用一个单数的名称去指称这种动作行为，是得到动作行为句的逻辑形式的关键。这种独立存在的事物，是不能还原或化解为其他类的实体的（比如不能还原为时空中的点的集合，或时点或时段的有序 n 元组等）。因此需要引入事件作为本体。相应地，在动词的论元结构中，除了施事、受事等常规的论元，就增加了一个新的论元，即事件论元。Davidson 文中举了“Shem kicked Shaun”的例子。认为其中的 kicked 是一个三元谓词（a three-place predicate）。其逻辑形式如（1）所示。

1 Reichenbach（1947：268-269）提到对事件变量 v 进行述谓的是由事物论元和它的谓词一起构成的一个函项。也可以理解为由整个句子对事件变量进行述谓。

2 Davidson（1967）对 Reichenbach（1947）的研究作了很多的介绍和讨论。

(1) ($\exists x$) (Kicked (Shem, Shaun, x))

其中 x 代表事件论元。(我们后来更常见到的是用 e 代表事件论元。) 这里将行为动作句“Shem kicked Shaun”表达成了一个存在量化句，其中的事件变量受存在算子 ∃ 的约束。原本是二元谓词的 Kicked，除了施事论元和受事论元外，增加了一个事件论元。

Davidson (1967：64) 指出，句子的逻辑形式，要能很好地显示句子的蕴涵关系。一个句子能蕴涵什么句子，以及它又被什么句子所蕴涵，可以很显然地通过逻辑形式而确定。在讨论了 Anthony Kenny 等学者提出的动作行为句的逻辑形式[1]后，Davidson 详细地分析了 Reichenbach (1947) 提出的日常语言中动作行为句的逻辑形式，吸取了其中的存在量化部分，将动作行为句的逻辑形式确定为是对事件变量作存在量化的形式[2]。而对于句中由介词引入的对象，Davidson 提出可以把介词跟动词分开，将介词结构也写成跟动词一样的带有事件论元的形式。如“I flew my spaceship to the Morning Star.”这样的句子，就可以给它下面这样的逻辑形式 (P48)：

(2) ($\exists x$) (Flew (I, my spaceship, x) & To (the Morning Star, x))

在 Davidson 提出动词有一个事件论元之后，学者们 (Parsons 1990 等) 将其进一步发展，把事件中的施事 (agent)、受事 (patient)、工具

1 其中 Anthony Kenny 认为动作行为句的逻辑形式为“x brings it about that p”。

2 Davidson (1967) 提到，根据 Reichenbach (1947)，动作行为句的逻辑形式可以翻译成 ($\exists x$) (x consists in the fact that …)。其中 that 后面接的就是动作行为句本身。如 Amundsen flew to the North pole 的逻辑形式为 ($\exists x$) (x consists in the fact that Amundsen flew to the North pole)。Davidson 是将 Reichenbach (1947) 书中符号的表达转换成了语言的形式。这里的翻译中用的 *fact*。Reichenbach (1947) 中的 *event* 和 *fact* 是不区分的。书中 (P269) 提到我们将使用跟 event 近义的 fact (Synonymously with the word *event* we shall use the word *fact*)。

（instrument）、时间（time）、地点（location）等语义角色均看作函项（function），由这些函项将事件变量映射到具体的施事、受事等对象上。例如上面举的 Shem kicked Shaun 这个例子，就可以表达为：

(3)（∃x）（Kicked（x）& Agent（x, Shem）& Patient（x, Shaun））

这样，句中的成分就不仅仅只有动词是对事件变量的性质进行述谓，施、受等语义角色都是在对事件变量进行述谓。这种将语义角色引入逻辑形式、用它们分别对事件变量的某一方面的属性进行框定的做法，跟上面提到的 Davidson 将 "I flew my spaceship to the Morning Star" 中的 to the Morning Star 跟动词分开而单独框定事件变量的做法是一致的。介词 to 是显性地介引动作行为目的地的成分，较容易被单独列出来框定事件变量跟地点相关的性质。施事、受事等语义角色在句子中是不可缺少的部分，在没有特定的介词标记的情况下，很容易被看成动词的论元而跟事件论元放在一起，即像上面的 flew（I, my spaceship, x）的形式。观察到施事、受事等语义角色与事件论元的特定关系，将每一项都看作是对事件论元的某一属性的述谓，更有利于对不同类的事件句做出深入细致的语义刻画，从而让我们更好地观察不同句子之间的语义关系，特别是句子之间的语义蕴涵关系，以及一些近义句语义上的细微联系与区别。

5.1.2.2 与事件相关的"时间""场景""情境"

5.1.2.2.1 时间和场景

除了"事件"外，文献中提出过的类似的量化对象还有 time、occasion 和 situation 等，我们分别译作时间、场景和情境。

Davidson（1967）在谈到句子的逻辑形式虽然与表层的语法形式有较大的差异，但却有其合理性和价值时，提到了借助带有事件论元的逻辑形式，可以很好地对表达时间先后关系的 before 和 after 进行解读。Davidson（1967：63）提到，弗雷格在谓语中引入时间变量以解读 before 的方案为大家所熟悉，并被广泛接受。具体来说，就是存在两个时间 t 和 u，一个事件发生在 t 时间，一个事件发生在 u 时间，而一个时间在另一个时间之前（如 t 在 u 之前）。Davidson 认为，就本体论而言，其事件变量跟弗雷格的时间变量虽然不同，但是是可以合并一起的。关联时间的 before 或 after 也可以很好地连接事件（Davidson 1967：64）。

关于量化对象能不能是时间，Lewis（1975）在讨论量化副词的量化对象时也提到过。Lewis 指出，量化副词的量化对象既不能是时间，也不能是事件，因为说量化对象是时间或事件时，都会碰到反例。Lewis 因此提出量化副词是无选择性约束成分（unselective binder）。而在 Lewis（1975）之后，Stump（1985）和 Rooth（1985）等在讨论时间副词和量化副词的语义时，所提到的量化对象都是时间（其语义表达式中是用 I 表示，I 代表 Interval）。

那么事件和时间到底是什么关系呢？

由于事件总是跟发生的时间相连，按照 Davidson（1967）的看法，事件变量和时间变量是可以合并在一起的。Kamp（1979）则专门讨论了时间和事件的关系。认为物理学里将时间看作与实数同构的结构，认为其是非持续的瞬间和瞬间的汇集的看法，让人费解。Kamp 认为，如果我们像莱布尼兹、爱因斯坦和怀特海那样，假定时间就是构成我们世界历史的事件和过程的时间关系的总和，那么时间就可以看作是事件之间和过程之间的实际的结构关系[1]。因此 Kamp 认为，事件而非时间，才是初始和本原的。

---

1 Kamp（1979：376）的原文为："If we assume, with Leibniz, Einstein or Whitehead, that time is no more than the totality of temporal relations between the events and processes which constitute the history of our world, the question is about the actual structural relations between these events and processes." 这里所说的 the question 指的是关于时间的本质是什么的问题。Kamp 列出了几种不同的观点，其中他认同这种时间等同于事件和过程之间的先后关系之和的看法，以及时间归根结底与现实的和可能的经历有关的看法。

我们认同这种“事件是更为初始和本原的”的看法。句子直接表达的是事件，时间是通过事件而间接表达的，是需要通过事件的存在才能具体定位的。因此量化对象为事件的说法，是更直接和更具有普遍性的。

Chierchia（1988，1990）使用了“场景”（occasion）这一术语。其认为所有动词的论元结构中都有一个场景变量。相应地，作为广义量词的量化副词所关联的就是两个场景的集合。

将场景论元增容到动词的论元结构中，这一做法跟 Davidson 将事件论元增容到动词论元结构中是一致的，都认为动词除了个体性的施事、受事等论元外，还有一个额外的论元位置。从论元名称的选取看，可能各有侧重。相对而言，“场景”比“事件”的所指更宽泛一些，容易让人想到语境相关的东西。Davidson（1967）主要是讨论动作行为句的逻辑形式。动作行为动词，或者说动作行为句，表达事件是显见的。我们认为，就名称而言，“事件”比“场景”更能与动词的语义紧密相连。事实上，“事件”这一说法的接受和使用也是更为普遍的。

此外，提得最多的就是“情境”（situation）了。如上文 5.1.1 提到的 von Fintel（1994）在给出量化副词的语义时，明确地提出其量化对象为情境。而对情境提及更多的是“情境语义学”（situation semantics）。下面我们将详细地介绍“情境”的引入。

5.1.2.2.2 情境的引入

“情境”作为语义学术语的使用，我们较为熟悉的是出现在“情境语义学”中。情境语义学由 Barwise 和 Perry 在 20 世纪 80 年代创立，以其出版的著作《情境与态度》（*Situations and Attitudes*）（Barwise & Perry 1983）为标志。其创立动因是看到可能世界语义学在处理自然语言语义时的不足，试图提出一种可以更好地处理自然语言的语义，尤其是跟认知和态度相关的语义的手段。情境语义学是一套高度形式化的严密的系统，具体可以参看 Barwise & Perry（1983）。其跟可能世界语义学在对句子的外延和内涵的认识上的主要区别在于，可能世界语义学认为句子的外延是真值，内涵是从可能世界到真值的函项。情境语义学则认为句子的外延是情境，内涵是有关情境之间的关系。[1]我们这里仅介绍语言学论文中对情境的讨论。

前面提到的 von Fintel（1994），明确地说了量化副词的量化对象是情境。von Fintel（1994）提到其所采用的是 Kratzer（1989）及系列文章中的情境语义学。Kratzer 的情境语义学与 Barwise & Perry 创立的情景语义学是一脉相承的，不过在重要的细节上有不同。我们下面就通过 Kratzer（1989）来看情境的主要内容。[2]

Kratzer（1989）在讨论命题的叠并关系[3]时，详细地介绍了其所要采用的情境语义学。Kratzer 的“叠并”，指的是当一个可能世界中的所有使得 A 命题为真的可能的情境也使得 B 命题为真，那么 A 就具有叠并 B 的关系。如果存在某一个可能的情境使得 A 命题为真，却不能使 B 命题为真时，A 就不具有叠并 B 的关系。Kratzer 文中举了一个画画的例子来说明。这个例子是，Paula 在 1905 年的一个晚上画了一幅苹果和香蕉的静物写生。Kratzer 指出这里有三个事实，或者说三个命题：A. Paula 画了静物写生、B. Paula 画了苹果、C. Paula 画了香蕉。其中命题 A 叠并命题 B，命题 A 也叠并命题 C，但反之不然。也就是所有使得 A 为真的情境，同时也能使 B 和 C 为真，但使 B 或 C 为真的某个或某些情境，却不能使 A 为真。Kratzer 认为，要描述命题之间的这种叠并关系，光是采用可能世界语义学的“命题是可能世界的集合”的观点，是无法做到的。就我们

1 关于情境语义学的创立者最初是如何在研究自然语言模型论时，看到可能世界语义学（主要是蒙太古语法）的不足，提出引入情境，试图建立一种可以充分处理自然语言丰富语义的语义学理论，其后又是如何发展，以及同样碰到难以完美地处理复杂而灵活的自然语言的问题，可参看邹崇理（1996），贾国恒（2008，2011）等。

2 Kratzer（1989：612）提到，她的观点跟情境语义学前贤们的观点在细节上有不同。

3 Kratzer（1989）文章的题目里直接用的是 the lumps of thought，而文中讨论叠并关系时，说的就是命题之间的叠并关系。

所处的世界而言，A 和 B 都是为真的。但是它们还有着更为密切的关系，它们不是有区别的不同的事实。即现实世界的某一个方面使得 Paula 画了静物写生为真，而完全同样的方面也使得 Paula 画了苹果为真。因此，要描述这种叠并关系，必须深入到可能世界的“方面”或者“部分”。而世界的“方面”或者“部分”，就是“情境”。因此，如果将命题看作是情境的集合，而非可能世界的集合，就能很好地描述这种叠并关系。而对于“情境”，Kratzer 在文中有具体的解释。情境就是事态（states of affairs）。事态是一个具体事物具有某种性质，或者两个或更多的具体事物具有某种关系。世界是由事态所构成的。情境是世界的方面或部分，因而情境也就是由事态构成的。[1]

Kratzer（1989：614-615）列出了情境语义学的基本组成成分。包括一个可能情境的集合 *S*，一个被剥离了性质的具体事物（即文中所说的 thin particulars）的集合 *A*，偏序关系 ≤，情境的幂集 P（S），以及可能世界的集合 W。命题是情境集合（sets of situations），情境被看作是可能世界的一部分。对每一个情境，都有一个跟其有整体—部分关系的最大的元素，这个最大的元素就是可能世界。而其中所讨论的具有某种性质或处在某种关系中的“具体事物”，都是剥离了性质的 thin particulars。von Fintel（1994）全盘采用了 Kratzer 的情境语义学，其列出的量化语义学的本体论（P13），基本上跟 Kratzer（1989）的是一样的。

从上面介绍的 Kratzer（1989）从描述命题之间的叠并关系而提出情境语义学，我们看到，情境语义学确实是由于看到了可能世界语义学的不

1 Kratzer（1989）提到，其对“事态”的使用，是采用了 Armstrong（1978）的方案。Armstrong（1978）认为，现实世界是由事态构成的。而事态是一个具体事物具有某种性质，或者两个或更多的具体事物具有某种关系。Armstrong（1978）区分具体事物的“厚”（thick）和“薄”（thin）。当具体事物具有其所有的性质时，它就是厚的；当具体事物被剥离了所有的性质时，它就是薄的。Armstrong（1978）提到，其“事态”跟维特根斯坦的“事实”（facts）相似。维特根斯坦在其《逻辑哲学论》（*Tractatus Logico-Philosophicus*）中说世界是由事实而不是由事物构成。Armstrong（1978）将“事实”换成了“事态”，认为世界是由事态而不是由具体事物构成的。

足而发展出来的。[1] 而如果要看事件与情境的关系，撇开情境语义学产生背景及其具体的形式系统，仅从事件和情境的所指上看，二者大致等同。因为情境指的是具体事物具有某种性质或事件之间存在某种关系，而性质或关系是由谓词来表达的。事件也是指谓词带上论元表达事物具有某种性质或与其他事物有某种关系。因此，如果不是特别强调理论背景，事件和情境大致是可以互换的。de Swart（1993）在分析量化副词的量化对象时，就提出量化副词量化的对象是事件或情境。这个事件或情境是跟个体或对象平行的。可见在量化对象里，事件或情境可以看作一类，与个体或对象并立存在。

5.1.2.3 可能世界和程度

5.1.2.3.1 可能世界

上文在介绍情境语义学时，提到了可能世界语义学。可能世界语义学将“可能世界”引入命题的真值条件中，认为命题为真或为假是相对于特定的可能世界而言的。一个命题可以在某个可能世界中为真，在另一个可能世界中不为真。因此在考虑命题的真值的时候，必须要看是处在哪个可能世界中。这也就是在可能世界语义学中，命题被看作是从可能世界到真值的函项，或者说，命题是可能世界的集合。

将可能世界引入语义学后，可能世界成了命题函项述谓的对象。因此量化对象中也就增加了“可能世界”这一对象。当考虑“必然”和“可能”时，针对的是命题在其中为真的可能世界的范围：当命题在与某一可能世界有关的所有可能世界中都为真时，该命题在这个可能世界中是必然的；当命题在与某一可能世界有关的有些可能世界中都为真时，该命题在这个可能世界中是可能的。因而就涉及了对可能世界的量化：“必然”是对所

1 从 Kratzer（1989）的论述可以看到，说句子是情境的集合，和说句子是可能世界的集合一样，是涉及了句子的内涵语义的。

有相关的可能世界的全称量化，“可能”是对相关可能世界的存在量化。[1]

5.1.2.3.2 程度

程度（degree）是在程度语义学中引入，以研究等级形容词（gradable adjectives）的语义的。等级形容词的语义解读具有语境可变性，即在不同语境中，使得某个等级形容词描述的状况为真的程度值可能不同，或者说判断某个等级形容词描述的状况是否为真的标准不一样。要想很好地刻画这种随语境而变化的等级形容词的语义，需要引入对测量的表征。这种对测量的表征就是“程度”。跟个体或事件相比，程度不是独立的存在物（即程度都是依附于事物而存在的），而是抽象的物体。相关的程度的偏序集合构成量级。程度和量级的引入，丰富了本体论的内容。将程度引入本体论后，等级形容词的论元结构中除了客体论元外，还带有一个程度论元（degree argument）。在程度语义学的相关研究中，也就出现了对程度的量化。比如 Kennedy（1997：242）提到，Heim（1985）将比较结构分析成无定程度描述（indefinite degree descriptions），由存在算子约束程度变量 d，然后对这个程度变量可能的值进行限制。[2,3] 根据 Heim 的这种分析，像 *x is more* ϕ *than* d_c 这样的比较结构，其逻辑表达式就可以是 $\exists d\,[d > d_c]\,[\phi(x, d)]$。其中 d 是一个无定的程度，受存在约束，通过 $d > d_c$ 和 $\phi(x, d)$ 两个条件对其值进行限定。d_c 是句中 *than* 后面那个成分给出的，是个常量。又如，Kennedy（2001：54）在给出“多于 / 高于”“少于 / 低于”和“跟……一样”的真值条件时，是由全称算子引出两个

---

1 关于可能世界语义学，有很多介绍的文献。我们这里不介绍这种语义学的来龙去脉。语言学文献中也会涉及可能世界语义学，比如 Montague（1973），也就是前文中提到的蒙太古语法的主要代表文献，Heim & Kratzer（1998）的第 12 章里都涉及了可能世界 / 内涵语义学。

2 Heim（1985）是 Heim, I. 1985. Notes on comparatives and related matters. Ms., University of Texas, Austin。我们没有找到这篇论文，因此这里只能间接使用 Kennedy（1997）对这篇论文的提及。

3 Kennedy（1997：255，fn.5）提到，虽然很多对比较结构的极差分析是由对程度的存在量化来表述的，但也有一些是将比较结构分析成全称量化结构，或者分析成广义量词。具体参见 Kennedy（1997：255，fn.5）提到的论文。

程度 d_1 和 d_2，比较这两个程度之间的大小关系。其形式定义就表达为："对于程度集合里的任意两个程度 d_1 和 d_2，……"

综上，事件、时间、场景或情境大致可以理解为是学者们用了不同的术语名词来指称个体的动作行为、性质或关系等。它们之间的区别主要不在本体论上，而在对同类事物的不同认识及术语的选取上。在我们的现实世界中，个体与事件是两类差异性很明显的事物。在语言形式上，个体由名词性成分表达，事件主要由动词性成分，或者更为准确地说，由动词性成分带上名词性成分表达，个体与事件的对立较为清晰地反映在了语言形式上。因此，充分关注个体与事件在语言中的表达，以及二者性质上的对立而引起的不同的语言现象，至关重要。在量化的研究中，我们也需要充分观察事件量化的具体表现形式及相关的语义机制，以更好地把握自然语言量化的全貌。

由于"可能世界"和"程度"是两个抽象的对象，通过上述的介绍，我们知道可能世界语义学遭到了主张情境语义学的学者们的质疑，而程度也只专用于等级形容词的语义描述，因此二者本体的地位相对于个体和事件而言，是没有那么确定的。陈波（1990：66-68）就讨论了"可能世界的本体地位"问题。提到关于可能世界的本体地位，有三种不同的立场。一种认为可能世界是一种现实存在的实体，另一种认为可能世界并不是与现实世界并列的真实存在，真实存在的世界只有现实世界一个，可能世界只是现实世界及其各种可能状况。还有一种认为可能世界并不是与现实世界一样真实存在的实体，而只是处理命题真假及真假关系的一种技术手段。[1] 这三种观点中，第三种完全否定了可能世界的存在性质。而关于程度的本体地位，暂时没有看到相关的文章讨论。我们认为，程度论元的引入确实方便了我们理解和刻画程度相关的句子的语义，特别是程度比较句的语义。但是就程度依附于属性或者某种语义维度来说，我们感觉程度不

1　这种三种观点分别被陈波称为激进实在论观点、温和实在论观点和非实在论观点（又称为语言学观点）。

像是等级形容词的论元，倒是反过来，把程度看作是一种等级形容词所表示的性状或者说语义维度的性质，也就是把性状或者说语义维度看作是程度的论元，认为是程度这个函数把语义维度映射到一定的值（即量级上的刻度值），看上去更合理一些。关于程度的本体地位还需要更多的理据。

5.2 量化形式与手段

量化形式与手段，指的是语言中用来表达量化语义的特定的形态句法手段。主要是词汇性的手段，有的语言中有表达量化的特定的形态标记，有的语言中疑问词量化时涉及特定的句法操作。也包括不带任何显性手段的量化。后者文献中称为隐形量化。隐形量化主要是隐形全称量化[1]。

5.2.1 量化形式与手段的几种类型

Partee（1991，1995）提到了 DQ 和 AQ 的区分。其中的 D 代表限定量词 Determiner，A 则代表 Adverbs（副词）、Auxiliaries（助动词）、Affixes（附缀）以及 Argument-structure Adjusters（论元结构调节成分）。Partee 文中提到，Carlson（1983）认为后一组的成分是以一种更为结构化的方式引入量化的，同时也提到这些成分内部可能不具有均质性，需要进一步作小类划分（P544）。而文献中讨论得较多的量化副词，adverbs of quantification，就是属于 AQ 中的一种。有的语言，比如英语、汉语等，没有附缀或论元调节成分等表达量化的手段，那么当说 AQ 时，一般就是指量化副词，或者修饰语量化，即 adverbial quantification。

Partee 之所以区分 DQ 和 AQ 两类，是因为看到了两大类量词的不同。Partee（1991）提到 DQ 主要是量化个体，AQ 主要是量化事例、事

1 见 Heim（1982：85-86，121-129）对隐形（invisible）全称量化的讨论，后文 5.2.3 节讨论“隐性量化”时会具体介绍。

件或情境[1]，认为这种区分是有跨语言语义相关性的。

限定量词、副词、助动词的例子分别如下：[2]

(4) a. Every man arrived.

b. If a restaurant is good, it is always expensive.

c. If a cat has been exposed to 2.4–D, it must be taken to a vet immediately.

其中 every 是限定量词（DQ），量化的是个体。always 是副词，量化的是事件，must 是助动词，量化的是世界，二者都属于 AQ。

以附缀形式表达量化的例子如：

(5)（美国手语）

[*woman*]$_{TOP}$ *book* 1SG-*give*-exhaustive

I gave each woman a book.

(6) 波兰语（斯拉夫语：波兰）

[To support the whaling industry in Greenland, in the late 18th century,...]

Dania po-*budowa-ła* *stacje* *wielorybnicze*

Denmark [dist-build^{IPF}]^{PFV}-PST.SG stations.ACC whaling.PL.ACC

co *kilka-set* *kilometrów* *wzdłuż* *zachodniego* *wybrzeża*

dist few-hundred km.GEN along west.SG.GEN coast.GEN

Grenlandii

Greenland.GEN

Denmark established whaling stations every few hundred kilometers all along the west coast of Greenland.

---

1 Partee（1991）用的术语是"cases, events or situations"。

2 （4）中几个例子引自 Bittner & Trondhjem（2008：7）的例（1），横线为本书所加。我们省掉了其中采用隐性量化形式的（1d）If a man owns a donkey, he beats it with a stick。下面的（5）和（6）也引自 Bittner & Trondhjem（2008：7）。

（5）是美国手语的例子，在动词 give 的后面带有一个后缀，表示量化。（6）是波兰语的例子，在动词 budowa（“build”）之前带有一个前缀 po-，表示量化。在 Partee 的分类中，认为两者量化的都是事件，其中后者是一个论元结构调节成分。

DQ 和 AQ 的区分虽然既对应了语类及句法位置的差异，也被认为对应了量化对象上的不同，但是学者们进一步的研究表明，其实不同语类的量词在量化对象上可以有共同性。最为著名的就是 Lewis（1975）提出的量化副词的无选择性约束（unselected binding）。即量化副词在句中约束的对象也可以是个体变量，或者是对多个同时出现的不同类变量一起进行约束。具体例子如下：

(7) a. A quadratic equation usually has two different solutions.

b. Usually, x is a quadratic equation, x has two different solutions.

(8) a. A man who owns a donkey always beats it now and then.

b. Always, if x is a man, if y is a donkey, and if x owns y at t, x beats y now and then

在（7）中，变量 x 代表的是二次方程，是事物性的。而（8）中出现了 x、y 和 t 三个变量。其中 x 和 y 是参与者变量，是事物性的，而 t 是时间变量。always 同时既约束事物变量，又约束时间变量。表明量化副词并不一定只能约束事件变量。Lewis（1975）把它命名为无选择性约束成分[1]。

不仅 Lewis（1975）的分析显示了 DQ 和 AQ 之间量化功能的界限不明显，Bittner & Trondhjem（2008）也认为 AQ 内部有些成员是量化个体而不是事件的。比如上面的（5）和（6），Bittner & Trondhjem（2008）

1 在第六章 6.5.1 节里还会详细介绍。

就认为是量化个体的，其中（5）中的后缀量化的是 women，（6）中的前缀 po- 量化的是处所（places）。基于这两个例子，以及另一个带有表达复数行为的重叠附缀的例子，Bittner & Trondhjem（2008）认为 Partee 区分 DQ 和 AQ 两大类的做法是不可取的，AQ 并没有被发现任何跨语言的与 DQ 相对的总体特点。因此仍然选择各归各类的做法，前面带上 Q 表量化，分别将这些量词称作 Q-determiner、Q-adjective、Q-adverb、Q-auxiliary 和 Q-verbal affix 等。

以上 Lewis（1975）的研究，以及 Bittner & Trondhjem（2008）对 Partee 区分 DQ 和 AQ 两大类做法的质疑，显示了 DQ 和 AQ 之间量化功能的界限并不明显。Partee（1995）也表示之前看待句法语类与量化之间关系的方式被极大地改变了。

在以往的研究中，DQ 被认为是具有跨语言普遍性的。Barwise & Cooper（1981）就提到所有的语言都有量化 NP[1]。但对 DQ 的普遍性的认定后来因为一些跨语言的调查而被动摇了。已有的调查表明，有些语言可能是没有量化 NP 的。比如北美西北海岸的 Wakash 语、Salish 语，以及一些澳大利亚语言，如 Warlpiri 语、Gun-djeymi 语等。其中对于 Straits Salish 语，已有学者提供了非常令人信服的证据，证明其没有实质性的量化 NP[2, 3]。因此 Partee（1995）也认为，说所有的语言都有量化 NP 的这个说法太强了。

不过，就算不是所有的语言都有 DQ，DQ 应该也是各类量化手段中普遍性程度非常高的。除了 DQ 外，量化副词（Q-adverb）也是较为普

1　Barwise & Cooper（1981）的原文为 “every natural language has syntactic constituents (called ‘noun-phrases’) whose semantic function is to express generalized quantifiers over the domain of discourse”（P177）。我们把它翻译为“每一种自然语言中都有这样的句法成分（叫做“名词短语”），这种句法成分是表达针对话域的广义量词这种语义功能的”。

2　其他几种语言记录了大量的表达量化的非 NP 手段，同时没有记录到量化 NP。但是相关的调查者还没有断言这些语言就是缺乏实质性的量化 NP 的。见 Partee（1995：546）的说明。

3　除了这几种语言之外，最近有学者认为汉语是没有限定性全称量化词的一种语言。这种观点主要见于张蕾、潘海华（2019），张蕾（2022）。见后文 5.3 节对张蕾（2022）的介绍。

遍的。如前面所提到的，我们所熟悉的英语和汉语等，没有表达量化的附缀成分，其量化副词是除 DQ 之外的主要的表达量化的手段。因此在对这些语言的研究中，当我们说 AQ 时，就只是指量化副词，或者指副词性量化。

5.2.2 特殊的量化手段

除了上文提到的典型的限定量词和量化副词外，文献中也把一些我们一般认为是属于其他语义范畴的成分分析成量化词。比如表达未完整体（imperfective）的成分就被分析成是全称量化词（见 Bonomi 1997; Cipria & Roberts 2000）。也有学者将汉语中的句末“了”分析成对事件作存在量化（见黄瓒辉 2016a）。

5.2.3 隐性量化

自然语言量化的表达，多是带有显性量化成分的形式。可称为显性量化（overt quantification）。但也有不带显性量化成分的量化，即隐性量化（covert quantification）。在下面的条件句（conditionals）中，可以认为带有一个隐性的量化算子。

(9) If a man owns a donkey, he beats it.

这个句子可以解读为如果一个人有一头驴子，他就打它。这种解读里包含了一种必然性语义。Heim（1982：86）假定其带有一个在形态上未实现的必然算子，而这个必然算子的作用就是对可能性做全称量化。即这个句子可以理解为 a man owns a donkey 是 he beats it 的充分条件，只要有这个条件，那么结果必然出现。

此外，光杆复数成分（bare plurals）作主语的句子在没有显性量化成分的时候，也可以获得量化解读。如下（Carlson 1977：2-3）：

(10) a. Dogs were sitting on my lawn.

b. Dogs bark.

Carlson 观察到（10a）中 dogs 可以获得存在解读，（10b）中 dogs 可以获得类指解读（generic reading）。获得存在解读和类指解读的条件分别是跟阶段性谓词（stage-level predicates）共现和跟个体性谓词（individual-level predicates）共现。个体性谓词是描述个体的性质（properties of individuals）的。阶段性谓词是描述临时的场景（temporary situations）的。光杆复数成分在 Carlson（1977）里被分析为类的专名。当个体性谓词与光杆复数成分连用时，描述的是作为类的实现的个体对象的整体性质。而阶段性谓词与光杆复数成分连用时，描述的是个体的时空切面，即个体的一个阶段。个体性谓词带来光杆复数成分的类指解读，而阶段性谓词带来光杆复数成分的存在解读。

谓词逻辑一般提到量化的类型包括全称量化和存在量化。全称和存在是两种典型的量化形式。一个表示所有，一个表示存在。这里谈到的类指量化，generic quantification，是一种类似于全称量化又不同于全称量化的量化形式。类指表示事物的类。类指量化句表示事物的性质或者特征。跟全称量化可以与场景相连不同，类指量化不跟场景相关。其中出现的谓词都是描述性质或特征的，是个体性谓词。类是具有概括性的，包含了属于这个类的所有的个体。但由于类的特征是类中绝大部分成员的长期稳定的表现，某些个体的变异，或者个体状况的临时改变，不影响类的特征。因此对类指句的解读不像带有显性全称量化算子的句子那样“强”，即不需要类中所包括的所有个体无一例外地具有某种性质。上面的（10b）可以解读为 most dogs bark 或者 dogs in general bark。而如果解读为穷尽性的 all dogs hate cats，那么限制就太强了。对于 all dogs bark 来说，必须所有的狗无一例外地吠叫，句子才能为真。但对于 most dogs bark 或 dogs in general bark 来说，即使发现了不叫的狗，句子也是为真的。也就是说，它们是允许出现例外的。

在隐性量化句中，类指句占了很大的比重。由于类指句的语义没有全称量化句那么“强”，因而类指句总是排斥显性的量化算子的。一旦出现全称量化算子，就不再是类指了。例如将（10b）中的dogs前加上全称量词all，变成（11）：

（11）All dogs bark.

此时句子就不再是描述狗的某种特征，而是在说所有的狗都吠叫。这个“所有”针对的范围，在没有特别限制的情况下就是针对世界中所有的狗。此时是不容许例外出现的。一旦知道有某条狗不叫，就不能说all了。

在汉语文献的讨论中，张谊生（2003）也注意到了这个现象。张在讨论汉语中“都”的选择限制时，提到有一些主语为复数成分的句子是不能出现“都”的。如下（引自张谊生2003：396）：

（12）a. * 科学家都是祖国的宝贵财富。
　　b. * 儿童都是祖国的花朵。
　　c. * 人都贵有自知之明。

张文中区分“泛称类指”和“统称类指”。认为以上不能加“都”是因为主语光杆名词表示的是“泛称性的概念”。而下面的光杆名词表示“统称性的实体”，因而可以用“都”（引自张谊生2003：396）。

（13）a. 科学家都是人，他们也都有犯错误的时候。
　　b. 儿童都是未成年人，他们自我控制能力都不强。

张文这里所说的“泛称类指”和“统称类指”，实际上就是类指量化和一般全称量化在是否允许例外上的区别。(12) 中各句说的都是事物的性质，其中 (12a) 和 (12b) 是比喻的说法，(12c) 虽然不是比喻，但也是对人的特点的一种主观性较强的看法。因此，这些性质的描述都不是事物本身的客观的物性，是允许例外出现的。所以 (12) 中各句不能出现“都”，一旦用上“都”，就把主观性的描述当成了事物毫无例外的特征来说了。而 (13) 中的科学家是人和儿童是未成年人，是属于其定义性的特点，是不会有例外出现的。因此用上“都”跟事物本身的特征并不矛盾。不过由于这里是把定义性的特征拿出来说，所以带有强调的意味，用来说明和解释原因。

5.2.4 无定 NP 的语义解读

5.2.4.1 无定 NP 的有指解和无指解

以往文献中关于无定 NP 的语义性质，有各种分析。首先，在指称性质上，有的认为有定 NP 是有指的 (referential)，而无定 NP 则跟其他的量化 NP 一样是无指的 (non-referential)。有的则认为无定 NP 有的情况下是有指的，有的情况下是无指的。而在量化性质上，有的把无定 NP 分析成存在量化成分，有的则把无定 NP 分析成一个变量，其所受到的量化力则来自无定成分自身之外的显性或隐性的算子。

在语义分析中，有定成分和无定成分是做不同的分析的。有定成分是指称性表达 (referring expressions)，而无定成分是无指性表达 (non-referring expressions)，跟量化成分一样。例如下面的例子中，a dog 被认为和 every dog 一样，不指称任何一个特定的狗。

(14) a. A dog came in.

b. Every dog came in.

但是，将无定NP分析成无指成分，会碰到无定成分的句际照应问题。即无定成分跟有定成分一样，可以成为后续句中代词的先行词，但是典型的量化成分不行。

(15) a. The dog came in. It lay down under the table.

b. A dog came in. It lay down under the table.

c. *Every dog_i came in. It_i lay down under the table.

实际上，无定NP的语义解读有两种可能，可能是有指解读，也可能是量化解读。Fodor & Sag（1982）就区分了无定NP的这两种解读。例如在下面的句子中，a student就是这样的情况（Fodor & Sag 1982：355）。

(16) A student in the syntax class cheated on the final exam.

（句法课上的一个学生在期末考试中作弊了。）

这个句子是有歧义的。其中的a student可以只是表示在句法课的期末考试中作弊学生的集合不是空集，但也可以表示某一个特定的学生作弊了。前者是量化解读，后者是指称解读[1]。Fodor & Sag（1982）指出，无定成分的量化解读一般都被大家承认，但其指称解读的语义地位受到怀疑。因为指称用法可能被认为是量化解读的一种语用用法。而无定NP的指称用法和其量化用法在真值条件上是没有区别的，即当作宽域解

1 Fodor & Sag（1982：358-363）第2.1节分类列举了很多无定成分优先解读为指称某个特定的对象的例子，概括了几类具体的情况。主要包括：1）无定成分摹状程度越丰富，越容易作指称的解读；2）话题化或左向出位的无定成分强烈倾向于指称解读；3）口头的非指示用的this支持指称解读；4）there-insertion构式支持量化的解读；5）无定成分带有关系小句时，关系小句增加其摹状内容，因而支持指称的解读；6）certain和particular支持无定成分的指称的解读；7）数词比不定冠词更支持量化的解读。具体例子参见该文。

读的无定NP表示某个集合不是空集时，就是存在某个或某些特定的成员，而当无定NP作指称解读表示某个特定的对象时，就是指某个集合不是空集。但是Fodor & Sag（1982）认为，把有指解读化为量化解读的经济的做法，是无法描写无定成分出现在复杂句子中的表现的，因而坚持认为无定NP的有指解读和其量化解读是一种语义歧义（semantic ambiguity）。

Evans（1980）则是用一个不同的方案解决类似（15b）句中的代词与无定成分的照应问题。Evans假定此时的代词是一种不同的代词，他称作E-type代词。这种代词以量化NP为先行成分，但却不受它们约束。其语义是由无定成分出现的句子所决定的一个有定描述。例如（15b）中的it就是指“进来的狗”。不过这种处理遭到Heim（1982）的反对。Heim认为有定描述的“唯一性”（uniqueness）前提条件在类似（15b）这样的句子中是不能保证的。她举了下面的例子，说明其中的无定NP的指称并不是唯一的。

(17) Everybody who bought a sage plant bought eight others along with it.
（每一个买了一根鼠尾草的人还一起买了其他八根。）

这个句子在商店不单独卖鼠尾草，而只是9支一套出售的语境中是合适的。其中的it就不是指唯一的鼠尾草。

5.2.4.2 无定NP作为一阶变量

Heim（1982）将有定NP和无定NP统一分析成变项。她将这些NP翻译成一个自由变量（free variable）和一个描述性的谓词（descriptive predicate）。在Heim的处理中，有定NP和无定NP都与量化词无关（quantifier-free）。也就是它们是没有自己的量化力（quantificational force）的。而有定与无定之间的对立则通过恰当地假设与这些NP关联的合适条件（felicity conditions）[1] 来解释。有定成分对听者来说须是熟悉的，因而是作为“旧的”变量出现的，而无定成分引入“新的”变量。其中“熟悉”是指在文中有一个先行成分，或者是直指语境中凸显的对象。前者称为回指有定成分（anaphoric definites），后者称为直指有定成分（deictic definites）。

Heim（1982）将无定成分分析成变量的做法有利于句际照应和驴子句的分析。句际照应如（18a）所示［（15b）的重复］，驴子句如（18b）所示。

(18) a. A dog came in. It lay down under the table.
（一条狗进来了。它躺在了桌子底下。）
b. A man who owns a donkey always beats it.
（一个有一头驴子的人总是打那头驴子。）

在（18a）中，it 跟前一句中的 a dog 同指。在（18b）中，it 跟关系小句中的 a donkey 同指。这两句中的不定 NP 是在它的辖域之外的代词 it 的先行词。把不定成分分析成变量，是允许这种同指的。因为代词可以选择不定 NP 在话语中的指称对象作为其指称对象。

Heim（1982）认为，无定成分没有自身的量化力。如果这个无定成分处在一个量词的辖域内，那么这个量词就会约束这个无定成分引入的变量，无定成分因此获得这个量词的同样的量化力。如果没有量词约束这个无定成分引入的变量，那么这个无定成分就通过存在封闭的这种话语机制获得存在解读。因此（18a）中的“A dog came in.”和（18b）的解读分别为（19a）和（19b）。

1　见 Heim（1982：153-163）对“合适条件”的讨论。

(19) a. $\exists x\,[dog(x)\ \&\ came\text{-}in(x)]$

b. $\forall x \forall y\,[[man(x)\ \&\ donkey(y)\ \&\ own(x, y) \rightarrow beat(x, y)]$

其中“A dog came in.”中没有出现（显性或隐性的）量化词，因此无定成分通过存在封闭获得存在解读。而（18b）中无定成分引入的变量受到全称量词的约束，因而获得全称量化的解读。Heim（1982）认为无定成分的存在解读只存在于无定成分出现在非包孕句中的情况下，如（18a）所示。或者出现在量化三分结构的核心范围（nuclear scope）中，如（20a）所示。

(20) a. Every man saw a cat.

b. $\forall x\,[man(x) \rightarrow \exists y\,[cat(y)\ \&\ see\,(x, y)]]$

但是将处在 Q-adverb 辖域内的无定成分处理为受其约束、获得跟其相同的量化力的处理会碰到难以解决的问题，就是“比例问题”[1]。比例问题如下面的例子所示（de Swart 1993：42）。

(21) Most women who own a dog are happy.

如果按照 Heim（1982）的假定，无定成分 a dog 也受到非全称性量化词 most 的约束而获得相同的量化力，那么 most 量化的就是 woman-dog 对子。这种情况下，只要是 woman-dog 对子超多半数，（21）就为真。比如，如果有一个女人有 50 只狗，她很快乐，而另外有 9 个女人，每个人有一只狗，而这 9 个女人不快乐，在这种情况下，上面假定的 most 量化的就是 woman-dog 对子的分析就会预测其为真。而直

1 关于比例问题的介绍见 de Swart（1993：42-46）。

觉上这种情况下的这个句子是为假的。为此，Kadmon（1987）提出了非对称量化（asymmetric quantification）和对称量化（symmetric quantification）以区分量化副词有时量化一个变量 x、有时量化一对变量（x, y）的情况。在带有关系小句的句子中，量化副词是非对称量化，其中的无定成分需受到存在量化，处在量化副词的辖域中。而条件句中的量化副词则可以是非对称量化，也可以是对称量化，即其中的量化副词可以只量化其紧随的变量，也同时量化其紧随的变量和无定成分引入的变量（见 Kadmon 1987：312-335 的论述）。二者的区别如（22a）[（21）的重复] 和（22b）的对立。

(22) a. Most women who own a dog are happy.

b. When a woman owns a dog she is usually happy.

而认为非对称量化中无定成分受存在量化的处理方法又会带来照应受阻（anaphora-blocking）的问题，即如果这个无定成分受存在约束的话，其他跟它有照应关系的代词就不能以它为先行成分了。也就是遇到跟前面提到的认为无定成分是量化成分时无法与代词之间发生照应关系一样的问题。Kadmon（1987）是在话语表征理论框架下讨论这个问题的。她提出的方案是在量化的话语表征结构的结果部分盒子里将条件部分拷贝一份，这样代词就可以接触到这个先行成分了。

因此，对于条件句和驴子句中的无定成分，概括性的语义解读规则是无定成分可能被其中的量化副词约束，也可能是受到存在约束。

无定成分与量化副词共现并受其约束的能力不受谓词语义类型的影响。不论谓词是阶段性谓词还是个体性谓词，无定成分都能受量化副词约束。这跟专名形成对比。

(23) a. A cat always has green eyes.

b. *Minouche always has green eyes.

(24) a. A student is seldom ill.

b. Francoise is seldom ill.

当谓词为阶段性谓词时，无定成分和专名都能与量化副词共现，如（24）所示。而当谓词是个体性谓词时，无定成分能与量化副词共现，专名不能与量化副词共现。阶段性谓词引发的是时间量化（temporal quantification），个体性谓词引发的是非时间性量化（atemporal quantification）。非时间性量化跟事件无关，其中的量化对象为由无定成分引入的变量。例如（23a）大致相当于“All cats have green eyes.”，即其中的 always 相当于起全称限定量词的作用。时间性量化跟事件或情境有关，其中的量化对象为由谓词所引入的事件变量（event variable）。前文已介绍了 Davidson（1967）对事件论元的引入。阶段性谓词的论元结构中带有事件论元，跟个体性谓词不同。因而阶段性谓词能引入事件变量，该变量可以成为量化副词约束的对象。在仅有阶段性谓词引入事件变量时，句子作时间性解读，此时量化副词量化的是事件变量。当句中又有无定成分，又有阶段性谓词时，句子也是作时间性解读。但此时可有两种情况。一种是量化副词量化事件变量，无定成分引入的变量受存在闭包而得到存在解读。另一种是量化副词同时量化无定成分引入的个体变量和阶段性谓词引入的事件变量。如（24a）的第一种解读为存在一个学生，这个学生很少生病。第二种解读为生病这种情况对于很少数的学生很少发生。

5.2.4.3 无定 NP 作为函数变量

除了上述将无定成分分析为一阶变量，或者对一阶变量的存在量化外，也有文献将无定成分分析为函数变量。主要是将无定成分分析为选择函数（choice function）或者斯柯林选择函数（skolemized choice function）。选择函数解读是 Reinhart（1992，1997）在看到条件句里无定成分的存在量化解读会导致实质蕴涵所允许的怪论后提出来的[1]。选择函数是 <<e, t>, e> 型函数，即应用于 NP，得到一个实体，也就是从 NP 所表示的集合中选出一个对象。在无定成分的选择函数解读下，原来的直接对个体变量的存在量化 [如（25a）] 变为对选择函数变量的存在量化 [如（25b），其中的 CF 表示选择函数集合]。表达式引自 Solomon（2022：3）：

（25）a. $\exists_i$ ...[some NP]$_i$ ...

b. $(\exists f \in \mathrm{CF})...f(\mathrm{NP})...$

Reinhart（1992，1997）这样做的意图，就是当规定了存在的个体必须从无定成分中的 NP 所指的集合中选出时，就能避免实质蕴涵中前件为毫不相干的事物时后件也为真的怪象。

Chierchia（2001）在 Reinhart 选择函数的基础上提出了无定成分的斯柯林函数解读。主要是针对无定成分处在分配算子的辖域中时，无定成分引入的变量需与受分配算子或全称算子约束的变量之间建立配对的关系。比如下面的句子中，每个学生都有一个自己的薄弱领域，如果在这个领域里取得了进步，那么考试就不会不及格。因此这里的 a certain area 对于每个学生是特定的，不能简单地解读为对于每一个学生（x），存在一个领域（y），而需要建立 x 与 y 之间的联系。（26）引自 Solomon（2022：4）：

1　实质蕴涵（material implication）是对“如果，则”的逻辑抽象。实质蕴涵怪论是指内容上不相干的两个句子，如果用实质蕴涵联结起来，只要不是前件真而后件假，就能形成一个为真的条件句。如“如果 2+2=4，则草是绿的”“如果 2+2=5，则草是绿的”“如果 2+2=5，则草不是绿的”都是为真的条件句。而按照人们对“如果，则”的通常用法，前后件之间要有“必然导致”的关系。参看袁正校、何向东（1997：94-95）。

(26) If every student makes progress in a certain area, nobody will flunk the exam.

这种建立 y 对于 x 的依存关系，是斯柯林函数可以做到的。而进一步，为了避免上述 Reinhart 观察到的实质蕴涵的怪象，Chierchia（2001）就提出了斯柯林选择函数的解读方案。将这种建立配对关系的函数确定为选择函数。也就是 f 应用到 x，不是直接得到 y，而是得到一个选择函数，该选择函数再对另一个 NP 进行选择。如下[1]：

(27) $(\exists\ f \in SCF_1)$ if $(\forall x : \text{student } x)$ x makes progress in f(x)(area), nobody will flunk

无定成分的选择函数解读跟它的个体变量的解读实际上是对应的，只是多了从 NP 所指集合中选出一个对象的这一步。也就是最终还是要得到一个个体对象。关于斯柯林选择函数解读的不足，文献中观察到无定成分的斯克林函数解读跟其所共现的量化词的类型有关。比如下面的例子中，如果认为其中无定成分也作斯柯林函数解读，那就是一种过度解读。（28）引自 Solomon（2022：4）：

(28) a. No girl read some book.

b. $(\exists f \in SCF_1)\ (\neg\exists x : \text{girl } x)\ x \text{ read } f(x)(\text{book})$

这里的过度解读是指在斯柯林函数方案下，（28a）会被赋予（28b）的解读，而这个解读的意思是 “No girl read every book.”。这个解读是（25a）所没有的。

1 该语义表达式为我们参考 Solomon（2022）1.4 节的分析所写的。其中的 SFCn 是选择函数集合，下标 n 表示带函数带 n 个个体论元。

对这样的问题，以往文献中尝试过不同的解决方案，有的提出将斯柯林函数限制为是“自然的”函数，即任意将女孩映射到她们没有读过的书的映射，不是自然的映射。有的提出只有能约束一个隐性变量的量化词，即像 every、each 等这样的量词，才能得到斯柯林函数的解读。这些方案都存在反例。Solomon（2022）则观察到无定成分的斯柯林函数解读必须是处在分配性算子的辖域中时才能获得。提出斯克林函数解读不是无定成分的一种解读的可能性，而是无定成分和分配性量化的语义互动的结果。具体参见该文的研究。

5.3 汉语中的量化形式与手段

通过上一节对量化形式与手段的介绍，我们已大致了解自然语言中量化形式与手段的概貌。概括起来，在显性形式手段上，自然语言倾向于区分 DQ 和 AQ。隐性量化则常见于条件句和类指句中的量化表达。在存在量化表达上，无定成分可以引入变量，由句中显性的存在量化算子或整个语句的存在封闭而表达存在量化。

具体到汉语中的量化形式与手段。汉语的特点决定了汉语中量化手段主要是词汇性手段。现有研究对汉语量化形式与手段和量化机制的考察发现，汉语全称量化词汇手段尤为丰富。张蕾（2022）列出的全称量化词多达 40 余个。按照 DQ 和 AQ 的区分，这些全称量化词也可以分为 D 类和 A 类两大类。不过张蕾认为汉语中 A 型全称量化词才是真正的全称量化词，而 D 型的全称量化词在本质上并非量化词，而是加合或最大化算子，仅对所关联的对象进行加合或最大化操作。这种观点代表学界的一种看法。更为普遍的认识则是汉语中全称量化词由 A 类单独表达，或者 D 类和 A 类配合表达，但不会特别明确提出 D 类就一定不是真正的全称量化词。而条件句和类指句也表达全称量化。不过汉语中类指句如果是在非对比情况下，句中动词难以光杆形式出现。而条件句在很多时候也是需要在结果句中出现情态性成分的[1]。例如：

(29) a. ?? 父亲如果出差，带好吃的回来

b. 父亲如果出差，会带好吃的回来。

(30) a. ?? 鸟飞。

b. 鸟飞，鸡不飞。

c. 鸟会飞。

（30a）显示了汉语和英语的不同。英语中的“Birds fly.”可以表示类指，无须说成“Birds can fly.”。

汉语中的存在量化也是通过无定成分来表达的。如“（有）一辆车开了过来”中，无定成分“一辆车”表达存在量化。“有”常常出现在无定成分前。此时相当于英语的 there be 句。跟英语不同的是，汉语中的数量名成分除了用于表达不定指的对象外，还能用来指称有定的对象。而英语中有指解的无定 NP 只能是不定指的。如下所示。

(31) 她在舷梯顶部的平台上站定，等宋美龄和宋蔼龄出来后，三个人并排一起，向欢迎的人群挥手致意。

其中“三个人”指前文中出现的宋氏三姐妹，因此是定指的。

汉语中置于句首的数量名成分的定指用法较为普遍。定指用法在语义解读上一般预设着所指的事物的存在性和唯一性。跟无定数量名短语的直接表达存在量化不同，定指数量名所预设的存在不是在断言中，因此我们

1 黄师哲（2022）讨论了复句的二元双标化。复句的两个小句总是都带有标记。跟“如果”搭配的一般是“就”，但“就”不出现，而只出现一些情态性成分，如“能”“会”等，句子也是能顺畅地表达的。

不把定指数量名，也包括其他的定指形式的名词短语算作直接的存在量化表达形式。前文提到在 Heim（1982）的分析中，定指成分也跟不定指成分一样引入变量。不同的是定指成分引入的变量不受存在算子的约束，而通过她文中提出的语境相关的合适条件而得到它的唯一性的解读。

除了以上所提到的词汇性的量化手段外，汉语中在全称量化上还有一种“量词重叠”[1]的方式。例如“子弟兵们个个都是好样的”“他家孩子天天不着家”。量词重叠式可以算是汉语中跟量化表达有关的比较特别的形式了。量词重叠式的跨方言普遍性已有相关研究进行了考察，如蒋协众（2018），蔡黎雯、林华勇（2022）。对汉藏语中量词重叠现象也有相关的考察，如何瑜群（2013）。我们这里不具体介绍。

1　这里的“量词”是汉语语法书中通用的术语，用来指分类词和度量衡量词。

第六章 广义量词理论及其对自然语言的刻画

广义量词理论（Generalized Quantifier Theory）是在一阶量词理论基础上的更为一般的量词理论，是一阶量词理论的推广和发展。如同其名字中 generalized 所显示的，广义量词理论扩大了量词的范围，使得相应的逻辑语言的刻画能力大大增强。本章首先介绍广义量词理论的缘起及广义量词理论的主要思想。然后重点介绍在广义量词理论下对量化副词的分析。

6.1 广义量词理论的产生缘起

广义量词理论最初是20世纪五六十年代由 Mostowski（1957）、Lindström（1966）等在数学领域引入，以解决经典量词理论在数学研究中局限的一些问题。[1] 在语言学界，广义量词理论由 Montague（1974）引入，后由 Barwise & Cooper（1981）做了深入系统的研究。在自然语言研究中引入广义量词理论，主要是由于一阶量化理论在刻画自然语言时存在两个方面的不足，Barwise & Cooper（1981）和后来坚持广义量词

1 关于经典量词理论“不能满足数学基础研究的需要”的问题，见张维真（1994：52）的简介。

理论研究的文献（如 de Swart 1993 等）中都提到了这两方面的不足。

首先，一阶逻辑表达式的句法语义与自然语言句子的句法语义是不平行或者说不匹配的[1]。这主要源于一阶逻辑表达式会对句法和语义上类似的句子做不同的刻画。

一阶谓词逻辑里有两个量词：全称量词 ∀ 和存在量词 ∃。它们分别实施全称量化和存在量化。例如：

(1) a. All students left.

b. Some students left.

(2) a. $\forall x[S(x) \rightarrow L(x)]$

b. $\exists x[S(x) \& L(x)]$

全称量化和存在量化的表达式不同。除了使用不同的量词符号，在对变量的描述部分中，最小述谓式（即上例中的 S(x) 和 L(x)）之间的连接方式也不同。全称量化中用条件符号连接两个述谓式，表明只要 x 具有甲性质，那么它就一定具有乙性质。存在量化中用并存符号“&”连接两个述谓式[2]，表明 x 是同时具有甲性质和乙性质的一个个体。

自然语言中的述谓句除了全称量化句和存在量化句外，另一种就是直接对专名的述谓。专名在一阶逻辑里是常量，因而这种述谓句里没有变量也没有量词的出现。例如下面（3a）语义刻画式为（3b）。

(3) a. Tom cried.

b. C(t)

1 Barwise & Cooper（1981：164）甚至用了 notorious mismatch 一词来说明一阶逻辑语言句法语义与自然语言之间的这种不匹配。

2 有的用“∧”这个合取符号。

对句法和语义上相似的句子做不同的刻画，造成了逻辑语言与自然语言句法语义上的不平行。从语义组构的角度看，这些语义刻画式也没有体现语义组构的思想，即复杂表达的意思是由其组成部分通过某种方式组构而成的。要消除这种不平行，最好是将量化 NP 和非量化 NP 做统一的分析。

其次，很多量词是无法用一阶量化逻辑里的全称量词和存在量词来刻画的。Barwise & Cooper（1981：160）就举了下面的例子来说明[1]。

(4) a. There are only a finite number of stars.

b. No one's heart will beat an infinite number of times.

(5) a. More than half of John's arrows hit the target.

b. More than half the people voted for Carter.

(6) a. Most of John's arrows hit the target.

b. Most people voted for Carter.

Barwise & Cooper（1981：160）提到，这些例子是从数学中来的。数学中的数量问题由对应的自然语言形式来表达，也就成了语言理解的问题。上列表示有穷和无穷的量化词，以及表示比例的限定词（proportional determiners），无法在一阶逻辑语言中得到定义。例如 Barwise & Cooper（1981：213-214）就以 more than half 为例进行了证明，证明其在一阶语言中是无法定义的。[2] 直觉上，这些量词都跟量的表达有关。比如比例限定词表达的是相关对象在一定范围内所占的比例。因而对量的特点的描述是这些量化词真值条件表达的主要内容。一阶逻辑里

1 横线为本书所加。

2 Barwise & Cooper（1981）证明了像 more than half 这样的量词，在同一个一阶模型里，其语义真值是不固定的。即可以构建不同的子模型，使得 more than half 句在一个子模型里是为真的，在另一个子模型里却是为假的。而真正在一阶语言里可以定义的量词，比如 every，在任何模型里其解读都是一致的。

的全称和存在都不是在描述量的特点，而是在描述个体的性质：全称量化以条件式叙述个体所具有的性质之间的充分条件关系，存在量化以并列式叙述具有某些性质的个体的存在。要使得量化逻辑语言能够很好地刻画这些直接表达数量的量词，量化理论还需要发展。

而一般的研究广义量词理论的文献中则会提到亚里士多德的三段论（syllogistics）的适应范围局限。亚氏三段论推理型式描述的是量化句之间的一种推理关系。它所涉及的只有四个量词 all、no、some、not all。这些量化形式之外的涉及其他量化形式的大量有效推理型式，是无法由亚氏三段论解释的。也就是，如果从推理型式角度对量化词进行定义，那么也需要发展出新的量化理论，或者说提出适应面更广、概括性更强的量化理论，以使得自然语言中各种量化表达形式都能被涵盖。

6.2 广义量词理论的主要思想

6.2.1 量词是表达集合间关系的关系函项

跟一阶量词理论相比，广义量词理论最主要的发展就是扩大了量词的范围，把“无穷多”“不可数多”和“多数”等在一阶量化逻辑里处理不了的表达数量的词也当作量词。广义量词理论把量词看作函项（function），表达集合之间的关系，因而是关系函项。不同量化句的真值条件也通过集合间的不同关系来表达。最常见的量词，通常关联两个集合，而集合成员为个体性成分（即一阶的），这种量词被称作 <1, 1> 型量词。假定 <1, 1> 型量词所关联的两个集合分别为 A 和 B，不论是一阶谓词逻辑里的全称量化和存在量化，还是一阶语言无法定义的其他量词，就都表达为 A 和 B 之间的关系。如下所示[1]。

1　表达式中直接把量词写成自然语言中的词汇形式。大写形式表示相应量词的语义所指。

(7) ALL (A, B) iff $A \subseteq B$

SOME (A, B) iff $A \cap B \neq \emptyset$

NO (A, B) iff $A \cap B = \emptyset$

TWO (A, B) iff $|A \cap B| = 2$

MOST (A, B) iff $|A \cap B| > |A - B|$

这种通过集合间的关系来考察量化句真值的方式，具有很广的适应性。在数学领域，广义量词理论在引入之初，主要是用来考察基数量词（cardinal quantifiers）和拓扑量词（topological quantifiers）的语义。在自然语言研究中，如上所示，除了 all、some 等典型的一阶量化词外，表不存在的量词、表基数的量词、表比例的量词，以及上面没有列出的复杂形式的量词如 at least two、more than two、exactly two 等，都可以通过这种形式刻画真值条件。这样，就大大增强了逻辑语言的刻画能力。

广义量词理论的这种将量词看作关系函项的做法，是对一阶量化理论的最重要的发展。但它又不是完全脱离一阶理论的跳跃。函项的视角，在一阶理论里也是有的，只是一阶理论里没有明确地指出。一阶理论里用全称算子和存在算子约束个体变量，然后用谓词对其进行描述。实际就是将变量所对应的个体集合映射到真值集合。可以表示如下。[1]

(8) a. 令全称量词 $\forall$ 是论域 M 上的一个映射 f：$P_{(M)} \rightarrow \{T, F\}$，其中 $P_{(M)}$ 是 M 的幂集，对于 M 的任意子集 X，有 f(x) 为真，当且仅当 $|M - X| = 0$

b. 令存在量词 $\exists$ 是论域 M 上的一个映射 g：$P_{(M)} \rightarrow \{T, F\}$，其中 $P_{(M)}$ 是 M 的幂集，对于 M 的任意子集 X，有 f(x) 为真，当且仅当 $|X| > 0$

1 关于全称量词和存在量词也是函项的观点，请参看张维真（1994）的介绍。（8a）和（8b）引自张维真（1994：53）。

比如“所有的人”，其为真的条件是当且仅当“所有”所作用的集合 X 就是论域 M（即 |M - X|= 0）。“有一个人”，其为真的条件是当且仅当“有一个”所作用的集合 X 中的成员大于 1（即 |X|> 0）。也就是在一阶量化里，集合的规模大小也是与真值相关的。只是在真值条件描述里，这种规模大小直接由符号 ∀（“所有的”）和 ∃（“至少有一个”）来表达了。如果我们要对符号 ∀ 和 ∃ 的语义进行再定义，就必须得借助集合的规模和关系来描述，具体是论域集合中具有某一特征的子集的规模大小以及与论域集合的关系。这种函项视角，很容易扩大到其他的非一阶量词上。如“至少三个人”“无穷多个人”“大多数人”等。当碰到量词使用的最一般形式，也就是联系两个一元谓词的 <1, 1> 型量词形式，我们很容易想到，对数量的确定需要两个谓词所提供的属性同时参与。例如“有一个人走了”，这个“有一个人”是有一个走了的人，而不是任意的一个人。谓词代表不同的集合。两种属性同时参与对相关对象的确定，就可以表示为两个集合之间的各种关系。这样，量词就成了关系函项，不同的量词代表集合间的不同关系。

6.2.2 Det+N 的组合构成量化词

由于非一阶量词无法在一阶语言里被定义，也就是无法将它们与变量分离开来而形式化为 Qx[...x...] 的形式 [1]，因而在量化句中与量词紧密相连的集合表达式被处理为跟量词一起构成一个功能成分——量词。比如在下面的句子中，more than half 不是一个量化词，more than half the people 才是一个量化词。

---

1 Barwise & Cooper（1981：214-215）证明了在一阶逻辑中 more than half of John's arrows 无法从 more than half of all things 来定义，也就是无法描述成 more than half x (...x...)。

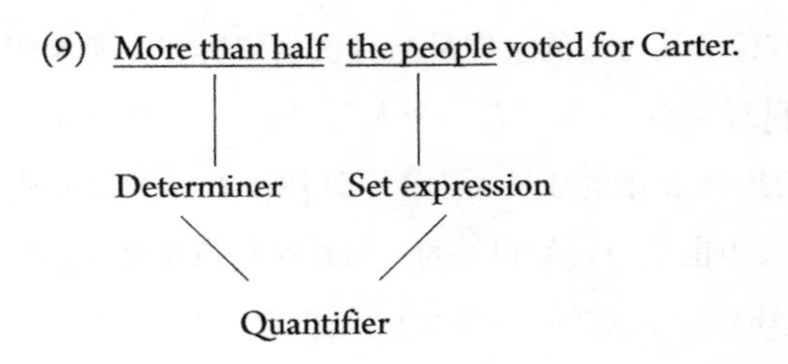

当我们把量词看作关系函项，表达两个集合之间的关系时[1]，量词的解读便不再是对于所有的模型都一成不变了，而是会依据不同的模型而变化（vary from model to model）。这是由于量化词所关联的第一个集合总是由具体的模型决定的，而这个集合成分被构建到跟前面的量词一起构成一个量化词（即量化词 =Det+N[2]）。当量化词是包含了其后的集合成分时，它所挑出的对象必须由另一个表达属性的成分来确定，也就是另一个集合成分。比如上例中的 more than half the people 这个量词，语义上表示它所挑出的人的集合成员具有占相关范围内对象超过一半的数量特点。而什么样的集合成员能够被挑选出来构成这超过半数中的一员，就需要进一步的属性限定。这个属性就是 voted for Carter 所表示的。符合这个属性的成员被挑选出来，成为集合的一员。因而这些成员构成的这个集合，就是使得量化词为真的（即 ||Q||=1）一个集合。因此在广义量词理论下，量词的语义是属性的集合，也就是集合的集合（因为属性是个体的集合）。当一个属性所决定的个体集合满足量词挑选集合的需要，这个集合就成为其一个所指。因此，当我们把 Det+N 的组合看作量化词时，这个量化词也是一个函数，是从集合的集合到真值集合的函数。在类型理论里，这种量化词的语义类型为 <<e, t>, t>，即给定一个集合，就能得到真值。这个

1　本书提到量词时，说的主要是最常见的 <1, 1> 型量词，因此在提到量词的特点时，就主要是以 <1, 1> 型量词的特点来说。

2　一般写成 Det+N 的形式，因为大多数量化词后接的是光杆名词。不过（9）中的 the people 是个限定词短语。

给定的集合，就是由谓词所表示的属性框定的集合。

在这种对量化短语的处理下，所有的名词短语形式，包括专名（proper names），都可以处理为量化词。将专名的功能同样也看作是要挑选特定的集合，这个特定的集合就由其后所跟的属性决定。这样，下面（10a）的语义就可以表达为（10b）[1]。

(10) a. Harry knew he had a cold.

b. Harry$\hat{x}$ [x knew x had a cold]

而这个由谓语的属性决定的集合是必须包含了 Harry 在内的。因此专名 Harry 就解释成了集合的集合，即给定一个集合，就能得到真值（关于这个例子及相关分析见 Barwise & Cooper 1981：166）。

专名在传统谓词逻辑里是指称个体的常量。在广义量词理论里被分析成广义量词。就语义类型来说，指称个体的成分语义类型为 e，而量词的语义类型如前所述是 <<e, t>, t>。当把专名分析成广义量词时，其语义类型由原来的 e 型变成 <<e, t>, t> 型。这种语义类型的变换叫做类型转换（type shifting），具体是属于类型转换中的类型提升（type lifting）。

从将量词看作关系函项，表达集合之间的关系，到将量词与其第一个论元结合起来整体看作一个量词，再与谓语结合，这一过程实际上是函数的柯里化过程。柯里化是将需要多个参数的函数转化为逐次使用一个参数的嵌套函数的过程。即首先输入一个参数，得到一个函数，再将这个新的函数应用到下一个参数，得到下一个新函数，再将这个新函数应用到第三个参数，如此直到最后得到一个只需要一个参数的函数。以二元关系函项为例，柯里化可以表达为：

1 （10b）中 Harry 后的 [x knew x had a cold] 表示的是具有 x knew x had a cold 这样特点的 x 的集合，并不是表示 Harry 对 x 进行约束。其中“^”是内涵算子。

(11) $f(x, y) = (g(x))(y)$

其中 f 和 g 分别代表函数。f 是一个二元函项，表达一个二元关系。其所需要的两个参数为 x 和 y。从左至右取参数逐次输入，输入第一个参数 x 时，得到 g(x)。g(x) 也是一个函数，需要一个参数。于是将参数 y 输入，就得到真值。这种化 n 元函数为 n 个一元函数链的方法，就叫做柯里化，取自于发展这种方法的数理逻辑学家 Haskell Curry 之名。不过这种化简的概念最早是由俄国数学家 Moses Schönfinkel 引入的。因而 Heim & Kratzer（1998）在谈到这种柯里化时，直接就是把 Schönfinkel 当作动词来表达这种过程。Heim & Kratzer（1998：149-150）将 every 所表达的二元关系和柯里化表达形式分别表示如下：

(12) a. $R_{every} = \{<A, B> \in Pow(D)\ X\ Pow(D) : A \subseteq B\}$

b. $[[every]] = \lambda f \in D_{<e,t>} . [\lambda g \in D_{<e,t>} . \{x \in D : f(x) = 1\} \subseteq (x \in D : g(x) = 1\}]$.

其中（12a）表示 every 表达两个集合之间的关系，因而是有序集合对的集合。其条件描述为 $<A, B> \in Pow(D)\ X\ Pow(D) : A \subseteq B$，表示 A 和 B 分别为 D 上的子集。（12b）是将（12a）“Schönfinkelize”之后得到的一元函数链，其中 λf 和 λg 是两个二阶的函数，分别表示集合的集合。链式形式代表的是逐次需要参数，即从左到右先满足的 λf 的要求之后，得到另一个需要一个参数的 λg，再输入一个参数，就得到 every 句的真值。这一分步骤的参数输入的过程，就可以很好地对应到语义组构的步骤：先将限定词与 N 组构，得到的 Det+N 再与 VP 组构。而限定词的类型描述形式 $<<e, t>, <<e, t>, t>>$ 也就是反映这个分步骤的参数输入过程，或者泛函贴合的过程，也就是语义组构的过程。

6.3 广义量词理论对语言学理论的贡献

6.3.1 关于世界语言共性方面

广义量词理论的提出，使得人们对自然语言的共性方面可以概括出一些新的认识。这些共性主要是针对量词提出来的。因此所反映的主要是名词短语和限定词某些方面的共性。Barwise & Cooper（1981：176-200）一共提出了十点（其中 U 代表 Universal，即共性）。

(13)

U1. NP-量化词共性：每一种自然语言都有这样的句法成分（叫做名词短语），其语义功能是表达对话域进行量化的广义量词。

U2. 变位短语共性：如果一种语言允许短语出现在一个跟变量约束关联的变动了的位置，那么至少是 NP 会出现在这个位置。

U3. 限定词共性：每一种自然语言都包含基础的表达（叫做限定词），其语义功能是赋予普通可数名词所指（即集合）A 一个量化词，这个量化词依赖 A。

U4. 对产出无效 NP 的限定词的限制：让 D 代表这样一个简单的限定词：||D||(A) 有时是无效的。

1. 只要 ||D||(A) 是有效的，||D||(A) 就是一个过滤器（sieve）[1]。

2. 有这样一个简单的限定词 D^+，$||D^+||(A)$ 总是有效的，而只要 ||D||(A) 是有效的，那么 $||D||(A) = ||D^+||(A)$。

以上这四点共性中，第一、二点说的是自然语言都有一种具有量化

1 Barwise & Cooper（1981：179）对 *sieve*（“过滤器”）做了专门的界定。认为量词就像筛子，把 VP 的所指分成能与量词组合成一个为真的命题的部分，和不能与量词组成一个为真的命题的部分。当一个量词能让模型中个体集合 E 中的部分子集通过时，该量词就是一个“过滤器”。而所有子集都通过或者没有任何子集通过时，该量词就不是一个过滤器。

功能的句法成分，即名词短语。同时由于名词短语具有量化功能，所以名词短语可以改变位置而仍然约束原来位置上的变量。第三、四点说的是自然语言中都包含有限定词，而对可能生成无效 NP 的限定词也有一些共同的限制。这里所说的可能生成无效 NP 的限定词，是指像 the 2、both men、neither 这样的词。这些词在 Heim & Kratzer（1998：153）里被称作前提性量词短语（presuppositional quantifier phrases），就是对它们的使用需要有特定的前提，如果前提不满足，那么句子既不能判定是真，也不能判定是假，也就是这里所说的是无效的。如 the 2 men，如果话域中不是刚好有两个男人，那 the 2 men 就不能指称，就是无效的。而当它是有效的时，也就是它们有指称时，它们的功能就跟 every man 是一样的。

除此之外，在量词单调性、量词的否定以及对偶等方面，还有如下六点。

(14)

U5. 单调性对应共性：当且仅当存在一个简单的 NP，该 NP 带有一个弱的非基数限定词以表单调上升的量词时，才会有一个对应的表单调下降的量词。

U6. 单调性限制：任意自然语言中简单的 NP 都是表单调性的量词或单调性量词的并列结构。

U7. 强限定词限制：在自然语言中，肯定义的强限定词是单调上升的。否定义的强限定词是单调下降的。

U8. 持续性（persistent）限定词限制：人类语言中每一个持续性限定词都是单调上升的和弱的。

U9. 否定自对偶（self-dual）量词的限制：如果语言中存在一种句法结构，其语义功能是否定一个量词，那么这种结构不会跟表达单调下降的或自对偶量词一起使用。

U10. 对偶（dual）量词共性：如果自然语言对每一个 D 或 $\check{D}$（按：这里的 D 和 $\check{D}$ 指具有对偶关系的量词）都有一个限定词，那么它们在语义上跟 some 和 every 相等。

以上这六点共性是进一步深入到了量词语义的特点，不同量词之间的关系以及量词与其他语义范畴之间的关系上。第五到第八点说的是量词单调性方面的共性。其中第八点中的"持续性"跟量词的左上单调性有关系[1]，可参看 Barwise & Cooper（1981:193）给出的定义。而第九和第十点中的"对偶"和"自对偶"，在 Barwise & Cooper（1981：196-200）中也给出了定义和分析。可以用 ∀ 和 ∃ 之间的关系来说明。在表达上，全称量化句可以转换成带双重否定的存在量化句。例如"每一个学生都来了"等于"不存在没有来的学生"，反之亦然。因此全称相当于双重否定的存在，而存在相当于双重否定的全称。全称量词和存在量词就是互为对偶关系。而当一个量词的对偶是它自身时，它就是自对偶的。定指 NP 都是自对偶的。因此第九点中所说的否定不能跟自对偶量词一起使用，就是不能有像"Not John left"和"Not the man left"这样的表达。具体参看 Barwise & Cooper（1981）的分析。

6.3.2 关于语义组构分析方面

在讨论广义量词理论对语义组构分析方面的贡献前，我们先来看一下什么是语义组构。

语义组构（semantic composition）的思想是德国数学家、逻辑学家弗雷格提出的。由于看到语言可以用有穷的符号表达无穷多的思想，同时人们可以识别第一次听到的新句子，就想到了如果人们不能辨识与句子中的组成部分所对应的思想的组成部分，同时句子的构建反映思想的构建，就无法实现这种以有穷手段对无穷内容的表达。因此思想的组成部分可以

1 关于量词的单调性，见下一章的介绍。

对应到句子的组成部分，句子由部分组构而成的过程和方式也就反映了思想由部分组构而成的过程和方式。

弗雷格认为，语义组构就是对一个未饱和语义进行满足。比如，他谈到否定，认为否定是一个未饱和语义成分，因为否定总是要对一个东西进行否定。提供了这个被否定的内容，其语义就得到了饱和，或者说得到了完善。而所有语义组构的过程，都是在做这种对未饱和语义进行满足的过程。因而句子中的组成成分可以分为未饱和部分和饱和部分，饱和部分是用来满足未饱和部分的。弗雷格将这种未饱和部分和饱和部分分别看作函项和它的论元。把语义满足的过程看作是将函项应用到其论元的过程，也就是组构语义学里常说的泛函贴合。关于弗雷格组构语义学思想可参看 Heim & Kratzer（1998：2）的介绍。

在广义量词理论出来之前，句子的组构是将谓语看作未饱和的语义成分，论元成分与其结合，使其语义饱和。充当论元的成分一般是指称个体的名词短语，语义类型为 e 型。这种情况出现在名词短语为专名或定指短语时。如下面的（15）中，专名 Harry 和定指短语 the dog 分别指称某一个个体，其语义使谓语的语义得到饱和。

(15) a. Harry slept.

b. The dog ran away.

谓语的语义之所以不饱和，或者说谓语之所以是一个函项，是因为在模型论语义学里，谓语的外延被认为是个体的集合，即语义类型为 <e, t>。如果要使其语义饱和，就需要一个 e 型的成分，即指称个体的成分与之结合。专名和定指短语指称个体，正好符合其语义要求。

从句法形式上看，与谓语组合的名词短语有多种形式。如前所述的各种限定词与名词的组合都构成名词短语，这些名词短语与谓语结合，构成合语法的句子。如下面的（16）中各句。

(16) a. At least one dog ran away.

b. More than two dogs ran away.

c. Most dogs ran away.

这些句子都是 NP+VP 的形式，跟（15）中各句无异。然而，我们却不能给（16）中各句的名词短语也赋予 e 的语义类型，认为它们也指称话域中的个体。这是因为，类似这些形式的 NP，跟专名或定指 NP 在句中所能带来的语义效应有很大的差异。Heim & Kratzer（1998：131-138）提到了三个方面的差异。

首先是真值条件和语义蕴涵的不同。比较：

(17) a. John left.

b. Only John left.

(18) a. John came yesterday morning.

→ a'. John came yesterday.

b. At least one letter came yesterday morning.

↛ b'. At least one letter came yesterday.

在真值条件方面，（17b）的真值条件跟（17a）不同。如果话域中 John 和 Tom 都离开了，（17b）只能为假，而（17a）为真。在语义蕴涵方面，（18a）能推出（18a'），即主语为专名时，谓语部分扩展为指称范围更广的集合，句子仍然为真。而（18b）推不出（18b'），说明带有 at least 的 NP 是不允准这种语义蕴涵的。

第二是对矛盾律（the Law of Contradiction）遵守与否的不同。比较：

(19) a. Mount Rainier is on this side of the border, and Mount Rainier is on the other side of the border.

b. More than two mountains are on this side of the border, and more than two mountains are on the other side of the border.

（19a）是矛盾的，而（19b）不是矛盾的。可见专名和 more than two mountains 在语义性质上不可能相同。

第三是对排中律（the Law of Excluded Middle）遵守与否的不同。比较：

（20）a. I am over 30 years old, or I am under 40 years old.

b. Every woman in this room is over 30 years old, or every woman in this room is under 40 years old.

（20a）是一个重言式（tautology），即不管“我”是多少岁，句子都为真。而（20b）则不是重言式。如果所有的人中既有 30 岁以下的人，又有 40 岁以上的人，则句子为假。再一次显示定指的成分跟带有特定限定词的 NP 在语义性质上的不同。

第四是在结构转换（transformation）是否会影响真值条件上的不同。结构转换包括话题化（topicalization）、主动—被动转换，以及改成带有 such that 的表达等。比较：

（21）a. I answered question #7.

b. Question #7, I answered.

（22）a. John saw Mary.

b. Mary is such that John saw her.

c. John is such that Mary saw him.

（23）a. Almost everybody answered at least one question.

b. At least one question, almost everybody answered.

(24) a. Nobody saw more than one policeman.

b. More than one policeman is such that nobody saw him.

c. Nobody is such that he or she saw more than one policeman.

其中（21a）到（21b）的变化是话题化，（22a）到（22b）和（22c）的变化是引入 such that 来表达。（23）和（24）的变换分别同于（21）和（22）。[1]可以看到，以专名为主语的句子，在话题化或引入 such that 表达后，句子的真值条件没有改变。而以带有特殊限定词的 NP 为主语的句子，在话题化或引入 such that 表达后，句子的真值条件会发生改变。其中（23a）与（23b）的差别在于（23a）默认的表达是差不多每一个人都回答了一个不同的问题，也可以表达差不多每一个人都回答了一个相同的问题。而（23b）只能表达差不多每一个人都回答了一个相同的问题。（24a）（24b）和（24c）的差别在于（24b）要求至少话域中两个或以上的警察是没有被人看到的，而（24a）和（24c）没有这个要求。比如，当话域中每一个人都看到了好几个警察，而有几个警察待在荫处没有被人看到时，（24b）为真，而（24a）和（24c）为假。

第五是对歧义的预测上的不同。比较：

(25) It didn't snow on Christmas Day.

(26) It didn't snow on more than two of these days.

（26）有歧义。假如 these days 在话域中指 10 天的时间，而其中正好有 3 天下了雪。在这种情况下，（26）可以为真，也可以为假。如果解读为没有下雪的日子超过了 2 天，那么句子为真，因为没下雪的日子有 7 天。假如解读为下雪的日子没有超过 2 天，那么句子为假，因为下雪的

1 比照（24c），我们觉得（22c）应该是"John is such that he saw Mary."而不是"John is such that Mary saw him."。（22c）仍按照书中原文引用。

日子有 3 天。这两种解读都是句法所允许的。而（25）没有这样的歧义。（25）只有一种意思，就是在圣诞节这天没有下雪。

以上这几点事实都可以证明相应的带有特定限定词的 NP 跟专名在所指上的不同。我们无法把上列这些 Det+N 跟专名一样处理成指称个体的 e 型成分。因而它们在跟 VP 的语义组合上，也无法简单地解读为是 VP 所代表的函数（即个体的集合）应用到 NP 所代表的个体论元而得到饱和的语义。

如果将 Det+N 解读为指称个体的成分缺乏相应的理据，就得寻求其他的解读。通过前面的分析我们已经知道，广义量词的解读，即把 Det+N 解读为指称集合的集合，语义类型为 <<e, t>, t>，是一个合适的选择。但 Heim & Kratzer（1998）提到，还有一种可能性也是人们不时会想到的，即 Det+N 是指称集合，语义类型为 <e, t>。比如，认为 all men 指全体的人，some men 指部分的人，most men 指大部分的人，等等。但这种看法被 Geach（1972：56-57）批评为太过量化（quantificatious），即认为像 all、some、most、more 等词与多少、多大等量（quantity）的表达有关。其实量化逻辑里的"量化"并不暗含数量。而语义组构上，如果这些 Det+N 指称集合，那它们也不能成功地与 VP 进行语义组合，因为 VP 的语义类型也是 <e, t>，也是指称集合。它们互相都不能满足对方的语义需求。

如此，广义量词的处理就是最好的选择。在广义量词理论里，Det+N 指称集合的集合，语义类型为 <<e, t>, t>，也就是它是一个函项，所需要的可以使得其语义满足的成分是 <e, t> 型的。而 VP 的语义类型正好是 <e, t>，符合这一要求。因而 Det+N 所形成的量化词与 VP 的组合，就可以形成一个泛函贴合，得到饱和的语义。

前文 6.2.2 节已经提到，为了将所有名词短语做统一的分析，专名或定指 NP 也都可以通过类型转换而由 e 型提升为 <<e, t>, t> 型，从而实现与 VP 的组构。通过这样的统一分析，整个句子由部分到整体的语义组构就发生了跟一阶量化逻辑里完全不同的变化。VP 由之前的函项变成了其他函项的论元，NP 由论元变成了需要论元满足其语义的函项。如果把需要论元满足的函项看作句子的主导部分，那么在广义量词理论分析下，句子的主导部分变成了 NP 部分。这种转变，大大改变了我们以往的认识。以往我们是以句中谓语部分为出发点而观察句子的语义，现在变成句子的主语部分成为语义表达的出发点甚至是最为重要的部分了。

6.4 广义量词的性质

对广义量词性质的研究，主要是考察广义量词在所指上以及推理范式（inferential patterns）的特点等。文献（如张晓君 2014）中一般提到的广义量词的性质有同构闭包性、守恒性、单调性、扩展性、对称性等。简单地说，同构闭包性指的是在逻辑语言中，一个语句在所有同构的模型中真值相同。扩展性指的是当量化词的论域扩大时，不会对量化句的真值产生影响。对称性指的是量化词的两个论元可以互换位置而不影响真值。这些性质我们不打算详细介绍，具体请参看张晓君（2014：62-72，78-83，111-114）。本书重点要介绍的是单调性和守恒性。单调性是广义量词最重要的性质，是跟推理有关的。而守恒性也是讨论广义量词时提得较多的一种性质，是跟限定词可能的指称（admissible denotations）有关的。我们这里介绍守恒性。单调性的问题留到下一章专门讨论。

限定词可能的指称，是指限定词在表达二元集合关系时，不是集合间任意的二元关系都可以表达。自然语言限定词可能的指称是有限制的。其中守恒性就是一个最重要的限制。守恒性(conservativity)[1] 最初由 Keenan（1981）提出，指的是量化词的第二个论元能被第一个论元和第二个论元的交集替代。形式上可以表示为：

1 有的文献，如张晓君（2014），译作“驻留性”。“守恒性”采用的是蒋严、潘海华（1998）的译法。

(27) $(Q(A))B \leftrightarrow (Q(A))(A \cap B)$

具体例句如：

(28) 每个人都吸烟。↔ 每个人都是吸烟的人。

其中的第二个论元“吸烟”可以被“吸烟的人”替换，两个句子真值条件相同。

守恒性反映的是量化词选择一个论元后，其量化对象就被限制在了这个论元的所指上。最后被量化词挑出的集合一定是在这个论元所指范围之内的。就（28）的例子来说，句子关注的是吸烟的人，吸烟的其他个体（即 A 相对于 B 的补集，B - A）是与这个句子的解读无关的。

绝大部分限定词都具有守恒性。个别的限定词没有守恒性，如 only。下面的推理式不成立。

(29) Only children cry. ↮ Only children are children that cry.

由于 only 不具有守恒性，学者们认为它不是限定词。only 可以与谓词相连，一般被认为是副词，而非限定词。既然不是限定词，它的表现也就不构成守恒性的反例了。

在下文讨论量化副词的广义量词理论分析时能看到，守恒性和非守恒性被用来区分带有无定成分的量化副词句的不同语义解读（即下文说的比例解读和非比例解读）。这是在把广义量词的范围扩大到包括限定词之外的其他一些表达二元关系的成分后，对广义量词的守恒性特征的新认识。广义量词的范围扩大了，而那些非限定词性的广义量词，有些是不具有守恒性的，或者只是在某些情况下具有守恒性。

6.5 量化副词的广义量词理论分析

量化副词是具有量化功能的副词。英文文献中称作 adverbs of quantification，或者 Q-adverbs，或者也称作副词性量化词，即有的文献中的 adverbial quantifiers。在第五章 5.2.1 节里，我们已经介绍了自然语言中量化约束的词汇形式主要有限定量词和量化副词两类。广义量词理论主要是用于分析限定量词的。后来在 de Swart（1993）中又被应用于量化副词的分析。在将广义量词理论应用于量化副词分析之前，对量化副词的经典分析主要是 Lewis（1975）的无选择性约束方案。下面首先看 Lewis（1975）的无选择性约束方案，然后再重点介绍 de Swart（1993）的广义量词分析。

6.5.1 量化副词作为无选择性约束成分

第五章 5.2.1 里提到过，Lewis（1975）将量化副词的性质认定为是无选择性约束成分。Lewis（1975）主要讨论量化副词的量化对象的问题，认为把量化副词的量化对象认定是时刻（times）或者事件（events）都不合适，会碰到反例。如把量化对象认定为是时刻时，always P 的解读是在所有的时刻里，P 都为真。但有的句子中 always 并不是量化时刻，而是量化时段；有的句子中量化副词的量化范围受到限制；而有的句子中量化对象是同步存在的。比如（Lewis 1975：3-4）：

(30) The fog always lifts before noon here.（这里总是在中午前起雾。）

(31) Caesar seldom awoke before dawn.（恺撒很少在黎明前醒来。）

(32) Riders on the Thirteenth Avenue line seldom find seats.（十三大道上的骑行者很少能找到座位。）

Lewis 认为，（30）中 always 的量化对象不是时刻，而是表示时段的天，即这里每天都是在中午前起雾。（31）中 seldom 量化的不是 Caesar 活着的时刻，而是 Caesar 醒来的时刻，即 Caesar 醒来的时刻中，很少有是在黎明前醒来的。而（32）中的 seldom 量化的对象是同步存在的，因此也不可能是时刻。[1]

而如果把量化副词的量化对象认定为是事件，也不合适。请看下面的例子（Lewis 1975：5）：

（33）a. A quadratic equation never has more than two solutions.
（二次方程式从不会有超过两个的解答。）
b. A quadratic equation often has two different solutions.
（二次方程式经常有两个不同的解答。）

（33a）的意思是没有二次方程式有超过两个的解答。（33b）的意思是大多数二次方程式有两个不同的解答。它们都跟时间和事件没有什么关系。如果一定要把它们跟时刻或者事件关联，那么可以假想是有人在逐个思考二次方程式的解答，每一个二次方程式的思考占据一个时间单位。然后 never 和 often 是对这个时间单位或者事件的量化。但是 Lewis 认为这样的假想虽然可以维持上面的两个句子，但却提供不了一个严肃的分析。比如下面的句子，我们可以假定一个二次方程式只要是能够在 10,000 页纸内对其系数进行说明，那么就是简单的。然后我们可能十分肯定我们所思考的那些二次方程式都是简单的。但我们却不能说（34）这个句子，即（34）这个句子是为假的。也就是我们不能为其作这样的假想而使得其为真（Lewis 1975：5）：

1 实际上（30）中的量化对象也不是天，也就是说，句子表达的意思不是这里每天都在中午前起雾，而是要表达所有起雾的时刻都是在中午前。因此（30）和（31）的量化对象是相似的，即量化对象是事件（起雾事件或醒来事件）发生的时刻。

(34) Quadratic equations are always simple.

基于各种量化对象的考虑都不合适，Lewis（1975）认为量化副词可以看作无选择性约束成分。作为无选择性约束成分，量化副词可以对出现在其修饰的句子中的各个变量无区别地进行约束。这些变量可以是参与者，也可以是时间或事件等。比如在下面的驴子句（35a）中，always约束的是三个变量x, y和t。其中x和y是参与者变量，而t是时间变量。句子的解读为（35b）（Lewis 1975：4，9）：

(35) a. A man who owns a donkey always beats it now and then.

b. Always, if x is a man, if y is a donkey, and if x owns y at t, x beats y now and then.

Lewis为量化副词提出了一个由三部分构成的解读结构。如下[1]（Lewis 1975：11）：

(36)
$$\left.\begin{array}{l}\text{Always}\\ \text{Sometimes}\\ \text{Often}\\ \text{Seldom}\\ \text{Never}\\ \ldots\end{array}\right\} + \textit{if}\ \Psi,\ \Phi$$

其中量化副词是作用于全句的量化算子。if引导的限定句Ψ和结果句Φ中的变量都处在这个量化算子约束的范围内。

1 这里增加了often、seldom和never等词。

6.5.2 量化副词作为广义量词

6.5.2.1 DPL 和 DMG 框架下对量化副词的分析[1]

量化副词的无选择约束分析虽然可以解决上面提到的一些问题，但是也会产生新的问题，比如比例问题。第五章 5.2.4.2 节里已经谈到了将无定成分分析为引入变量，同时将量化副词分析为无选择约束成分时所产生的"比例问题"。动态谓词逻辑（dynamic predicate logic，DPL）和动态蒙太古语法（dynamic Montague grammar，DMG）将无定成分分析为存在量词，而不是像 Heim（1982）等认为无定成分仅引入变量。由于"动态"强调的是语句对话语信息的更新作用，因此在 DPL 和 DMG 里，对通常意义上的变量就有一个赋值的过程，量化副词就被分析为是对赋值（assignments）进行量化。对赋值的量化仍然是在一阶逻辑里进行的。到了 DMG 里，开始考虑语句的内涵，因而相关的分析就不再是一阶的了。Chierchia（1988，1990，1992）就在 DMG 框架下，将量化副词分析成动态广义量词（dynamic generalized quantifier）。

DPL 最主要的精神是语境变化（context change）和动态连接（dynamic conjunction）。语境变化是指对一个句子的处理要在给定语境中进行，而对这个句子的处理会给给定语境带来变化，这种变化会影响到后续句子的处理。由于后续句的处理会受前面句子的处理的影响，因而句子序列（sentence sequences）是一种动态连接。比如带有无定成分的前句在给定语境中被处理之后，无定成分获得一个话语指称（discourse referent）。如果后句中出现了照应性成分，这个照应性成分可以跟前句中的无定成分建立照应关系，那么也就获得跟这个无定成分同样的指称。因而前后句中的变量受到相同的约束，或者说同样的约束力从前句传递到了后句。如果句中出现了量化副词，那么对先行句中变量的赋值输入使得先行句输出一组赋值，这组赋值成为量化副词量化的对象。

1 这一节主要参考了 de Swart（1993：79-111）。

跟DPL的仅为一阶谓词逻辑不同，DMG开始涉及内涵。在Groenendijk & Stokhof（1990）的DMG框架的分析中，句子被分析成一个函数，这个函数是从状态（states）到命题集合的映射，即 <s, <<s, t>, t>>。s可以粗略地理解为给定语境的状态[1]，而得到的状态的集合的集合 <<s, t>, t> 可以理解为是对句子进行处理的结果，即一组命题的集合（其中命题是状态的集合，一组命题即为状态的集合的集合）。这一处理带来的在s状态下为真的命题的集合，构成句子的所指（denotations）或者说外延。可以明显地看到，这种处理是动态的，即结合了前文语境对后文的影响。同时又是内涵性的，即句子本身解读为一个函数，得到句子的所指为命题的集合，也是一个函数。在DMG里，孤立的句子表达为命题的集合，即 λp[……][2]，语义类型为 <<s, t>, t>。句子的序列同样表达为命题的集合，这个命题集合是两个句子所指的函数的内涵性组构（见Groenendijk & Stokhof 1990：17）。而存在量词和全称量词的动态解读则把句中的话语标记都换成存在量词或全称量词引入的变量x，相应地，话语标记的所指也就是存在量化或全称量化引入的对象。具体分别为 $Ed\Phi = \lambda p\exists x\ \{x/d\}(\Phi(p))$（动态存在量化）和 $Ad\Phi = \lambda p\forall x\ \{x/d\}(\Phi(p))$（动态全称量化）[3]。

Chierchia（1988，1990，1992）在DMG框架下对量化副词的广义量词分析经历了一个修正的过程[4]。Chierchia（1988）认为所有动词的论元结构中都带有一个场景变量（occasion variable），广义量词关联的是

1　在Groenendijk & Stokhof（1990）中，状态s具体是指对话语标记（discourse markers）的赋值（assignments）。而“话语标记”在他们的文中是用来指一般所说的个体变量（individual variables）。话语标记的意义大致可以理解为这些变量的具体所指由所在的语境决定，同时对它们的赋值又会影响后续语句的处理，所以是“话语性”的。

2　我们这里用方括号中的省略号来代替具体语义刻画式中对 λ 约束变量的刻画。下同。

3　动态存在量化和动态全称量化请分别参看Groenendijk & Stokhof（1990）第17页的Definition 10和第29页的Definition 20。其中E代表动态存在量化，A代表动态全称量化。

4　我们没有找到Chierchia（1990）这篇文章。但是Chierchia（1992）是在Chierchia（1990）基础上写的，其基本思想是一致的。

两个场景的集合。场景的集合在 Chierchia（1988）中表示为 $\lambda o[\ldots\ldots]$，相关的量化表达式就是 $Q(\lambda o[\ldots\ldots])(\lambda o[\ldots\ldots])$。例如下面（37a）的语义解读就可以表示为（37b）。

(37) a. Always, if a man is home, he is happy.

b. $\text{ALWAYS}^{+}(\lambda o E x[\uparrow \text{man}(x); \uparrow \text{home}(x, o)])(\lambda o[\uparrow \text{happy}(x, o)])$

这个语义刻画式有很多技术细节，比如上标的加号用来表示量化词的守恒性特征，E 表示动态存在量化词，向上的箭头用来将外延转换为内涵，等等。撇开这些技术细节，这个语义表达式就是三个部分。

(37') b. $\underbrace{\text{ALWAYS}^{+}}_{\text{量化词}}\ \underbrace{(\lambda o E x[\uparrow \text{man}(x); \uparrow \text{home}(x, o)])}_{\text{场景集合}}\ \underbrace{(\lambda o[\uparrow \text{happy}(x, o)])}_{\text{场景集合}}$

由于是内涵型性的，最后得到的语义解读仍然是一个命题集合。

(38) c. $\lambda p[\forall o[\exists u[\text{man}(u) \wedge \text{home}(u, o)] \rightarrow \exists u[\text{man}(u) \wedge \text{home}(u, o) \wedge \text{happy}(u, o)]] \wedge {}^{\vee}p]$

也就是命题集合中的每一个命题元素的真值条件具有这样的特征：对于所有的场景 o，如果该场景为有一个人在家中的场景，那么该场景就是有一个人在家中同时很快乐的场景。

对量化副词的这样的语义解读存在两个问题。其一，这种语义解读仍然不能解决“比例问题”。因为对场景的量化会落实到对事件中施受配对的量化，因而无法产生非对称的解读。其二，当碰到对称性谓语时，一个句子可以表达两个事件，而对场景的量化预测只有一个事件。比如“When a cardinal meets a man, he always blesses him.”中，可能有两个事件，即其中的每一位主教都为对方祝福。但如果量化的是场景，那么每一个场景只能有一个祝福事件。[1] 于是 Chierchia（1990, 1992）对其方案进行了改进。将量化对象由场景改为个例（cases）。“个例”是对话语标记的赋值，相当于 Groenendijk & Stokhof（1990）的状态。Chierchia 用 x, y, x_n 代表话语标记，用 u, v, u_n 代表个体变量。句子被解读为是从个例到真值，或者说到个例的集合的函数。由于在内涵逻辑中，量化对象不能是一阶变量，而只能是二阶的或更高阶的，因此个例本身不能直接成为量化对象，个例的集合（<s, t>），或者个例的集合的集合（<<s, t>, t>）才成为量化的对象。在 DMG 里，命题为真的条件是给定状态，所以命题就是能使其为真的状态的集合。如果只有一种状态使其为真，那么集合就是独元集。这样，句子在动态解读中引入的命题集合就化为了个例（即状态）的集合，对命题的量化就变成了对状态的量化。这种降阶的方式在形式上用“!”表示。比如下面的句子（39a）中第一个句子由命题集合降阶到状态集合的形式为（39b）。

(39) a. When a man is in the bathtub, he always sings.

b. $! \lambda p \exists x [man(x) \wedge in\text{-}the\text{-}bathtub(x) \wedge {}^{\vee}p] = \lambda c \exists x [man(x) \wedge in\text{-}the\text{-}bathtub(x) \wedge {}^{\vee}c]$

相应的量化就变成了对个例的量化。而由于对话语标记的唯一的赋值就等于一个个例，所以对个例的量化就等于对话语标记的量化，也就是对变量 x 的量化。通过这样的方式，Chierchia（1990）的方案跟 Lewis（1975）的方案具有了同样的效果。

当量化对象变为 cases 以后，对称性谓词带来的解读问题就得到了解决，因为对个体的量化允许多个事件的存在。而具有非对称解读的句子，其非对称解读可以通过量词的守恒性特征而得到保证。前文介绍过守恒性

1 关于 Chierchia（1988）方案及其他类似方案的不足，见 Chierchia（1992：147）的论述。

是量词的一种特性，指量化词关联的第二个集合的成员的特征是量化词的两个论元所代表的集合的交集。其形式定义为：

(40) $(Q(A)B) \leftrightarrow (Q(A))(A \cap B)$

上一章 5.2.4.2 节介绍过在带有关系小句的句子中，量化副词是非对称量化。如下面（41a）中，most 量化的是 farmers-who-own-a-donkey，而不是 farmer-donkey pairings，也就是是非对称解读。（41a）的语义解读可以刻画为（41b）。

(41) a. Most farmers who own a donkey beat it.

b. $most(\lambda u[farmer(u) \wedge \exists x[donkey(x) \wedge own(x)(u)]])(\lambda u[farmer(u) \wedge \exists x[donkey(x) \wedge own(x)(u) \wedge beat(x)(u))]])$

从（41b）可以看到，在 most 关联的第二个集合中，对集合成员的特征描述把第一个集合中成员的特征也包括进去了，也就是其所带的两个论元（farmers who own a donkey 和 beat it）所指集合 A 和 B 的交集。由于在第二个集合中无定成分 a donkey 引入的变量也是受到存在约束，因此得到非对称解读。

带有关系小句的驴子句也可能产生对称性解读。有时候是强制性地产生对称性解读。如下面的句子。

(42) a. Every man/most men who owned a slave, owned his offspring.

b. $every/most(\lambda u[man(u) \wedge \exists x[slave(x) \wedge own(x)(u)]])(\lambda u \forall x \forall y[man(u) \wedge slave(x) \wedge offspring(y)(x) \wedge own(y)(u)])$

这个句子中，假如一个人有 10 个奴隶，那么这些奴隶的后代他也会全部拥有，而不仅仅只拥有一个奴隶的后代。因此这里量化的是 man-slave 的配对，是对称性解读。对称性解读可以通过限定词的非守恒性定义而得到。在广义量词理论中，限定词是具有语义上的守恒性特点的。而在 DMG 中，广义量词关联的是动态性质，因而可能是守恒性的，也可能是非守恒性的（non-conservative）。（42）中对 a slave 的全称量化可以通过在量化词关联的第二个集合中引入一个全称量词而得到。做这种解读的量化词是非守恒性的。

Chierchia（1990）认为，守恒性定义相对于非守恒性定义更有吸引力，因为它更符合广义量词理论的标准假设。因此他文中考察了对对称性解读的另一种偏语用的解释方法。最后，Chierchia（1990）提出的量化副词的广义量词分析法，将几种不同的解读情况都考虑进去了。当句中出现几个不同的无定 NP 时，凸显其中一种作为提供量化词量化的对象。这样的处理在事实上的结果跟经典的 DRT 中将无定 NP 处理为变量，有的受量化副词的约束，有的受存在约束的处理结果是一样的。

6.5.2.2 de Swart（1993）的分析

对量化副词作广义量词分析的还有 de Swart（1993）。de Swart（1993：147）特别强调他的著作中将限定词看作广义量词，而不是采用将整个 Det+N（即 NP）看作广义量词的观点。也就是他没有去关注限定词与其后的 N 和 VP 的组合层级关系，而是将限定词看作就是表达 N 所指集合和 VP 所指集合之间的关系。de Swart 将表达了集合间某种关系的词，都纳入“广义量词”范围之内。因此，除了限定词外，布尔连接词 and、or，还有他重点要研究的量化副词，都是广义量词。

在广义量词理论下，量化副词也是表达集合之间的关系的。不同的是，它表达的是事件集合之间的关系。[1] 而事件的表达由整个命题

1　de Swart（1993：169）指出，其事件概念（文中用的术语是 situation 和 eventuality）是一个类指的概念，包含了像状态（states）、过程（processes）和事件（events）等具体的范畴。

(propositions)承担，而不是仅由 VP 承担。因而量化副词是作用于句子的语义算子(sentential operator)。de Swart(1993：17-20)区分量化副词表达句内(sentence-internal)和句际(clause-level)两种事件集合关系的情况。大致对应于量化副词用于一个句子之内，和用于复句或带时间状语的两种情况。例如：[1]

(43) a. Anne always takes a walk in the Luxembourg garden.

b. Georges seldom writes with a red pencil.

(44) a. When Anne made a movie she always recommended it to her friends.

b. When he gets up late, Paul often has a headache.

(43)是量化副词表达句内事件集合的关系，(44)是量化副词表达句际事件集合的关系。表达句子层面的事件集合的关系时，事件集合分别由不同的句子(clause)或时间状语表达，事件集合容易确定。表达句内的事件集合的关系时，两个事件集合的确定有时明显，有时则有几种可能性，也就是相应的句子会有歧义。de Swart(1993：172)举了下面的例子说明。

(45) a. Anne always takes a walk in the Luxembourg garden.

b. Georges seldom writes with a red pencil.

c. It is Marie who mostly prepares dinner.

d. Jeanne always knits sweaters.

e. Jeanne always knits Norwegian sweaters.

f. He always barters his pencils.

1 de Swart(1993)中所有的例句都没有标句号。本书中引用该书中例句时都加上了句号。另 de Swart(1993)举的很多都是法语的例子，在法语例子下面有英文的对译。本书引用的该书的例句略去了其法语例句，直接引用了其英文对译句。后文不再说明。

g. Paul has not always followed my device.

其中（45a）和（45b）分别表达在什么地方散步和用什么工具书写。两个事件集合分别为动词表示的事件集合和整个VP表示的事件集合。如果用A和B代表事件集合，（45a）和（45b）中的A、B分别如下。λ表达式表示的就是事件集合。

(46) a. A: Anne takes a walk

λ e (ANNE WALK) (e)

B: Anne takes a walk in the Luxembourg garden

λ e (ANNE WALK IN THE LUXEMBOURG GARDEN) (e)

b. A: Georges writes

λ e (GEORGES WRITE) (e)

B: Georges writes with a red pencil

λ e (GEORGES WRITE WITH A RED PENCIL) (e)

上述这种情况是量化词聚焦于地点和工具成分的情况。[1]（45c）和（45d）里量化词则是聚焦于事件的参与者（participants）。其中（45c）的A集合为"Someone prepares dinner"，B集合为"Marie prepares dinner"。（45d）的A集合为"Jeanne knits something"，B集合为"Jeanne knits sweaters"。（45e）有歧义，其中A和B可以是"Jeanne knits sweaters"和"Jeanne knits Norwegian sweaters"，也可以是"Jeanne knits something"和"Jeanne knits Norwegian sweaters"。具体是哪种意义，由句中的重音/语调和语境决定。而（45f）和（45g）中量化词聚焦的则是动词本身，即事件的两个参与者之间具有某种关系（集合A），而

1 de Swart（1993）用量化词定位于和聚焦于某种成分，比如定位于或聚焦于状语修饰语或事件参与者等来说这种解读。（45）中各种情况跟句中的焦点位置有关。

这种关系就是动词所表示的关系（集合 B）。

上列情况显示了量化副词的广义量词分析较限定词和布尔连接词的复杂性。当广义量词为限定量词时，量词所联系的两个集合主要由句法决定；当量词为布尔连接词时，量词所联系的两个集合由成分的先后排列决定。量化副词的两个集合则跟句中的焦点位置有密切的关系，因而在量化副词的情况下，量化结构的确定跟句法没有直接的联系，即量化副词的"句法和语义之间没有直接的映射关系"。[1] 但是这种非直接的映射中也有规律可循，也就是前面例子所显示的，与量化词聚焦于哪个成分有关。这种现象，或者说决定量化词所关联的集合的这种机制，被 Rooth（1985）称作焦点关联。

在语义性质上，量化副词跟限定量词一样具有守恒性。这种守恒性在量化副词表达句内集合间的关系时非常明显。如上所展示的，表达句内集合关系时，集合 A 是将焦点成分替换为存在约束变量的事件的集合，集合 B 则是整个句子所指的事件的集合。因而 A 是 B 的母集，这种情况下 $A \cap B$ 就等于 B，因而守恒性所需要的 B 集合可以替换为 $A \cap B$ 的条件完全可以得到满足。而在表达句际集合关系时，de Swart（1993）认为，量化副词也是具有守恒性的。举了下面的例子说明：

(47) a. Always when Paul is tired, he is in a bad mood. ⇔
Always when Paul is tired, he is tired and he is in a bad mood.
b. Seldom when Mary prepares dinner, she uses green peppers. ⇔
Seldom when Mary prepares dinner, she prepares dinner and uses green peppers.

---

1 de Swart（1993：176）的原文是：In the case of Q-adverbs, there is no direct mapping between syntax and semantics: Q-adverbs behave syntactically as X/X adverbs, i.e. as modifiers, whereas they are semantically to be regarded as quantifiers.（在量化副词的情形下，句法和语义之间没有直接的映射：量化副词句法上像 X/X 副词，即修饰语，而语义上则被认为是量化词。）

不过我们在前面介绍带有无定成分的量化副词句时，有一种情况的语义解读是假定量化副词不具有守恒性，见上文对例（42）的介绍。

量化副词的单调性我们留到第七章跟限定量词的单调性一起介绍。

6.6 汉语量词的广义量词研究

对汉语量词的广义量词研究，就是在广义量词理论框架下考察汉语量化词的相关特点。由于广义量词理论是对一阶谓词逻辑的改进和提升，是一种刻画力更强的逻辑方式，相关的应用也就主要体现在对具体量词进行研究时，对其语义刻画采用广义量词的刻画方式。同时进一步观察其相关的语义特点，如在单调性方面的特点等。相关的研究主要在逻辑学领域进行。此外，直接讨论汉语现象的语言学文献中也有用到广义量词理论进行分析的。下面具体来看。

6.6.1 对汉语量化句整体的研究

陈宗明（1993）和邹崇理（2002）从逻辑学的视角和范式对汉语进行了研究。其中有专门的章节讨论广义量词理论对汉语量化句的研究。邹崇理（2002）是在陈宗明（1993）基础上的发展。邹崇理（2002）建构了刻画汉语量化句的部分语句系统。在这个部分语句系统中，对所列出的从全称量词到存在量词，以及中间表达各种比例的量词的语义都有刻画。这个语义刻画就是通过量词所关联的两个集合之间的关系来刻画的。其中对“绝大多数、大多数、大约半数、少数、极少数”所表示的两个集合之间的数量关系给出了很精确的比例值范围的描述。如下（邹崇理 2002：443）：

(48) $\|$ 绝大多数 $\| = \{\langle X, Y\rangle : 0.8 \le |X \cap Y| / |X| \le 0.9\}$

$\|$ 大多数 $\| = \{\langle X, Y\rangle : 0.5 \le |X \cap Y| / |X| \le 0.8\}$

$$\| \text{大约半数} \| = \{<X, Y> : 0.4 \leq |X \cap Y| / |X| \leq 0.6\}$$
$$\| \text{少数} \| = \{<X, Y> : 0.1 \leq |X \cap Y| / |X| \leq 0.5\}$$
$$\| \text{极少数} \| = \{<X, Y> : 0 \leq |X \cap Y| / |X| \leq 0.1\}$$

可以看到，对这几个比例量词的语义刻画形式都是一样的。不同只在各个量词所表示的具体比例值。这个比例值范围界限当然不是完全不可变动的。也就是这些量词表示的量的边界都具有一定的模糊性。

此外，对汉语中“有”字存在量化的表达也做了细致的区分。一般我们认为“有”字结构是汉语中典型的存现结构。如“有一辆车开过来了”，表示出现了一辆车，可以对应到英语中的 there be 结构。陈宗明（1993）里区分了“有”“有的”和“有（一）些”三种不同的存在量化表达，分别称为 I 型、II 型和 III 型。“有”表示在一定范围内存在某事物，即至少有一个。“有的”在表示一定范围内存在某事物的同时，还表示在这个范围内存在不具有某属性的他物。如“有的同学已经结了婚”，意味着“有的同学还没有结婚”。“有些”则表示至少有两个，区别于“有”的表示至少有一个。邹崇理（2002）引用了陈的观点。在其部分语句系统中，“有 N”“有的 N”和“有（一）些 N”在具体存在义上的区别如下。

(49) $\| \text{有（或至少有一} \delta \text{）} \| = \{<X, Y> : X \cap Y \neq \emptyset\}$[1]

$$\| \text{有的} \| = \{<X, Y> : X \cap Y \neq \emptyset \;\&\; X - Y \neq \emptyset\}$$
$$\| \text{有些（或一些）} \| = \{<X, Y> : X \cap Y \geq 2\}$$

其中“有的”的语义条件在“有”的语义条件上增加了“$X - Y \neq \emptyset$”，意思是将 X 所代表的集合中除掉具有 Y 属性的成员外，还有剩余。“有些”的语义条件“$X \cap Y \geq 2$”意思是 X 这个集合中至少有 2 个成员是具

1 这里及下面的语义刻画式完全保留邹崇理（2002）中的原样。其中 δ 代表数量短语中的量词（即分类词和度量量词）。

有 Y 属性的。

以上这些从广义量词角度对相关量化词的语义刻画，确实能较好地区分这些量词在语义上的主要差别。因为（48）中各词的差异主要是在比例量上。（49）中各词不是比例量词，但其表存在义的具体情况也可以通过两个集合之间的特定关系来表达。因此对这些量词的语义从广义量词的角度进行辨析，效果是明显的。

而在对汉语中一些同义量词的语义刻画上，广义量词将它们的语义条件做相同的刻画，就无法显示它们之间的差别了。比如对汉语中全称量化词“凡、任何、每个、所有”的语义，邹崇理（2002：443）给出了下面相同的刻画。

(50) ‖ 凡（或任何）‖ $=\{<X, Y> : X \subseteq Y\}$

‖ 每个（或所有 $_{dou}$）‖ $=\{<X, Y> : X \subseteq Y\}$

邹在随后的小注说明里指出这里对所解释的量词的微小差别忽略不计。不过在其前文的分析中明确地指出了“凡”与其他表全称的量词在语义上存在差别。作者认同徐颂列（1998）对“凡”和“所有”语义差异的看法，认为“所有”侧重在断定一种现实情况，而“凡”侧重在断定一种条件联系。对这种语义差别，邹书中给出了如下的刻画（P415）。

(51)“所有”量化句的模型论描述：

Q（所有）（A）（B）=1，当且仅当，$A \neq \emptyset$ 并且 $A \subseteq B$

“凡”量化句的模型论描述：

Q（凡）（A）（B）=1，当且仅当，并且 $A \subseteq B$

也就是在“所有”的语义刻画中多了 $A \neq \emptyset$（即 A 不为空集）这一条，以此来表示“所有”是在说现实情况。

上面对语义的辨析，反映了学者们注意到了全称量词虽然都可以用A集合包含于B集合（即“A ⊆ B”）这一共同条件来刻画，它们在表义上还存在细微的差别。在刻画这些细微语义差别上，广义量词手段有时候会比较吃力。比如邹书中就提到用这种现代逻辑工具对“凡”和“任何”的微小差异就不容易区分。确实，各词具体使用上的差别，如句法位置上的限制，搭配上的限制，全称义的具体解读及实现方式等方面，并不一定反映在其所联系的集合的量的关系上，因而仅用广义量词刻画方式难以把它们的区别都显示出来。

6.6.2 对“一 + 单位词 +N+ 否定词”类周遍性主语的研究

满海霞（2010）从广义量词角度研究了“一 + 单位词 +N+ 否定词”的特点。“一 + 单位词 +N+ 否定词”是指“一个人也不去”这样的周遍表达中的“一个人也”。满文将其看作一个相当于英语中 no N 的量词。由于广义量词理论里对量词的分析可以是“限定词 +N”构成的 Q，即 <1> 型量词，也可以是单独的限定词，即 <1, 1> 型量词，满文中就分析了“一 + 单位词 +N+ 否定词”是整体当作 <1> 型量词好，还是将其中的“一 + 单位词 +……+ 否定词”挑出来作 <1, 1> 型量词好。文章认为把 N 剔出来，将“一 + 单位词 +……+ 否定词”作为一个量词的分析比较好，可以解决这种否定句合并时的相关问题。满文中所指出的否定句合并（文中说的“合取”）时的问题如下面的例句所示（满海霞 2010: 14）。

(52) a. 一个学生也没来。

b. 一个老师也没来。

c. ? 一个学生（和 / 或）老师也没来。

c_1. 一个学生、一个老师也没来。

满文指出，上面的例句中将（52a）和（52b）的 N 做合取，得到的（52c）是不太好的表达，而（$52c_1$）就没有问题。满文认为这表明将“一 + 单位词 +N+ 否定词”看作一个整体不太合适。因此选择将“一 + 单位词 +……+ 否定词”看作一个量词。同时指出“一 + 单位词 +……+ 否定词”更具概括性，因为把“一 + 单位词 +N+ 否定词”看作一个整体的话，其中的 N 不同，就要算作不同的量词。

我们认同满文中所认为的撇开了 N 的“一 + 单位词 +……+ 否定词”更具概括性。同时（$52c_1$）的表达确实能证明“一 + 单位词 +N”跟后面的否定词是非连续的。不过我们不认为（52c）和（$52c_1$）之间存在可接受性上的对比。根据我们的语感，（$52c_1$）跟（52c）在可接受性上是差不多的。在 CCL 语料库中我们确实也找到了类似这两种表达。

(53) 群众穷，集体更穷。那时的村集体，连一条板凳、一辆自行车也没有。

(54) 当时，我随身连一张照片或名片也都没有了，只好把名签到随便到手的东西上，有节目单、入场券，还有记事本等等。

但是，是否可以根据（$50c_1$）就认定“一……不……”为汉语中的非连续量词，这个值得商榷。英语中的非连续连词如 more...than...，可以找到像下面这样的表达，其中 more...than... 在句中作主语，可以看作一个整体，因而可以算作一个非连续量词。

(55) More doctors than lawyers whistle.（引自邹崇理 2007：124）

但是像“一……不……”这样的非连续成分，虽然它们在语义相互作用上构成一个整体，但是却没法像 more…than… 这样在句中充当某一个句法成分。因而它们作为复杂量词的地位值得怀疑。可能将它们算作一个构式比较符合我们一般的认识。[1]

6.6.3 对“大部分”的分析

Lin（1998）研究“都”的广义分配算子的用法。由于“都”与“大部分”“大多数”等量词共现，于是 Lin 文中就采用了广义量词理论对“大部分”进行了分析。Lin 文中首先介绍文献中对英语 most 的语义的广义量词分析。most 在广义量词理论下的语义条件刻画为：

(56) MOST (A, B) iff $|A \cap B| > |A - B|$

此时是用 most 所关联的两个集合 A 和 B 的集合成员数量关系来说 most 句的真值条件。当 A 和 B 的交集中的成员数大于 A 和 B 的补集的成员数时，most 句成立。这里的成员数是看集合中的原子个体成员数。这个条件对于谓词性成分为分配性谓词（distributive predicate）的 most 句是成立的。但对于谓词为集合性谓词（collective predicate）的 most 句就是另一种情况了。下面的句子中谓词是集合性谓词 agree (with each other)，此时用（56）中的条件句子的真值情况，就会得出错误的结论。

(57) Most people agree (with each other) on this issue.

Lin（1998：222-224）介绍了 Yabushita（1989）对这个问题的讨论。（57）中按照 agree (with each other) 的语义建立具有互相同意关系的复

1 邹崇理（2007）中提到，像 every…a different…、more…than… 这样的表达都被逻辑学家们认为是非连续量词。前者的例子如：

（i）Every student reads a different book.

这种处理是纯逻辑学角度的一种形式上的处理。从语言学角度看，如果强调语义和形式的对应，那么 every…a different… 也应该处理成一个句法构式，这样会更符合我们一般的认识。

数性的群组（group）。假定话域中有 a，b，c，d 四个人，其中 a，b，c 三个人是同意这个问题的，只有 d 与其他三人意见不同。这种情况下可以构建的符合同意关系的复数性群组和不构成同意关系的复数性群组分别如下所示。

(58) 同意的群组：{{a, b}, {a, c}, {b, c}, {a, b, c}}

不同意的群组：{{a, d}, {b, d}, {c, d}, {a, b, d}, {a, c, d}, {b, c, d}, {a, b, c, d}}

可以看到，同意的群组个数没有不同意的群组个数多。如果按照广义量词理论里对 most 的语义的一般的刻画，上面这种情况下会得出（57）为假。而实际在这种情况下（57）是为真的。

Yabushita（1989）对此提出了改进的方案。其改进的主要方面是，首先保证集合性谓词对群组的要求，在语义刻画中引入复数化算子，对 most 后面的 CN 做复数化的运算，得到群组的集合，并定义出一个既处在该集合内，同时又具有 VP 所表性质的成员的集合。然后关键的一步就是看这个集合与对 CN 复数化后得到的集合之间的关系。Yabushita 将这种关系确定为是看这两个集合中原子个体数的关系，而不是看其中群组成员数的关系。得到类似下面这样的语义刻画。[1]

(59)“Most CN VP”的语义：

$\exists Z \exists X[{}^*CN(X) \ \& \ \forall Y({}^*CN(Y) \rightarrow Y \subseteq X) \ \& \ Z \subseteq X \ \& \ VP(Z) \ \& \ |Z| > |X| - |Z|]$

这里的“*”代表复数化操作，*CN 代表对 CN 进行复数化操作而得

1　这个语义刻画式引自 Lin（1998：223）。Lin 在注释 15 中指出这个语义刻画式跟 Yabushita（1989）的原式稍有不同。

到由个体成员构成的加合（sums），也就是得到复数个体的集合。$Z \subseteq X$ & $VP(Z)$ 表示 Z 这个集合是 X 这个集合的子集，其中的成员需具有 VP 所表示的属性。就上面（57）的例子来说，就是指 *people 这个复数个体集合的一个子集，同时该子集中的成员具有 agree on the issue 的属性。最后关键的一个条件是 $|Z| > |X| - |Z|$。这里的 $|Z|$ 和 $|X|$ 分别指的是 Z 和 X 中的原子个体数。这里要求 Z 的原子个体数大于 X 的原子个体数与 Z 的原子个体数的差。

所以这里仍然是把真值条件放在了计算原子个体数上。虽然根据谓词语义的需要，要求其述谓的是复数个体，但对“占多数”的这一 most 的语义条件的观察不以复数个体数为准，而仍然看原子个体的数量情况。这就解决了集合性谓词对复数个体的要求和计算复数个体的数量会导致对句子真值情况的错误判断的问题。Lin（1998）采用了对 most 的这一分析方案来分析汉语中的“大部分”，认为对“大部分”的语义刻画也可以采用这一方式。[1]

1 Lin（1998）主要是分析“都”的语义。在分析完了“大部分”的语义后，进一步分析了与“都”共现，同时谓词又为集合性谓词时“都”的语义。借用了“覆盖”（cover）这个概念，提出了“都”所分配的是复数性的覆盖（plurality cover）。这里不详细介绍，具体参看该文。

第七章 量词的单调性及其对语言现象的解释

单调性（monotonicity）是量化词最重要的性质。上一章提到广义量词的性质有多种，如同构闭包性、守恒性、扩展性、对称性、单调性等。守恒性是量化词一种最为普遍的性质，前文已经讨论过。单调性考察的是量化词的论元所指的集合在扩大（即变成原来集合的母集）或缩小（即变成原来集合的子集）时，量化句的真值变化情况。这种真值变化情况，反映的是量化句的一种推理可能性。由于量化词关联不同的集合，因而量化句中集合大小的改变对真值的影响，就成了量化句语义研究的重要内容。当集合大小发生变化而真值不变时，表明量化句具有某种语义蕴涵（entailment）。对此，可以概括出不同的蕴涵型式（entailing pattens），并将具有不同蕴涵型式的量化词进行归类，由此所得到的相关的知识对于语义推理计算具有重要的作用。

7.1 何谓单调性

单调性是指量化词所关联的集合做扩大或缩小的变化时，量化句真值变化的情况。集合可以扩大为自己的母集（superset），或者缩小为自己的子集（subset）。如果集合扩大后句子仍然为真，这个量化词就具有上单调性（monotone increasing）[1]。如果集合缩小后句子仍然为真，这个量化词就具有下单调性（monotone decreasing）。在 Barwise & Cooper（1981）中，量化词 Q 为包含了限定词（Det）和其后的普通名词（N）在内的整个 NP。因此在该文中对单调性的定义就是对 NP 的单调性的定义。定义如下（Barwise & Cooper 1981：184-185）：

(1) a. 一个量词 Q 是上单调的（mon ↑），如果 $X \in Q$，$X \subseteq Y \subseteq E$ 蕴涵着 $Y \in Q$。

b. 一个量词 Q 是下单调的（mon ↓），如果 $X \in Q$，$Y \subseteq X \subseteq E$ 蕴涵着 $Y \in Q$。

这个定义跟一般文献中分别从限定词关联的 A 和 B 两个集合的扩大和缩小来看蕴涵结果不一样，就是因为这里的 Q 代表着 D（A）。而上一章介绍广义量词理论时说过，Det+N（即整个 NP）的语义类型是 <<e, t>, t>，即集合的集合。因此 NP+VP 的真值，就是看 VP 所指的集合是否为 NP 所指的集合中的元素。若 VP∈NP（NP 即上面定义中的 Det+N），则句子为真；若 VP∉NP，则句子为假。Barwise & Cooper（1981：185）举的例子如下。其中（2）是 NP 单调上升的例子，（3）是 NP 单调下降的例子。

(2)

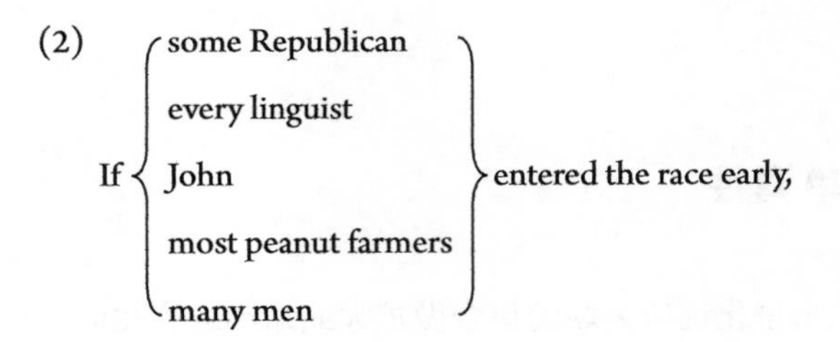

1 monotone increasing 也翻译成“单调递增”，下文的 monotone decreasing 也翻译成“单调递减”。

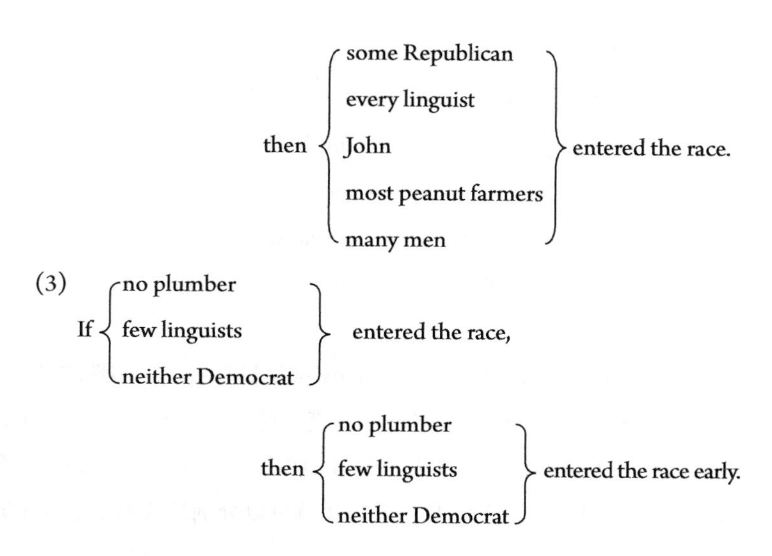

可以看到，像 some N、every N、专名、most N 和 many N 等是单调上升的，而 no N、few N 和 neither N 等是单调下降的。后者在语义上的共同点是具有否定性。

文献中更为普遍的是对普通限定量词的单调性的观察。限定量词也就是第六章里介绍的 <1, 1> 型量词。<1, 1> 型量词关联两个集合 A 和 B。两个集合都分别可以扩大为自己的母集或缩小为自己的子集，从而体现出上单调性或下单调性。线性位置上，代表两个集合的 N 和 VP 一般是一左一右分布的，因而上下单调性又可以区分左右两个方向，分别为右上单调性（mon ↑）、右下单调性（mon ↓）、左上单调性（↑ mon）和左下单调性（↓ mon）四种。de Swart（1993：154-163）对四种单调性分别定义和举例如下[1]。

（一）右上单调　　Mon ↑

定义：if Q_U AB and B ⊆ B' then Q_U AB'

1　本章例句中的横线均为本书所加，推理符号保留原文中的形式。后文不再说明。

(4) a. All children came home early. →

b. All children came home.

c. At least three children came home early. →

d. At least three children came home.

e. Many children came home early. →

h. Many children came home.

上面的 all、at least three 和 many 都是具有右上单调性的量词。也就是右边的 B 集合扩大时，句子仍然为真。此外 some、more than five[1] 等也是具有右上单调性的。B 集合的母集可以有多种形式。如果 B 集合是两个集合的交集（C∩D），那么其母集就可以分别是这两个集合（即 C 或 D 都可以是 C∩D 的母集）。在语言形式上，两个集合的交集可以表达为用 and 连接的并列形式，因而右上单调性使得并列形式可以改成分述形式（见 de Swart 1993：155-156）。如下：

(5) a. All children sang and danced. →

b. All children sang and all children danced.

c. At least three children sang and danced. →

d. At least three children sang and at least three children danced.

e. Many children sang and danced. →

f. Many children sang and many children danced.

（二）右下单调　　Mon ↓

定义：if Q_U AB and B' ⊆ B then Q_U AB'

1　其中的 five 可以替换成不同的数字。

(6) a. Not all children came home. →

b. Not all children came home early.

c. Few children came home. →

d. Few children came home early.

上面的 not all、few 具有右下单调性，也就是右边的 B 集合缩小时，句子仍然为真。此外 no、less than ten、at most three 等也具有右下单调性。B 集合的子集可以有多种形式。如果 B 集合是两个集合的并集（C∪D），那么其子集就可以分别是这两个集合（即 C 或 D 都可以是 C∪D 的子集）。在语言形式上，两个集合的并集可以表达为用 or 连接的并列形式，因而右下单调性使得并列形式可以改成分述形式（见 de Swart 1993：157）。如下：

(7) a. Not all children sang or danced. →

b. Not all children sang and not all children danced.

c. No children sang or danced. →

d. No children sang and no children danced.

e. Few children sang or danced. →

f. Few children sang and few children danced.

（三）左上单调 ↑ Mon

定义：if Q_U AB and A ⊆ A' then Q_U A'B

(8) a. Some young children cried. →

b. Some children cried.

c. At least three young children cried. →

d. At least three children cried.

e. <u>Not all</u> young children cried. →

f. <u>Not all</u> children cried.

上面的 some、at least three、not all 等具有左上单调性。也就是左边的 A 集合扩大时，句子仍然为真。

（四）左下单调　　　↓ Mon

定义：if Q_U AB and A' ⊆ A then Q_U A'B

(9) a. <u>No</u> child cried.　　→

b. <u>No</u> young child cried.

c. <u>Every</u> child cried. →

d. <u>Every</u> young child cried.

e. <u>At most three</u> children cried.　　→

f. <u>At most three</u> young children cried.

上面的 no、every、at most three 等具有左下单调性。也就是左边的 A 集合缩小时，句子仍然为真。

可以看到，相对于 Barwise & Cooper（1981）仅考察整个 NP 的单调性，分别观察限定量词所关联的两个集合的大小变化对真值的影响，能更为细致全面地反映量化句的语义蕴涵情况。虽然像专名、代词等量词不像其他的限定量词那样需要后接一个 N，因而没有 A 集合的变化可观察，但大部分量词都是关联两个集合的 <1, 1> 型量词，对其语义蕴涵情况是可以从 A、B 两个集合的变化情况来观察的。而 A 集合的变化也确实能影响一些量化词句的真值。

以上这些具有单调性的量词，在单调性的具体表现上呈现一定的特点。可以看到，有的量词左右两边的单调性方向是相反的（↓ Mon ↑或者↑ Mon ↓），有的量词左右两边的单调性方向是相同的（↑ Mon ↑或者↓ Mon ↓)。如下：

(10) ↓ Mon ↑　all
　　↑ Mon ↓　not all
　　↑ Mon ↑　some　at least three
　　↓ Mon ↓　no　at most three

7.2 量词单调性的不同情况

根据四种单调性的不同表现，我们可以逐一检验不同量词的单调性特征。上面在各类单调性特征下举出的量词，都是典型具有该类特征的量词。除了这些量词外，也有一些量词，其单调性特征不明显，因而对它们的归类存在不同看法。

7.2.1 模糊量词的单调性

文献中提到的有争议的量词主要有 a lot、many、few 和 most 等。a lot、many、few、most 等属于模糊量词（fuzzy quantifiers）（见张乔 1998a，1998b）。模糊量词是指其所指量的范围没有一个确定界限的量词。比如 many 到底指多少，并没有确切的标准。[1] 语言中的模糊量词有很多。张乔（1998a：73）将模糊量词分成了三类：Ⅰ不含数字的量词，Ⅱ含有数字的量词，Ⅲ含有“多于”“少于”的量词。根据张乔的考察，这些模糊量词的单调性情况如下，其中表 7.1 为Ⅰ类，表 7.2 为第Ⅱ、Ⅲ类，分别引自张乔（1998a：73，75）。

1　张乔（1998b：24）注释②对“模糊量词”的解释是“没有确定的语义界限的量词”。可以理解为其所指的量的范围不确定。也就是集合 A 和 B 之间的关系没有办法确切地界定。

表 7.1　类型 I 模糊量词的单调性

模糊量词	主语向上单调	主语向下单调	谓语向上单调	谓语向下单调
very many	?	否	是	否
a lot	?	否	是	否
many	?	否	是	否
quite a lot	?	否	是	否
quite a few	?	否	是	否
a few	是	否	是	否
several	是	否	是	否
not many	否	?	否	是
few	否	?	否	是
very few	否	?	否	是

表 7.2　类型 II 和类型 III 模糊量词的单调性

模糊量词	主语向上单调	主语向下单调	谓语向上单调	谓语向下单调
about n	是	否	是	否
n-odd	是	否	是	否
n or so	是	否	是	否
nearly n	是	否	是	否
…	……	……	……	……
more than n	是	否	是	否
at least n	是	否	是	否
fewer than a	否	是	否	是
at most n	否	是	否	是

上面表格中的“是”和“否”表示具有或者不具有某种单调性，“?”表示单调性不能确定。“主语”和“谓语”分别代表量化词关联的集合 A

和 B。张乔（1998a）对这些检测结果有详细的说明。在表 7.2 中是带有数词 n 的第Ⅱ、Ⅲ类量词，其中各个量词的单调性特征是确定的。表 7.1 是不含数词的Ⅰ类量词，其中除了 a few、several 的单调性特征确定外，其上部分的词左上单调性（即主语上单调性）不确定，其下部分的词左下单调性（即主语下单调性）不确定。之所以出现这种情况，张乔（1998a：74）认为，a few、several 表示数值域，其他的量词“多表示比例”，而“意义所指为数值域的模糊量词的语义比那些意义所指为比例的模糊量词的语义确定一些”。张乔书中举了一个例子，当说“不少女孩离开了”时，不一定蕴涵“不少人离开了”，因为在某种情况下，“不少女孩离开了”的人数可能少于“不少人离开了”的人数。

如果把这些模糊量词看作比例量词，确实存在张乔书中所说的这个问题。但张书中忽略了表 7.1 中的这些量词的一个特点，即这些量词都是既可以做基数解读（cardinal reading）也可以做比例解读（proportional reading）的。比如 many，可以表示纯粹数量上的多数，也可以表示比例上的占多数。当表示比例上的占多数时，确实可能出现“许多女孩离开了”不一定蕴涵“许多人离开了”的情况。当表示纯数量的多数时，其表义跟 several 和 a few 一样，也是较为确定的。即“许多”表达的是带有一定客观标准的数量值。这种情况下，“许多”表达的量跟所占比例没有关系，因而集合扩大也不影响其表达的量。这样的话，“许多女孩离开了”是蕴涵“许多人离开了”的。而语感上，这些模糊量词的优势解读是表纯数量。如果这样的话，那么表 7.1 中的问号都可以改为“是”。

除了张乔（1998a）列出的那些模糊量词（即上面表 7.1 和表 7.2 中的量词），自然语言中还有一些量词。比如 from m to n（从 m 到 n）、between m% and n%（m% 到 n% 之间）、odd number of（奇数个）、even number of（偶数个）等，也都是模糊量词。这些量词的单调性同样可以通过扩大或缩小其两个论元集合的方式来测试。其单调性如表 7.3。

表 7.3 其他模糊量词的单调性

模糊量词	主语向上单调	主语向下单调	谓语向上单调	谓语向下单调
from m to n	是	否	是	否
between m% and n%	是	否	是	否
odd number of	是	否	是	否
even number of	是	否	是	否

跟表 7.2 一样，这里的模糊量词是带有数词 n（奇数或偶数）的。可以看到，在上面三个表格中，除了几个否定意义的量词 not many、few、very few、fewer than n、at most n 外[1]，其他都具有上单调性，其中全部具有谓语向上单调性，而主语向上单调一栏带有问号的几个词，如果纯粹理解为表达数量而不是表达比例的话，也是有主语向上单调性的。但我们用实际例句测试时，会发现上面表格中有一些跟我们的语感"不符"的地方。

以 a few 为例。当说 a few students left 时，能不能推出 a few people left？可能实际情况是，虽然离开的学生只有一些，但是总共离开的人很多（即包括学生以外的其他人）。这种情况下似乎说 a few people left 不太合适。而如果认为由 a few students left 不能推出 a few people left，那么 a few 不具有主语向上单调性。因此，为什么在张乔（1998a）中确定地认为它具有主语向上单调性呢？

关于这个问题，Barwise & Cooper（1981：186）做过分析。文中提到有一些 NP 在单调性上会引起争论，其中就详细分析了 a few，认为 a few 可以表示 some but not many，也可以表示 at least a few。当表示前者时，a few 不具有单调性（not monotone）。当表示后者时，a few 是（主语 / 谓语）向上单调的。还提到上单调的解读才是语义学需要解释的，

1 at most n 表示至多 n、不超过 n，因而也是带有否定意义的。

而非单调的解读则由会话含义解释[1]。文中对此没有具体展开，只是提到了关于会话含义可以参考 Grice（1975）和 Horn（1972），同时提到了像 several、quite a few 和 two（即数词）这些词都具有类似的特征。

下面，我们将详细地了解量词这两种语义解读的来源及其对推理的影响。

7.2.2 量词的 exactly 解读 vs. at-least 解读

仍然以 a few 为例。我们将 a few 表示的 some but not many 称作 exactly- 解读，即表示“正好一些”。将其表示的 at least a few 称作 at least- 解读，即表示“至少一些”。前者是一种会话含义，后者不是。“当一个表达涉及一个信息的量级（an information scale）时，这种会话含义总是能产生。”（Chierchia 2004：41）这是因为人们在日常会话中，一般会遵循一定的会话原则。Grice（1975）讨论了会话的合作原则（Cooperative Principle）。合作原则包括质的准则（the Maxim of Quality）、量的准则（the Maxim of Quantity）、关系准则（the Maxim of Relevance）和方式准则（the Maxim of Manner）。其中量的准则要求所说的话在信息量上不多不少。[2]在这一要求下，当说话人话语中出现了数量时，这个数量一定是不多不少正好表达当下的数量。即当数量为 many 时，说话人一般不说 a few。说话人用到 a few 时，一定是数量就这么多。因此 a few 表示 some but not many 的意思，是会话合作原则下的一种隐含义，不是 a few 的规约性语义。这种含义由于涉及信息度的量级（scales of informativeness），因而被称作极差含义（Scalar Implicature, SI）（见 Horn 1972），即当话语中用到量级上的某一个点时，隐含着比这

1 作者的原话为 “It is likely that the mon ↑ reading is the only one that should be accounted for by the semantics, conversational implicature explaining the illusion of a non-monotone reading.”（P186）。另外，关于 Grice 量的准则第二章 2.3.2 节讨论 Horn 量级时已谈到了。

2 即 as informative as required 和 not...more informative than is required，见 Grice（1975：45）。

个点信息量多的点是不具有谓词所表示的某种性质，或者其所表示的属性是不为当前讨论对象所具有的（见第二章 2.3 节的介绍）。

量级有多种，Chierchia（2004：41）列出了以下几种。其中数量量级是最常见也是我们最为熟悉的量级之一。

（11）Positive quantifier scale: some < many < most < every

Negative quantifier scale: not all < few < none

Predicates: *cute* < *beautiful* < *stupendous*

discrete < *good* < *excellent*

Numerals: 1 < … n < …

Modals: possibly < necessarily may < must

←———

entailing

（11）中的“<”代表信息量上“弱于”或者“小于”。这里列出的除了量化词的量级和数词的量级外[1]，还有谓词，主要是形容词的量级，以及模态词的量级。后两者都涉及程度（degree/grade）。很多性状就具有程度特征。相应地，程度等级也就成了表达这些性状的形容词的重要特征[2]。相关的研究成为程度语义学（degree semantics）的重要内容。程度语义学中对“程度”和“量级”等都有确切的定义，我们这里不展开，相关的研究见罗琼鹏的系列文章（罗琼鹏 2016，2017，2018）中的介绍。

1 数词有基数解读和比例解读两种。基数解读（cardinal reading）是表达纯粹的数量，可以解读为 there are n …，比例解读是表示在一个量化域中所占数量，可以解读为 n of …。数的概念在人类长期的认知中形成并固定下来，以至于可以完全是抽象的，无需依附任何具体实物（当然也可以依附于具体实物）来体现。因而单纯的数就可以排序，所形成的量级是我们最为熟知的量级。而这里与 Numerals 并列的 Quantifiers 则总是与量化域相关的关联两个集合的函项。也就是这里的 Quantifiers 是表示两个集合之间关系的。

2 罗琼鹏（2018：29）提到，“并非所有的形容词都具有等级性。根据是否具有等级性，形容词可以分为等级形容词（gradable adjectives）和非等级形容词（non-gradable adjectives）”。

按照从左至右顺序排列的量级序列的一个重要功能，就是能显示其从右到左的蕴涵关系，方向如（11）中的箭头所示。即当含有右边的词的句子为真时，将该词替换为量级上位于其左边的词，句子仍然为真。为简单起见，后文直接说量词 A 蕴涵着量词 B。例如，当每一个人都抽烟时，意味着说一些人抽烟也是对的。也就是 every 蕴涵着 some（Chierchia 2004：41）。

（12）a. Every man smokes.　b. Some man smokes.

而对于 a few 也同样如此。当数量为 many 时，蕴涵着 a few 也为真（上面的量级中，a few 的位置大致在 some 附近）。这种蕴涵，文献中称作极差蕴涵（Scalar Entailment，SE）（Fauconnier 1975；Kay 1990）。[1] 跟上面的极差含义相比，极差蕴涵构成不同方向的推理：极差含义是由信息量小的成分往信息量大的成分看，而极差蕴涵是由信息量大的成分往信息量小的成分看。

量级的这种蕴涵特点，构成了量词的 at least- 解读的来源。可以这样证明。一个量词总是蕴涵位于其左边的量词为真，设这个量词为 n，如果是“少于 n”，假定是 m 的话，由于是左向蕴涵，则超出 m 而小于或等于 n 的量 x（$m < x \le n$）就得不到保证了。要想保证 n 左边的量都为真，则数量必须达到 n，即不能少于 n。所以得到“最少 n”的解读。可见量词的这种 at least- 解读，是量级的蕴涵方向所保证的。这种语义是一种规约性语义。而其表示的“有可能超出”的意思，则是一种可以被取消的语用含义。这种蕴涵特点保证了当 a few 做 at least a few 解读时，是具有向上单调性的。因为当其所关联的集合扩大时，比如由 a few students left 变成 a few people left 时，实际情况可能是，虽然离开的学生只有一

1　关于极差蕴涵的具体特点，见 Kay（1990）的介绍。另外，Chow（2012：39-42）对 Kay（1990）关于极差蕴涵的内容也有详细介绍。

些，但离开的人很多，不是只有一些。由于 many people left 蕴涵着 a few people left，当 many people left 为真时，意味着其中 a few people left 也是为真的。所以反过来，当说 a few people left 时，并不排斥 many people left 的情况。因而即使有很多人离开，我们也可以说 a few people left，唯一的不足是说话人没有遵守合作原则中的量的准则。

7.2.3 非单调量词

不具有单调性的量词，文献中称为非单调量词（non-monotone quantifiers）（如 de Swart 1993：157）。非单调量词既没有单调递增性，也没有单调递减性。对出现了这样量化词的句子，我们无法在其所关联的集合扩大或缩小时对句子的真值做出判断。这样的量词如 most but not all、exactly half of the、exactly two 等。例如（de Swart 1993：157-158）[1]：

(13) a. Most but not all children came home early. <-/->
Most but not all children came home.
b. Exactly half of the children sang and danced. <-/->
Exactly half of the children sang and exactly half of the children danced.

上面测试的是右单调性。以（13a）为例。其中由“大多数但并非全部孩子都很早回家了”不能推出“大多数但并非全部孩子都回家了”，也就是可能所有的孩子都回家了，其中大多数孩子回家很早，只是个别孩子回家较晚。而反过来推理也无法成立，即由大多数孩子回家了也推不出大多数孩子很早回家了。因此不论是上单调性还是下单调性，most but all 都没有。exactly half of 与此相同。而左单调性的测试，可以将其中的

1 右边的表不能推理的符号也保留该书中原样。

children 分别替换成它的子集，如“女孩”，或者它的母集，如“人”。替换之后发现其也不具有左单调性。

除了左右两边都没有单调性特征的量词外，还有一些是在某一边不具有单调性的。de Swart（1993：159）提到，“自然语言中很多的限定词在其左边的论元位置是不具有单调性的”[1]。文中提到了 most、exactly half of the、two third of the 等。例如（de Swart 1993：159）：

(14) Most children cried. <≠> Most young children cried.

由“大多数孩子哭了”不能推出“大多数小孩子哭了”，反之亦然。因此 most 不具有左单调性。但是 most 是具有右上单调性的，比如由“大多数孩子伤心地哭了”可以推出“大多数孩子哭了”，反之不然。

注意 most 和 most but not all 的区别在于后者将“全部”这种可能性排除在外了。前面提到量词的 at least 解读。most 可以解读为 at least most。即在量的梯级上，most 蕴涵其左边的所有量词为真，但同时也不排斥其右边的 all 为真的情况。后者是一种语用含义，是可以被取消的。取消的方式，就是可以用 but not all 来明确表示不包括全部。上面的（13a）“大多数但并非全部孩子都很早回家了”推不出（13b）“大多数但并非全部孩子都回家了”[2]，因为有可能是所有的孩子都回家了，而其中很早回家的孩子占大多数。也就是（13a）可能推出的一种情况是“所有的孩子都回家了”。当仅用 most 时，尽管句子表面是说 most children came home，也不排除所有孩子都回家的可能。而如果在表达中明确地表明了 but not all，那么就把这种“所有的孩子都回家了”的可能性完全排除了。因而（13a）中的推理是不能成立的，也就是当加上 but not all 时，就不具有右上单调性了。

1 其英文原文为“Many natural language determiners are non-monotone in their left argument.”。

2 为了使讨论更清楚，我们这里把英文例句翻译成了中文来说。

7.3 量化副词的单调性

第六章提到量化副词的广义量词分析，认为量化副词表达了事件（或场景等）集合之间的关系。而同样，量化副词也表现出跟限定量词类似的单调性。

量化副词的单调性，也是要考察其所关联的两个集合在分别扩展或缩小时，量化句的真值变化情况。量化副词同样可以区分为右上单调（Mon ↑）、右下单调（Mon ↓）和左上单调（↑ Mon）、左下单调（↓ Mon）几种情况。这几种情况可以做如下形式化定义。以下关于量化副词的单调性特征的分析和相关的例句，见 de Swart（1993：189-199）。

(15) Mon ↑ if Q_E AB and B ⊆ B' then Q_E AB'

Mon ↓ if Q_E AB and B' ⊆ B then Q_E AB'

↑ Mon if Q_E AB and A ⊆ A' then Q_E A'B

↓ Mon if Q_E AB and A' ⊆ A then Q_E A'B

以上单调性定义中的下标 E 代表事件域（the universe *E* of eventualities，见 de Swart 1993：189）。四种情况的例子分别如下：

(16) Mon ↑

a. (When she knits something) Marie sometimes knits Norwegian sweaters.

b. (When she knits something) Marie sometimes knits sweaters.

具有右上单调性的量化副词有 sometimes、always、often 等。

(17) Mon ↓

a. (When she knits something) Marie never knits sweaters.

b. (When she knits something) Marie never knits Norwegian sweaters.

具有右下单调性的量化副词有 never、not...always、seldom 等。

(18) ↑ Mon

a. (When she knits sweaters) Marie does not always knit Norwegian sweaters.

b. (When she knits something) Marie does not always knit Norwegian sweaters.

具有左上单调性的量化副词有 not always。

(19) ↓ Mon

a. (When she knits something) Marie always knits Norwegian sweaters.

b. (When she knits sweaters) Marie always knits Norwegian sweaters.

具有左下单调性的量化副词有 always。其他像 sometimes、never 等词，虽然分别具有右上单调和右下单调性，在左单调性方面却没有，都可以上下蕴涵。如下：

(20) (When she knits sweaters) Marie sometimes knits Norwegian sweaters. →

(When she knits something) Marie sometimes knits Norwegian sweaters.

(21) (When she knits sweaters) Marie never knits Norwegian sweaters. →

(When she knits something) Marie never knits Norwegian sweaters.

而像 mostly 这个词，我们期望它跟 most 表现一样，即没有左单调性。但是 mostly 在表达句内关系时，却表现出左下单调性。

(22) (When she knits something) Marie mostly knits Norwegian sweaters. →

(When she knits sweaters) Marie mostly knits Norwegian sweaters.

de Swart（1993：196）指出 mostly 之所以表现出左下单调性，是因为这里量化词所关联的两个集合之间具有包含关系，即 $B \subseteq A$。当 A 扩充为其母集 A' 时，$B \subseteq A \subseteq A'$。当 B 与 A' 的关系符合 most 的关系，即 $|A' \cap B| > |A' - B|$ 时，B 与 A 的关系当然也符合 most 的关系，即 $|A \cap B| > |A - B|$。如果把 mostly 出现的语境换成两个没有包含关系的集合，mostly 的无单调性就体现出来。例如：

(23) a. When John is travelling, he is mostly happy. $\not\rightarrow$

b. When John is travelling by train, he is mostly happy.

此时的 A 为 {e | John is travelling in e}，B 为 {e' | John is happy in e'}。两个集合之间没有包含关系。当 B 与 A' 的关系符合 most 的关系，即 $|A' \cap B| > |A' - B|$ 时，B 与 A 的关系不一定也符合 most 的关系。因此我们无法判断出它是否具有左下单调性。

跟限定量词比，量化副词的数量较少，是封闭的一类。其在单调性表现上没有限定量词那么复杂。此外，上一章提到文献中对量化副词所关联的集合是事件还是场景等的讨论。在讨论单调性时，如果撇开那些细节的问题，可以认为量化副词关联的就是事件的集合。

7.4 量词单调性对语言现象的解释

7.4.1 DE 语境与极项成分的允准

量化词的单调上升或单调下降的性质的区分，对于描写否定极性成分（negative polarity items，NPI）的允准条件具有重要的作用。具有单调下降性质的量化词可以准允（license）否定极性成分的出现。单调下降又称为向下蕴涵（downward entailment）。向下蕴涵语境简称为 DE 语境。与之相对的是向上蕴涵 UD。DE 语境对否定极项成分的允准例子如下（de Swart 1993：159）：

(24) a. Every student who had read any book by Chomsky knew the answer.
b. *Some students who had read any book by Chomsky knew the answer.
c. *Exactly half of the students who had read any book by Chomsky knew the answer.

上面是限定量词的例子。其中 every 是左下单调的，因而在其关联的第一个集合中可以出现 any book 这样的极项成分。some 是左上单调的（也是右上单调的），因而在其关联的一个集合中不能出现 any book 这样的极项成分。而 exactly half of 是非单调量词，因而也不能允准极项成分的出现。

再看下面的例子（de Swart 1993：197）：

(25) a. When the teacher came in, the students never made any noise.
b. ?? When the teacher came in, the students sometimes made any noise.

(26) a. When the students made any noise, the teacher always got terribly angry.
b. ?? When the students made any noise, the teacher did not always get terribly angry.

上面是量化副词的例子。其中 never 是右下单调的，因而在右边句子中可以出现否定极项成分 any noise，而 sometimes 是右上单调的，因而不适合允准 any noise 的出现。always 是左下单调的，因而其左边的句子中可以出现 any noise，而 not...always 是左上单调的，因而不适合允准 any noise 的出现。

DE 语境构成 NPI 的允准条件，这是对 NPI 研究的经典性结论。Ladusaw 在其博士论文（Ladusaw 1979）中较早地提出了这一语义允准条件。从此 DE 成为 NPI 研究中的关键词。但是在后来的研究中，人们发现 NPI 并非仅能出现在明显的 DE 语境中。一些不具备 DE 特点的词也能允准 NPI，典型的比如 only。这给 DE 方案带来了较大的挑战。only 允准 NPI 的例子如下。其中（27）引自 von Fintel（1999：101）。（28）引自 Beaver & Clark（2003：330-331），（28）来自真实文本语料。[1]

(27) Only John ever ate any kale for breakfast.

(28) a. We only ever had cream of mushroom.

1 关于 DE 方案面临的挑战更为详细的介绍参见陈莉、潘海华（2020）。这里及后面的介绍依据该文，部分标明了原文出处的例句也先转引自该文。

b. The central problem is that it is only ever possible to sample a child's language over a fixed period of time and within a finite number of situations.

c. Well, I certainly don't give a damn. I only gave a damn because I thought you did.

d. They're vicious, greedy buggers who'd only lift a finger to save their best friend if they thought they'd profit from it.

其中的 ever、(give) a damn 和 (lift) a finger 都是 NPI。在 only 出现的语境中，这些词的使用并没有带来句子的不合法。而 only 句却不具有常规形式上的向下蕴涵。例如（von Fintel 1999：101）：

(29) Only John ate vegetables for breakfast. $\nRightarrow$ Only John ate kale for breakfast.

将 vegetables 改成 kale（“羽衣甘蓝”）后，前一句不能推出后一句。可见 only 句不具有常规形式的向下蕴涵特性。

看汉语的例子更清楚（陈莉、潘海华 2020：190）：

(30) a. 小刘从来只写科幻小说。

b. 机会从来只眷顾有准备的人。

“从来”是 NPI，在“只”的语境中可以出现。去掉“只”，句子不合法。

(31) a. * 小刘从来写科幻小说。

b. * 机会从来眷顾有准备的人。

而汉语的“只”字句也不具有 DE 特征：

(32) 小刘只写小说。↛ 小刘只写科幻小说。

针对 only 给 NPI 准允的 DE 方案带来的挑战，von Fintel（1999：104）提出了一个改进的方案，就是被他称作 Strawson Downward Entailingness 的方案。陈莉、潘海华（2020）将其简称为 SDE。

(33) A function f of type $<\sigma, \tau>$ is Strawson-DE
iff for all x, y of type σ such that $x \Rightarrow y$ and $f(x)$ *is defined*: $f(y) \Rightarrow f(x)$

这个改进方案补充了一个条件：$f(x)$ is defined。这个条件是用来保证结论的前提成立的。具体到其（29）的例子。要想由“只有约翰早餐吃了蔬菜”推出“只有约翰早餐吃了甘蓝”，就必须在推理条件中增加一个前提：约翰早餐吃了甘蓝，也就是方案中的 $f(x)$，而这个 $f(x)$ 为真。

对于 von Fintel（1999）的这个方案，陈莉、潘海华（2020）指出了其不足之处，并提出了一个新的方案：LF-DE。他们认为，SDE 比 DE 更宽松，其添加的预设条件（即 $f(x)$ is defined）并没有明确的触发语。他们从排他性焦点与全称量化结构的关系出发，提出了引出排他性焦点的 only 句，在语义结构层面表达的是全称量化，因而其左论元位置还是具有 DE 性质的，也就可以允准 NPI 的出现。only 句的量化三分结构可以描述如下（陈莉、潘海华 2020：192）：

(34) a. Only John ate vegetables for breakfast.
b. $\forall x$ [x ate vegetables for breakfast → x=John]

(35) a. John only gave kale to his friends.
b. $\forall x$ [John gave x to his friends → x=kale]

可以看到上面将only句刻画成了全称量化式。其中全称量化的量化域为将only所关联的语义焦点替换成x后得到的成分。（34a）的语义焦点为John，将其替换成x后得到“x ate vegetables for breakfast”；（35a）的语义焦点为kale，将其替换成x后得到“John gave x to his friends”。变量的值就是only所关联的语义焦点，分别为John和Kale。而之所以only句的语义能刻画成全称量化式，是因为only表达的穷尽义，本质上就是一种全称量化义[1]。穷尽义的全称量化性质可以进一步具体解读为，当x就是指某一个唯一的对象、具有排他性时，也就是所有同类事件中的x获得同一个值。[2]

在将穷尽义转换成全称量化后，得到的全称量化式的蕴涵性质就很明显了。全称量词是典型的左下单调量词，也就是其左论元具有典型的DE性质。而既然具有DE性质，能够允准NPI就不奇怪了。这样，陈莉、潘海华（2020）成功地将only类看上去不是DE语境的句子对NPI的允准做出了统一的解释。他们认为这些句子在语义逻辑层面具有全称量化的性质，因而将这种通过语义分析观察到的DE性质称作LF-DE，提出了LF-DE可以作为各种极项允准现象的条件。

LF-DE方案的提出，对极项允准研究是一个很大的贡献。相比于SDE方案，LF-DE方案不需要增加语义条件来保证DE的存在，只需要透过句子表面看到句子真正表达的语义。因此观察的DE性质完全是句子本身所包含的语义性质，而不是通过增加条件而获得的语义性质。而由此我们也更能看到DE语境与NPI之间的紧密联系。那些看似例外的情形也仍然是由DE来允准的，只是之前我们没有观察其相对隐性的语义而已。

1　陈莉、潘海华（2020：192）提到：“only作为排他焦点算子，与全称量化的本质联系在于语义规约中的穷尽性。”

2　反过来，全称量化义也具有穷尽的性质。其穷尽性可以解读为，当一个集合中的所有成员无一例外地具有某种属性时，就是穷尽了该集合的所有成员。因此only表达的穷尽义是得到一个独元集，这个独元集里的唯一成员具有某种性质。而一般全称量化表达的穷尽义是穷尽一个多元集合的所有成员，这个多元集合中的所有成员具有某种性质。

7.4.2 单调性与名词短语的并列连接

这里的名词短语并列连接，是指名词短语和名词短语通过布尔连接构成并列关系的 NP。Barwise & Cooper（1981：194-196）讨论了这个问题。布尔连接词有 and、or 和 not，即合取、析取和否定。能够将名词短语连接起来的主要是 and 和 or。Barwise & Cooper 讨论了 and 和 or 对名词短语的连接，指出连接的名词短语需要在单调性上是一致的，即同是单调上升的名词短语能连接在一起，同是单调下降的名词短语能连接在一起。而上单调的名词短语和下单调的名词短语不能连接在一起。例如（Barwise & Cooper 1981：194-195）：

(36) a. 单调上升 + 单调上升：a man and three women, several men and a few women, the professor or some students, most men and any woman (could lift this piano)

b. 单调下降 + 单调下降：no man and few women, no violas or few violins (are playing in the tune)

c. 混合：*John and no woman, *few women and a few men (could lift this piano), *two violas and few violins (are playing in the tune)

Barwise & Cooper 接着讨论了 but，指出混合型中如果用 but，就能成为合法的表达了。如（37）所示。并指出，but 所连接的两项不能是相同单调性的。如（38）所示。

(37) a. John but no woman was invited.

b. Few mathematicians but $\left\{\begin{array}{l}\text{a few}\\ \text{many}\end{array}\right\}$ linguistics have worked on natural language conjunction.

c. Two violas but {few / no} violins are playing in tune.

(38) a. *John but a woman {was / were} invited.

b. *Few mathematicians but no linguists have worked on natural language conjunction.

c. ? Two violas but three violins are playing in tune.

由于汉语中没有直接对应于 few、no 等的词，因此不存在两个下单调的 NP 的连接，也不存在单调性不一致的两个 NP 的连接。比如汉语中常用来表达不存在的“没有”，不等同于 no，因此不会有“一个男人和 / 或 / 但没有女人”这样的连接。而（36a）中各个上单调 NP 的连接，除了 most 跟 any 的连接，即“大多数……和任何……”这样的搭配在汉语中暂时没有发现用例外，其他的都有。“任何”一般被认为是表“任选”义的。第二章 2.6 节提到了它跟英语中的 any 相似。跟其他表全称义的“所有”“一切”“每”不同，“任何 N”跟其他词的连接较为受限，我们在 CCL 语料库里仅找到了“任何”跟“一切”连接的例子 1 例，如下：

(39) 同一种违法行为的罪恶，如果是出于恃强、恃富或倚仗亲友来抵抗执法者等动机而犯下的，比出于希图不被发现或畏罪潜逃而犯下的更为重大。因为认为恃强可以逍遥法外这一点在任何时候和一切引诱下都是藐视法律的根源。而在后一种情形下，因害怕危险而逃走这一点则会使他在将来更加服从。明知故犯的罪行比误认其为合法而犯下的罪行更严重。

“一切”也是表全称量化的。可见“任何”仅能跟同类量词连接，且我们只发现了这一个用例，说明它即使是跟同类量词连接，使用也是非常受限的。

7.5 汉语中量词的单调性

7.5.1 汉语中限定量词的单调性

对汉语中限定量词的单调性，赵威（Zhao 2013）有详细的讨论。赵文区分了全称量词、存在量词和模糊量词三类来考察汉语量词的单调性表现。文中列出了三个表格，引用如下：

表 7.4 汉语全称量词的单调性（Zhao 2013：26–27）

<table>
<tr><th>全称量词</th><th>种类</th><th>主语
单调性</th><th>谓语
单调性</th></tr>
<tr><td>除了(以外)，……其他(所有)
(的)……都</td><td>含排他成分的</td><td>无</td><td>无</td></tr>
<tr><td>(这/那)两个……都……</td><td rowspan="2">有数量前提的</td><td>↑</td><td>↑</td></tr>
<tr><td>(这，那)两个……都(不/没)</td><td>↑</td><td>↓</td></tr>
<tr><td>件件……(都)，满……(都)，
凡……(都)，所有……(都)，
全部……(都)，一切……(都)，
每个……(都)，个个……(都)，</td><td rowspan="2">无数量前提的</td><td rowspan="2">↓</td><td>↑</td></tr>
<tr><td>件件……(都)不/没，满……(都)不/没，
凡……(都)不/没，所有……(都)不/没，
全部……(都)不/没，一切……(都)不/没，
每个……(都)不/没，个个……(都)不/没，</td><td>↓</td></tr>
</table>

表 7.5　汉语存在量词的单调性（Zhao 2013：33）

存在量词	种类	主语单调性	谓语单调性
有	呈现	↑	↑
有的	部分量词		
有(一)些	殊指复数		
有……不/没(有)	呈现	↑	↓
有的……不/没(有)	部分量词		
有(一)些……不/没(有)	殊指复数		

表 7.6　汉语模糊量词的单调性（Zhao 2013：40）

模糊量词	种类	主语单调性	谓语单调性
a类　80%<基本上(几乎所有，绝大部分，绝大多数<100%)	比例量词	?	↑
b类　50%<大多数(大部分，大半，多数，多半)<80%		?	↑
c类　40%<半数左右(一般左右，大约半数)<60%		?	?
d类　10%<少数(少部分，少半，小半)<50%		↓	↓
e类　0%<个别(极少数，极个别)<10%		↓	↓
大约三个，三个左右	近似量词	?	?
多于三个，三个以上	比较量词	↑	↑
少于四个，四个以下		↓	↓
最多/至多，不超过，不多于	上界量词	↓	↓
多达		无	无
最少/至少，不少于，不低于	下界量词	↑	↑
少达，少至		无	无

可以看到，表中的量词有的已经是较为复杂的结构了，如“除了（以外），……其他（所有）（的）……（都）”，这个结构是对应英语中的 all but 而来。而“（这 / 那）两个……都……”和“（这 / 那）两个……都不 / 没……”是对应英语中的 both 和 neither 而来。英语中的大部分复杂量词，对译到汉语里，有的不构成一个短语，有的一般不会直接用在名词前面做限定性成分，而是会用更为复杂的述谓形式来表达。因此这里完全是从量化表达的角度出发，而不是仅局限于词或短语的单位了。这引出一个问题，即汉语量词考察中对量词的界定问题。自然语言中量化现象研究始于对英语等西方语言的研究。在引入汉语量化研究后，如果完全按照英语中的量词来对应汉语中相应的表达，那么势必会得到像上表中所列的许多较为复杂的形式。这尤其反映在否定表达中。我们在上一章介绍满海霞（2010）对“一 + 单位词 +N+ 否定词”的研究时，提到了“非连续量词”这个概念。我们认为把“一……不……”这样的形式处理为一个句法构式而不是一个非连续量词更为合理。因此对汉语量词的分析，应该注意到汉语中量化表达在词汇手段上的特点而做出适合的分析。

在上面的表格中，存在量词一栏没有列出数词。在一阶谓词逻辑里，有指的数量成分被认为是表达存在量化的。Keenan（2012）对核心量词的分类中，广义存在量词一栏中就列有数词。第五章 5.3 节里已经提到汉语的数量词除了不定指的用法外，还有定指的用法。定指成分在一阶谓词逻辑里是常量，但在广义量词里定指成分也都是看作量词，其语义类型跟专名和代词一样是 <<e, t> t> 型。因此定指的数量成分相当于 Det+N，它只需要一个谓词性成分，也就是一个 B 集合就能得到语义的饱和了。在单调性考察方面也就无需考察它的左单调性。定指数量成分的例子在第五章 5.3 节中已有一个。重引如下：

(40) 她在舷梯顶部的平台上站定，等宋美龄和宋蔼龄出来后，三个人并排一起，向欢迎的人群挥手致意。

定指成分是具有右上单调性的。因此这里将“三个人并排一起”改成“三个人一起”，句子也是为真的。

数量词除了有指用法外，还有无指用法。下面的句子中，数量成分就是无指用法。

(41) a. 三个女人一台戏。

b. 三个臭皮匠，顶个诸葛亮。

其中的“三个女人”和“三个臭皮匠”都无具体指称，这里是表示数量条件。黄瓒辉（2024b）把这种句子称作条件型数量句。黄文探讨了条件型数量句的推理型式和机制。指出这种句子相当于全称量化句，表达达到某个条件就能有某个结果出现。句子所表达的事件是集合性事件，即三个女人共同演一台戏和三个臭皮匠一起相当于一个诸葛亮。这种句子中，由于数量成分不表存在，因而不能像数量存在句那样做上单调的推理，如“三个女人一台戏”推不出“三个人一台戏”。由于是全称量化句，因而具有全称量化的单调性特征。这里不详细介绍，具体参看该文。

7.5.2 汉语中量化副词的单调性

汉语中的量化副词如下。跟上面所列限定量词不同，量化副词都是词，没有短语形式。

（42）一向、历来、从来、通常、往往、总、总是、向来、常常、经常、时常、时时、不时、有时、偶尔（而）[1]

1 对现代汉语频度副词进行研究的文献非常多。这里列出的这些量化副词是周小兵（1999）中的“频度副词”。其他很多文献（如安文桢 2017；丁淑娟 2004 等）中也列出了从高频到低频的全部频度（或者频率）副词。各家大同小异。这里不一一列出。

这些量化副词也就是以往文献中所讨论的频度副词（见周小兵 1999）。在所表示的频度高低上，它们存在差别。周小兵（1999：118）区分了“高频、中频、半低频、低频”四种不同的频度。[1] 将这些副词在广义量词理论下进行考察，可以把它们所表示的频度用事件集合 A 和 B 之间的量的关系表示出来。比如“总”表示 $A \subseteq B$，“从不”表示 $A \cap B = 0$，等等。可见在量的关系上跟相应的限定量词所表示的个体集合之间的关系是一样的。而它们的单调性特征也跟前面所分析的英语中相应的量化副词一样。

所不同的是，汉语中的量化副词往往是同一个频度有好几个副词表达。比如“总、总是、老、老是、一向、一直、向来、历来、从来”等，都表示大致相当于英语中 always 的高频，“经常、常常、时常、往往、不时、时时、时不时”等，都表示大致相当于英语中 often 的中频。这一点跟全称限定表达也有多个近义手段的现象类似。这些频度义相近的副词，差别可能主要在搭配习惯上或者所表示的语气等方面。对这些近义量化副词的辨析，就不是只考虑其事件集合的量的关系所能做到的了。相关的研究是近年来副词研究的热点。[2]

1 不同学者对频度的区分大同小异。如史金生（2002）是区分高频、中频和低频三种。

2 检索“中国知网”，能看到多篇对频度副词进行对比研究的文章。这里不一一列出。

第八章 量词的辖域歧义及其语义后果

根据克里斯特尔（2000：316），“辖域”是指“受某个形式的意义影响的语言片段”。May（1985）给出了形式的定义：辖域是一个成分在LF层C统制的节点的集合。[1]具有特定语义功能的成分，或者说语义算子，都是有其辖域的。因而对这些成分的考察，离不开对其辖域的考察。[2]

量词是典型的具有辖域特征的成分。对量化辖域的考察成为对量词句法语义特征进行考察的重要内容。辖域涉及范围，因而对辖域的观察和界定，一定是句法相关的，如上面May（1985）的形式定义所示。May（1985）的研究，就是从句法的角度考察英语中量词辖域问题，对辖域的说明，完全从句法出发来概括规则，是一个对自然语言语义内容的纯句法的研究。

本章首先介绍May（1985）、Aoun & Li（1993）、Kitahara（1996）、Ernst（1998）等从句法领域对辖域的研究，然后再介绍Kuno *et al.*（1999）、Liu（1990）等从语义语用角度的研究，最后详细介绍汉语辖域问题。

1 其原文为："The *scope* of α is the set of nodes that α c-commands at LF."（P5）。

2 克里斯特尔（2000：316）提到“状语、疑问形式和量词是必须参考辖域概念的一部分词语”。

8.1 逻辑形式

May（1985）详细地讨论了逻辑形式（Logical Form，LF）。LF当然不是May最初提出的。LF作为一个句法表征层（level of syntactic representation）的提出，是乔姆斯基及生成语法学家们不断调整和改变对句法和语义的关系的认识的结果[1]。乔姆斯基从最初的认为句法研究要独立于语义研究，即句法是自治的，到后来认为句法研究中应该包括语义，句子的语义表达由句子的深层结构决定，到后来认为除了深层结构以外，表层结构也能决定语义表达，再到后来认为句子的语义主要由表层结构决定，通过一些规则从表层结构派生出LF，由LF决定语义表达式，整个过程对语法的认识不断改变，相应地，句法系统的构造也在不断调整[2]。May（1977）提到其logical form是参考了Chomsky（1975）和Chomsky（1977）。而就是在20世纪70年代，Chomsky对语义的观点改变为句子的语义主要由表层结构决定，通过表层派生出LF。因此May对LF的详细讨论既是对他老师的思想的发扬，而对LF的进一步阐释和利用LF对量化结构的具体研究，也构成70年代语义观改变的重要组成部分。

根据May（1985），自然语言的外在形式不能很好地反映其语义解读，因而由语法提供一个从句子的句法结构到其逻辑表征的映射。这个逻辑表征层就是LF，从它可以得到句子的语义解读。因而LF被定义为是一个界面，这个界面是位于高度受限的语言形式与更为一般的语义和语用之间的界面。LF是通过规则由表层结构映射（即转换）而来的，其表征

1 Chomsky（1977）和Chomsky & Lasnik（1977）提出了LF层存在的假设。LF是一个分离的解读层，由一般的规则和原则所决定。Chomsky & Lasnik（1977：428）提到：LF层所容纳的是由句子语法所严格决定的意义，它不包括情景语境（situational context）、背景信念（background beliefs）、说话人的目的（speaker's intentions），等等。也就是如Aoun & Li（1993：1）所说的，它表征的是由句法所表达的语义解读方面，也就是语法对意义的贡献。

2 到20世纪90年代又提出最简方案，此时的语法理论认为语言包括词库和运算系统两部分，词库说明词汇项目的特征，运算系统则使用词汇生成推导式和结构描写。所生成的结构式分别给予发声感知系统和概念意向系统以指令，与这两个系统分别形成语音式和逻辑式两个界面（interface）。

的合法性也是受普遍原则和规则的限制的。由于转换映射能保存原有的结构性质，因而它也是短语结构表征层，包含一组带有语类标签的括号。May（1977，1985）专门讨论了量化句，所提出的量词提升（Quantifier Raising，QR）就是对量化句的 LF 进行限制的规则。而量词辖域也就是根据量化句的 LF 而定义的。

8.2 量词提升

May（1985）提到，QR 也是转换规则“Move α”的一种。Move α 是将任意一个结构位置的成分放置到另一个结构位置。比如英语中的 Wh 疑问句，就是通过将 wh 短语移动到 COMP 的位置而派生来的。例如“Who did John see?”这个问句中，who 就是通过移位而从 see 的右边移到前面的 COMP 位置（其括号表示法为 $[_{S'}[_{COMP}$ who$_2]$ $[_S$ did John see $[_{NP}$ e$_2]]]$）。由于这个句子就是英语中合法的问句形式，因此这个移位转换是从 D 结构到 S 结构的转换。而 QR 则是从 S 结构到 LF 的移位转换。具体是将 S 结构中的量化短语附接到（adjoin to）S 节点。例如“John saw everyone.”这个句子中，通过移位将 S 结构的宾语附接到 S 节点而得到其 LF（其括号表示法为：$[_S[_{NP}$ everyone$_2]$ $[_S$ John saw $[_{NP}$ e$_2]]]$）。QR 也跟其他的移位一样，留下一个语迹（trace），由 e 表示，e 代表其是一个空语类。这个 e 跟移到前面的量化短语同指，因此是受约束的。May 指出 QR 派生出的结构和 wh 结构有一定的重叠性，主要就是两种语迹都与谓词论元位置之外的位置上的短语同指。谓词论元位置之外的位置，即非论元位置，被称作 Ā-position，与论元位置 A-position 相对。因此 wh 移位和 QR 留下的语迹，或者说变量，都是受 Ā-position 的约束的。

May 假定 QR 之后得到的结构为 $[_\alpha\ O_i\ [_\beta \ldots e_i \ldots]]$（其中 α 代表 S 或 S’，β 代表 S）。一般的合法性原则同样适用于这些结构。May 特别提到了

空语类原则（Empty Category Principle，ECP）。ECP 要求变量得到正确的管辖（govern），因而会限制量化短语移动到某些不能正确管辖所留下的语迹的位置[1]。

8.3 量词辖域

如 May（1985）所给出的辖域的定义“辖域是一个成分在 LF 层 C 统制的节点的集合”所示，量词的辖域也是在 LF 层量化短语所 C 统制的节点的集合。在 LF 层，量化短语移位至附接于 S 的位置。其辖域也就是这个附接于 S 的位置所能 C 统制的范围。上文提到的 May 的两个例子：“Who did John see?”和“John saw everyone.”，其中 who 和 everyone 的量化辖域如下[2]：

(1)

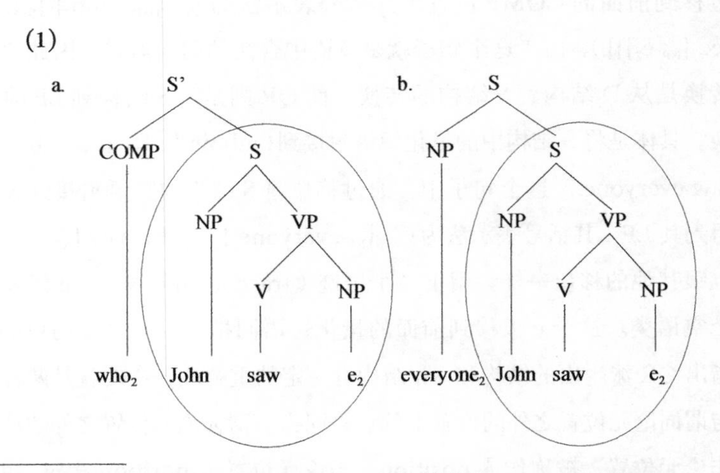

1　例如，像英语这样的语言中的主语位置的语迹，只有受紧靠着的 Ā-position 的短语的约束，才算是得到了正确的管辖。因此下面这样的结构就是不合法的，因为其中的 that 使得处在 COMP 位置的 e 不够靠近作为补足语小句的主语位置上的 e（见 May 1985：31-32）。

i. *[$_{s'}$ who$_2$ do you believe [$_{s'}$ e_2 that [$_s$ e_2 suspected Philby]]]（May 1985：32）

2　树形图引自 May（1985：5），其中标记辖域的圆圈为本书所加。

上面树形图中，被圈起来的部分就是 who 和 everyone 的辖域。[1]

上面两个例子显示了辖域的判定主要是 LF 层上的一种结构位置上的优先关系（superiority），即居于层次性结构（hierarchical structure）上最上层的成分占有宽域。这被认为是辖域的默认程序（default procedure）。而当句中出现了多于一个的量化成分，且量化成分都是占据主句的主要论元位置时，也就是句中出现了多重量化时，对其辖域的判定就需要重新考虑。

在句中出现多个占有主要论元位置的量化成分时，量化成分之间会在辖域上呈现一定的关系。一般情况下，其中的一个量化成分会占有宽域（wide scope），相对于这个占宽域的成分来说，其他的量化成分占窄域（narrow scope）。所谓的相对于一个成分占宽域，从句法上看，就是处在 C 统制这个成分的地位。相对的，占窄域就是处在占宽域的成分的 C 统制中。从语义上看，占窄域的量化成分，其中变量的取值依赖于占宽域的成分的取值，也就是具有语义上的依存关系。因此量化成分之间的这种宽窄域的关系，也叫做辖域依存关系（scope dependency）。由于句子中经常出现多重量化，因而对辖域依存关系的考察，成为量化文献中主要考察的问题。

May（1985：34）提出了辖域原则（Scope Principle）。辖域原则主要是针对多重量化而言的。当一个句子中有多个量化短语，这多个量化

1 辖域定义中的 C 统制（c-command）的定义为：如果支配（dominate）α 的每一个最大投射（maximal projection）也支配 β，并且 α 不支配 β，那么 α 就 C 统制 β。（1a）中支配 who 的最大投射均为 S'，S' 支配的 S 就是其辖域范围。而（1b），按照 May（1985）对多重量化（multiple quantification）考察时提到的 S 不是最大投射，S' 才是最大投射的观点，其 S 的上面应该还有一个 S'，即：

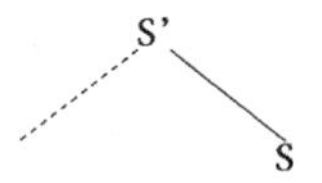

如果按照这样，那么（1b）中的 S 上面还要有一个 S'，S' 是支配量化短语的最大投射。当有多重量化短语时，由于多个附接到 S 的量化短语都由 S' 支配，因而它们是互相管辖或者说 C 统制的。这里由于只有一个量化短语 everyone，所以我们就把它的辖域画在第二个 S 处。

短语都移位至附接于S的位置。根据由C统制关系定义的辖域概念，附接于S的几个量化短语的C统制域都是S'（见第255页脚注1中提到的S'而非S是最大投射），因而量化短语之间是互相C统制的。这就可以解释为什么"Every student admires some professor."有两种解读（every student占宽域和some student占宽域）。"Every student admires some professor."的合法的LF表征为 $[_{S'}[_S$ some professor$_3$ $[_S$ every student$_2$ $[_S\ e_2$ admires $e_3]]]]$。可以看到S'是两个量化短语共有的C统制域。[1] 互相C统制的关系使得多个量化短语可以呈现出相对的辖域关系。辖域原则说的就是这样的多个量化短语可能呈现任意的相对辖域关系。"相对"即量化短语之间具有解读上的依存关系。而除了这种互相依存的解读外，包含多重量化的句子还有一种量化短语不依存于其他量化短语的解读，即辖域是独立的。因此根据辖域原则，包含两个量化短语的句子，如果这两个量化短语具有互相C统制的关系的话，就会有三种解读。

关于用同一个LF表征式来表征多重量化句的不同解读，May（1985）有一些说明。我们已经知道了由于要符合ECP，类似"Every student admires some professor."这样的多重量化句只能有 $[_{S'}[_S$ some professor$_3$ $[_S$ every student$_2$ $[_S\ e_2$ admires $e_3]]]]$ 这样的LF表征式（见本页脚注1的说明）。可是这样的一个LF对应了两种量化解读，这种情况下解读上的歧义并没有通过不同的LF区分开来。May提到，此时歧解是通过与LF相容的不同的解读而区分的。辖域原则决定了这种LF与不同解读的相容性（compatibility）。May（1985）在其第二章的注释2里提到了Kempson & Cormack（1981）也用一个LF来表征多重量化。但这个LF代表的是量化歧义句的逻辑上最弱的那个解读。其他的解读通过一些语义程序（包括用全称量词代替存在量词的概括程序，和将全称—存在的辖域

1 这个句子的LF只能是some professor居于every student左边的这种形式，不能是如 $[_{S'}[_S$ every student$_2$ $[_S$ some professor$_3$ $[_S\ e_2$ admires $e_3]]]]$ 的这种every student居于some professor左边的形式。主要是后者会违反ECP。见May（1985：32-33）的说明。

顺序反转为存在—全称的顺序的统一程序）而得到。May 指出了这种做法的一些不足［具体参见 May（1985：160），这里不详述］。May 自己的用一个 LF 表征多重量化句不同的解读，给出了为什么其可以表征不同解读的结构上的原因，这当然使得这种做法更为合理，因为 LF 本来就是一个句法表征层，其代表不同的解读也有句法上的理据。但是，从更为理想的将形和义完全对应的角度看，这还不是最理想的。May（1985）一开始就提到弗雷格和罗素（Bertrand Rusell）等人认为自然语言的语法没有很好地展示量化句的语义结构，以及如何从那时候开始就有了自然语言的语法提供从句法结构到逻辑表征的映射以调节这种形义差距的想法。如果追求语法最好地展示语义结构的话，那么形义之间的一一对应当然才是最好的状态。

8.4 英语中辖域歧义的主宾不对称现象

上面介绍的辖域原则，是针对句中主宾语位置都出现了量化短语的情况而提出的。除了句中主宾语位置都出现了量化短语的句子会出现辖域歧义外，在同一个句子中疑问词和量化短语共现，也能出现辖域歧义。例如（May 1985：38-39）：

(2) a. What did everyone buy for Max?

b. Who bought everything for Max?

（2a）是有歧义的。可以解读为每一个人都买了的给 Max 的一样共同的东西是什么，也可以解读为每个人给 Max 各买了什么东西。对于这两种解读的回答可以分别是（3a）和（3b）（May 1985：38）。

(3) a. Everyone bought Max a Bosendorfer piano.

b. Mary bought Max a tie, Sally bought a sweater, and Harry a piano.

但是（2b）是没有歧义的。只能解读为有一个人买了所有的东西给 Max，说话人想知道这个人是谁。对其回答可以是（May 1985：39）：

(4) Oscar bought everything for Max.

（2b）的解读被 May 称作单一的集合问（a single collective question）。而（2a）的询问每个人各买了什么不同的东西给 Max 的这种解读被称作分配问（a distributed question）。[1]

可以看到有没有辖域歧义，跟疑问词在主语位置还是在宾语位置有关，即存在主宾语不对称（a subject-object asymmetry，见 May 1985：38-52）现象。只有疑问词位于宾语位置时才有辖域歧义，疑问词位于主语位置时没有辖域歧义。而这种现象也存在于疑问词与复数性代词共现时。此时只要疑问词出现在宾语位置，句子同样有辖域歧义（May 1985：40）：

(5) a. Who did they see at the Wimbledom finals?

b. Who saw them at the Wimbledom finals?

（5a）有歧义，（5b）没有。它们之间的差异跟（2a）和（2b）之间的差异是对应的。

辖域歧义的主宾语不对称现象，由原有的辖域原则无法解释。因为按照前面已介绍的 wh 成分移至 COMP 的位置，量化短语移至附接于 S

1 伍雅清（2000）分别采用“统指问”和“逐指问”来指这两种问句。

的位置，二者之间互相管辖，因而是有辖域歧义的，那么（2b）也是发生这样的移位，得到的LF应该也能允准两种辖域解读才对。为了解释（2b）的没有辖域歧义，May修改了前面的LF移位规则，认为LF移位跟S-structure的移位不同，可以允许移位到不是S的节点。对于（2b）而言，就是宾语可以附接到VP，而不是S。因此就得到如下的结构（May 1985：42）：

(6) $[_{S'}$ who$_3$ $[_S$ e_3 $[_{VP}$ everything$_2$ $[_{VP}$ bought e_2 for Max$]]]]$

这样，由于who和everything之间有一个最大投射VP的介入，二者就不能互相管辖了，因而就不能都有占宽域的解读，而只能按照层级结构来确定辖域，也就只有who占宽域的解读了。

英语中的这种主语位置出现量化成分、其他位置(即不限于宾语位置)出现疑问成分而有辖域歧义的现象还有很多，例如（May 1985：37-40）：

(7) a. Who did everyone say admired Bill/Bill admired?

b. Where did everyone go for their summer vacation?

c. When did everyone see Max?

d. Which of Dickens's books has each of you read?

（7a）中量化短语为主句的主语，疑问词为包孕句的主语或宾语。（7b）和（7c）中量化短语为主语，疑问词为状语（adverbial）。（7d）则是主语中带有量化成分，宾语中带有疑问词。这些句子都有辖域歧义解读。

8.5 对量词辖域的不同研究

8.5.1 句法角度对辖域的研究

8.5.1.1 Aoun & Li（1993）对辖域的分析

May（1977，1985）从句法角度对英语中的量化辖域现象进行了解释。上面英语中的 wh 词 / 量化短语的辖域关系对应到汉语中没有很明显的不同。Aoun & Li（1993）讨论了大量汉语中的辖域现象，观察到虽然在 wh 词 / 量化短语的辖域关系上，英语和汉语没有明显的不同，但是在不同量化短语的辖域关系上是有不同的。比如（8）中两个英语句子都是有歧义的，而（9）中的汉语句子没有歧义。

(8) a. Some man loves every woman.　　　　（有歧义）

b. Every woman loves some woman.　　　　（有歧义）

(9) 每一个男人都喜欢一个女人。　　　　（无歧义）[1]

Aoun & Li（1993）提出了最简约束要求（Minimal Binding Requirement，MBR）和辖域原则，以解释不同语言在 wh 词 / 量化短语的辖域关系上的相似，以及在量化短语与量化短语之间辖域关系上的不同。MBR 说的是变量必须被最小局域内的 Ā 约束成分约束。辖域原则说的是一个算子 A 有针对算子 B 的辖域，当且仅当 A C 统制 B，或者 C 统制以这个算子为中心的链条上的一个 Ā 成分。[2] Aoun & Li 认为，辖域关系的跨语言变

1　Aoun & Li（1993：11）提到，黄宣范、黄正德和李行德等人的文章（S. F. Huang 1981；C.-T. J. Huang 1982；Lee 1986）中都提到这个句子是没有歧义的。但是对这一点我们持不同看法，认为这个句子也是有歧义的。其后续句可以是“每个男人都喜欢一个女人，这个女人就是 A”，也可以是“每个男人都喜欢一个女人，张三喜欢 A，李四喜欢 B，王五喜欢 C，……”。后文（8.7.1 节）会谈到 S.-Z. Huang（2005）和 Liu（1990）的观点，她们也是认为这样的句子是有歧义的。

2　MBR 的英文原文为：Variables must be bound by the most local potential Ā-binder；辖域原则的英文原文为：An operator A may have scope over an operator B iff A c-commands B or an Ā-element in the chain headed by the operator（Aoun & Li 1993：8）。

化是跟语言的成分结构（constituent structures）的不同有关的。英语和汉语在成分结构上的不同，主要是英语句子的主语是在 VP 的 Spec 位置基础生成，然后移位至 Spec IP 的位置的。而汉语句子的主语是在 VP 的 Spec 位置基础生成并一直待在 Spec VP 的位置的。由于存在这种成分结构的不同，使得两种语言在不同量化短语的辖域关系上就存在差异。如上面（8）和（9）所显示的，英语主宾语位置都有量化短语的句子存在辖域歧义，汉语相应的句子没有辖域歧义。原因在于英语句子中主语要移位至 Spec IP 的位置，而汉语句子中主语不会发生从 Spec VP 到 Spec IP 的移位，这一差别使得在 QR 操作之后，得到的英语句子的逻辑式中既有主语量化成分 C 统制宾语量化成分，也有宾语量化成分 C 统制主语量化成分，而得到的汉语句子的逻辑式中只有主语量化成分 C 统制宾语量化成分，因而英语句子有辖域歧义的解读，而汉语句子没有辖域歧义解读。

除此之外，像下面例子中（10a）和（10b）的差异，据 Aoun & Li（1993），也跟成分结构有关（P25）。

(10) a. Everyone's$_i$ friend likes him$_i$.

b. * 每个人$_i$的朋友都喜欢他$_i$。

（10a）中 everyone 可以和 him 同指，而（10b）中“每个人”不能和“他”同指。Aoun & Li 的解释是（10a）的英文句子在 VP 内的主语移位至 Spec IP 位置后，得到的 LF 是 $[_{IP}$ everyone's$_i$ $[_{IP}[_{NP}$ x$_i$ friend$]_j$ $[_{VP1}$ t$_j$ $[_{VP2}$ likes him$_i]]]]]$，其中 VP1 是代词 him 在其范围内不能受约束的域，但是 him 受这个域之外的 everyone 约束，是可以的，因此可以有跟 everyone 同指的解读。而汉语句子中的主语待在 Spec VP 位置上，不会移位至 Spec IP 的位置。而量化短语“每个人”通过 QR 也是附接到其原来所在的短语（即 VP）上，而在这个短语范围内“他”必须自由，不能与同在这个短语范围内的“每个人”同指。

Aoun & Li（1993）中还提到了一些特殊的辖域现象，比如英语中的双宾结构和与格结构中两个量化名词短语间的辖域关系[1]，认为这些辖域现象都可以用他们的 MBR 和辖域原则来解释。这里不一一介绍。值得指出的是，不论 May（1977，1985）的辖域原则，还是 Aoun & Li（1993）的辖域原则，都是把辖域问题看作是纯句法的问题，借助 C 统制关系来解释一个成分相对于另一个成分占宽域的现象。不同仅在于 May 规定在 LF 上处于一先一后的两个成分，只要中间没有最大投射（即各类短语）阻隔，就可以构成互相 C 统制的关系，因而都可以有相对于对方占宽域的解读。Aoun & Li 则强调构成 C 统制的两个成分之间在线性位置上的先后关系。对于已经移位的成分，如果处在 Ā 位置上的语迹被另一个成分 C 统制，那么另一个成分也可以相对于这个语迹所对应的成分占宽域。所以能不能有移位后留下的 Ā 位置的语迹处在被另一个成分 C 统制的位置，决定着句子有没有辖域歧义。Aoun & Li 提出的 MBR，以及所假定的英语和汉语在成分结构上的不同，决定了相关量化成分在移位上所受的限制。根据 Aoun & Li 的分析，英汉语在辖域歧义上的不同，都可以得到解释。

8.5.1.2 Kitahara（1996）和 Ernst（1998）等的研究[2]

Aoun & Li（1993）提出的最简约束要求和辖域原则具有一定的影响。

---

1 英语中双宾构式和与格构式中的辖域现象如（i）中的例子所示。其中（ia）是有歧义的，one problem 和 every student 都可以相对于对方占宽域；（ib）是没有歧义的，只有 one student 相对于 every problem 占宽域的解读。

（i）a. John assigned one problem to every student.

b. John assigned one student every problem.

Aoun & Li（1993）先假定了与格构式和双宾构式的基础结构。其认定的基础结构跟 Larson（1988，1990）的有一些不同，主要是认为在基础结构中，两个宾语都是动词的内部论元，且都基础生成于动词的一侧。其中的直接宾语为了得到格位（Case）是要移位的，这样就得到一个语迹。能否有辖域歧义的解读，就跟这个语迹是否能被间接宾语 C 统制有关。具体参看 Aoun & Li（1993: 29-36）。

2 这一部分内容主要依据伍雅清（2000：176-179）的介绍。

之后的研究，像 Kitahara（1996），采用了他们的做法，只不过在语链的形成方式及所受限制上提出了不同的看法。Aoun & Li（1993）的研究，是在 20 世纪 80 年代到 90 年代初的管辖约束理论下进行的。在语链的形成上，如前面所介绍的，主要由量词提升及 VP 内主语是否要移到 Spec IP 位置等方面决定。Kitahara（1996）则是在最简方案的特征核查理论和语链形成理论下对 Aoun & Li 的辖域原则进行修正。修正后的辖域原则如下。

(11) 一个量词 X 可以占另一个量词 Y 的广域，当且仅当在逻辑式中成分统领与 Y 相连的每个语链的一个成分。

由于在特征核查理论下，带有某类特征的各个成分需要移位到这些特征能够被核查的位置，因此当主语或宾语成分为了核查格特征而发生移位后，如果这个成分正好就是量化成分，就无需再假设量词提升了。（11）中所说的“语链”就是为了特征核查移位后形成的语链。下面的图示显示了主语和宾语移位后分别形成的语链 C_1 和 C_2。

(12)

C_2 :[+ 宾格]

$[_{CP} [_{AgrSP} NP_1 [_{TP} [_{AgrOP} NP_2 [_{VP} t_1 V t_2]]]]]$

C_1 :[+ 主格]

而主宾语位置的 wh 成分移位时，还能形成两个语链。一个是为了格特征的核查而形成的，另一个是为了疑问特征的核查而形成的。

(13) a. Who left?

b. $[_{CP}\ \text{who}_1\ [_{AgrSP}\ t'_1\ [_{TP}\ [_{VP}\ t_1\ \text{left}\ ]]]]$

C_1 :[+Wh] C_2 :[+ 主格]

有了这几种移位要求，对一般句子中出现在主语或宾语位置的量词论元成分及疑问成分之间的辖域关系，就可以通过（11）的原则来判定，而无需假设量词提升了。所以 Kitahara（1996）提出了量词提升是否可以删除的问题，认为至少对带有结构格特征的量词论元，量词提升是没有必要的。

Kitahara（1996）提出的利用特征核查形成的语链判断量词辖域的做法，也被其他学者采用。如何宏华、陈会军（2003），赵玉荣（2004）等，都赞同在特征核查形成的语链上，用 Kitahara 的辖域原则来判断辖域情况。针对汉语中一些特殊的辖域现象，何宏华、陈会军（2003）提出，在语链运算系统中增加功能语类 Q_mP。Q_mP 代表有标记的特殊量词短语，在其文中主要指“没人”这样的表否定的量化短语。何宏华、陈会军（2003）提出在语链运算系统中增加语类 Q_mP 以核查特殊量词的一切特殊的特征，并且将逻辑结构分为主语域带和宾语域带两个部分，Q_mP 在这两个部分都增设，紧邻在 AgrSP 和 AgreOP 的后面。这样，就可以解释“没人喜欢每个人”这样的句子中特殊量词短语“没人”相对于“每个人”占宽域的现象。具体来说，因为多了一个 Q_mP，在特征核查时就多了一条语链，而这条语链中的成员是不被“每个人”所 C 统制的，因此就只有“没人”占宽域的一种解读。而赵玉荣（2004）跟何宏华、陈会军（2003）的精神一致，也是采用特征核查理论的语链假说和 Kitahara（1996）所提出的辖域原则，在特征核查理论的语链运算系统的基础上增加了几个功能语类。与何宏华、陈会军（2003）不同的是，赵玉荣（2004）增加的是 TopP（Top 代表“主题”）和 DistP（Dist 代表“逐指”），TopP 在 CP 的下面，DistP 在 TP 的下面，这样，具有话题特征的量化短语在特征核查时就多了一条语链，而跟“都”共现的量化短语在特征核查时也多了一条语链。而这多出来的一条语链中的某个成员是不能被另一个量化短语所 C 统制的，因此就解释了类似“什么每个人都买了”和“每个人都推荐了一本书”的无歧义性。

Ernst（1998）也针对 Aoun & Li（1993）的方案进行了拓展和提升。通过假定不同语言中主语的格特征有不同的指派方式，同时对 Aoun & Li 的最简约束要求（MBR）做了适当的修改，以解释英语中量化短语与否定和情态词的辖域关系，以及英汉语中量词辖域的不同。具体来说，在汉语中主格是通过管辖来指派的（文中称作 governed-case），在英语中是通过一致关系来获得的（文中称作 agreement-case）。这两种不同的格指派方式，使得相关量化成分在移位时，会受到一些限制。通过管辖得到格的成分，对修改后的 MBR 是可见的，不能移到会违反 MBR 的位置。而通过一致关系获得格的成分，对 MBR 是不可见的，移位相对自由。因此当作为主宾语的量化短语移位时，汉语中宾语只能移到附接于 VP 的位置，而主语可以移到附接于 IP 的位置。这样就只能得到主语量化短语相对于宾语量化短语占宽域的解读。而英语中宾语移到主语的前面也是可以的，因而就有了两种辖域解读。[1] 而对于量化短语与否定和情态的关系，通过这些假设也能得到解释。英语中量化短语与否定和情态的关系如下例所示。

(14) Someone seems to have left.

(15) Three people must attend this meeting.

(16) Everybody may leave after the meeting.

(17) Everybody doesn’t like squid.

1 具体参见 Ernst（1998：122-126）的分析。

（14）和（15）中量化词的宽域和窄域解读是指它们的殊指（specific）解读和非殊指（nonspecific）的解读。（16）中 everybody 的宽域解读和窄域解读分别指每个人是逐一被允许离开还是作为一个整体被允许一起离开。（17）中 everybody 可以有处在否定辖域中的解读，即句子解读为“Not everybody likes squid.”。Ernst 假定不同的赋格方式会影响移位后产生的拷贝形式是被删除还是被保留下来成为语迹。如果一个成分是通过一致得到格的，那么其拷贝形式或许能被删除。如果一个成分是通过管辖得到格的，那么其拷贝形式是不能被删除的。上面英语句子中量化词相对于情态词和否定词的窄域解读，就可以通过 everybody 处在 Spec IP 位置的拷贝形式能够被删除，而附接于 VP 的拷贝形式处在情态词或 not 的辖域中来解释。[1] 而汉语中主语位置的量化词与情态词和否定词之间不存在辖域歧义。Ernst 用了下面的例子来说明。

(18) a. 开完会以后，每个人都可以走。

b. 每个人都不喜欢墨鱼。

（18a）得不到所有的人一起走这个解读。（18b）也没有“不是每个人都喜欢墨鱼”这个解读。也就是这些句子中量化词只有相对于情态词和否定词的宽域解读。Ernst 对此的解释是汉语中的格是通过管辖而得到的，而得到这种格的成分在 LF 中是不能被删除的。因此以上汉语句子中，“每个人”处在 VP 位置的拷贝形式就不能被删除。不能被删除的结果是，该位置的“每个人”的拷贝形式不能被附接到 VP 上，因而得不到“每个人”占窄域的解读。[2]

1 Ernst（1998）采用 VP 内主语假说，认为英语中 VP 内主语会移到 Spec IP 的位置。假定移位后这两个位置的拷贝都能被量词提升。Spec IP 位置的拷贝成分附接到 IP 上，而 VP 内的拷贝成分则附接到 VP 上。具体的分析请详阅 Ernst（1998：111-113）。

2 具体的分析请详阅 Ernst（1998：113-116）。

8.5.2 Kuno *et al.*（1999）的专家系统

以上是对辖域问题的句法研究。除了从句法的角度概括辖域条件外，Kuno *et al.*（1999）提出了一个综合性地判断辖域关系的"专家系统"（expert system）。Kuno *et al.*（1999）认为，Aoun & Li 的分析是基于有限的语言事实而得出的结论，而这些有限的事实并不能成为其所考察的语言里的辖域现象的代表，因而其分析在理论上和经验上都存在一些问题。[1] 在 Kuno *et al.*（1999）看来，辖域问题是一个涉及句法的、语义的、语言特异性的和话语的等多个因素的互动的问题，而不是纯粹从句法的角度就可以解释的。基于这种看法，他们提出了一个综合性的"专家系统"，以解释自然语言辖域现象。

Kuno *et al.*（1999）的专家系统是仿照人工智能里的用于在多个非绝对因素基础上得出结论的标准技术而提出的。这个专家系统主要包括 7 条原则：

(19) a. Subject Q > Object Q > Oblique Q
　　b. Lefthand Q > Righthand Q
　　c. Human Q > Nonhuman Q
　　d. Speaker/Hearer Q > Third Person Q
　　e. More D(iscourse)-linked Q > Less D-linked Q
　　f. More Active Participant Q > Less Active Participant Q
　　g. Each > Other Quantified Expressions

跟人工智能里的专家系统的工作原理一样，这个专家系统在对多个量化成分的辖域关系进行判断时，是要对其中各个专家的意见进行综合衡量的，特别是当各个专家的意见出现矛盾时。不同的情况下，不同专家的

1　首先是他们对双宾结构和话题结构的分析有严重的理论问题，同时会错误地预测某些有歧义的句子没有歧义，而某些没有歧义的句子有歧义。具体可参看 Kuno *et al.*（1999：74-79）。

意见所占的分量会不同。但总之，任何一个专家都无法独自做出最后的结论。

Kuno *et al.*（1999）指出，在他们所提出的7条原则中，a和b是句法的（syntactic），c是语义的（semantic），d、e、f是跟话语有关的（discourse-based），而g是跟某个词项的特殊性质（idiosyncratic properties of lexical items）有关的。黄瓒辉、石定栩（2011：312）对这7条原则的相关性做了详细的分析，指出这7条原则在不同程度上反映了宽域解读跟量化名词短语指称对象在可及性（accessibility）和活跃性（activity）上的特点有关，或者说跟量化名词短语的话题性程度有关。而Kuno *et al.*（1999）在后面（P92）确实也补充了一条跟话题有关的原则。

(20) Topicalized Q > Nontopicalized Q：一个在句法上被话题化的量化成分总是较一个没有在句法上被话题化的成分占宽域。

如果把话题性成分在句法语义语用上的表现逐条列出来，大概一定会涉及上面7条中所观察的在句法位置、语义和话语关联上的特点。因此当我们用具有话题性来概括占宽域的成分的特点时，可以涵盖上面几条所列的特点。黄瓒辉、石定栩（2011）就是从“都”字关系结构中的中心语所指对象的话题性特点来解释中心语的宽域解读现象的。认为“都”字关系结构从相应的“都”字话题结构中话题成分的关系化而来，因而中心语继承了后者话题成分作宽域解读的辖域特点。

为了解释汉语中的辖域现象，Kuno *et al.* 在提出这个由七条原则组成的专家系统后，又补充了五条专门针对汉语的原则：

(21) a. Wh-Q > Nonwh-Q

b. Numeral Q > Nonnumeral Q

c. *Mei* ‘every’ > *Henduo* ‘many’ (Universal Q > Existential Q)

d. *Dou*-quantified Q > Non-*Dou*-quantified Q

e. Subject Q > *By*-agentive Q

这几条针对汉语的原则，非常具体地提到了汉语中的“每”“很多”“都”等词，以及某些特定类别的成分，如（非）疑问成分、（非）数量成分、被动施事成分等。把这些具体的辖域特征作为原则列出来，直接运用到判断汉语的相关辖域问题中，而不再去探究其背后的语义语用或话语的原因。当然，如果进一步问为什么汉语中会有这样的辖域特征，那还得结合这些成分的句法语义语用特征来考察。

8.5.3 Huang（1982）的“同构原则”

Huang（1982）观察了大量的汉语量化事实，在看到汉语中很多情况下都不存在辖域歧义，跟英语的有辖域歧义构成明显的不同后，提出了一条关于辖域解读的一般原则（a general principle of scope interpretation），即如果A、B都是量化成分，其中一个成分在S-structure中C统制另一个成分，那么它在LF中也同样C统制这个成分（P17，137，220）。也就是LF和SS（surface structure）的等同（identical）。这一原则被后来的学者称作同构原则（Isomorphic Principle，见Aoun & Li 1993：12）。

汉语和英语在辖域歧义上的不同表现，在Huang（1982）里被认为是类型上的差异（typologically different）。这种差异主要表现在，英语中存在大量的量化歧义现象，而汉语中相应的结构没有歧义。例如[1]（Huang 1982：16-17）：

1 前文已经举了很多英语中存在辖域歧义的句子。这里再把Huang（1982）中的部分例子列出来。

(22) Many people bought two books.

(23) I saw every picture of three people.

(24) a. 很多人买了两本书。

b. 有两本书很多人买了。

(25) a. 我看了每张两个人的画。

b. 我看了两个人的每张画。

英语句子（22）和（23）都是有歧义的。（22）可以表示有两本书很多人买了（即“两本书”相对于“很多人”占宽域），也可以表示有很多人买了两本书（即“很多人”相对于两本书占宽域）。（23）可以表示我看了每张三个人的画（即“每张”相对于“三个人”占宽域），也可以表示我看了三个人的每张画（即“三个人”相对于“每张”占宽域）。如（24）和（25）所示，相应的意思在汉语中无法在一个句子中表达，而是需要分别用不同的语序来表达。（24）和（25）中的句子都是没有辖域歧义的。汉语中的这种没有辖域歧义的现象被 Huang 认为是量化成分在 S-structure 中的 C 统制关系同样存在于 LF 中，因而在解读上就只有由这一种 C 统制关系决定的解读。这也就是上面的辖域解读的一般原则所说的情况。英语句子的辖域歧义现象则可以通过假定在 LF 中还有一个重构的过程（restructuring process），重构过程使得在 SS 中 C 统制关系得到反转，因而获得另一种辖域解读。因为受短语结构原则的限制，汉语没有这种重构过程，因而使得表层的结构关系保持到逻辑层中，也就没有辖域歧义。[1]

同构原则由于所说的是表层可视的句法形式和与语义直接关联的 LF

1 具体来说，汉语有大量的 head-final 的结构，也有一部分 head-initial 的结构。而 head-initial 的结构只限于非名词性的短语。重构不适用于汉语，因为重构过程会使得 head-initial 的结构产生出左分枝（left-branching）。而这是汉语的短语结构原则所不允许的。关于汉语短语结构的特点及限制，见 Huang（1982：14-19，41-78）。

的关系，因而也就可以理解为是指句法和语义之间的同构，或者更为直接地说，就是形和义的匹配。可以说越匹配的，就是越同构的;越不匹配的，就是越不同构的。

如果前面文献中所举的英汉语量化句的辖域解读都没有偏差的话，那么英语和汉语在量化辖域问题上，表现出后者句法语义更具有同构性。这一点也反映在量化与其他语义算子的辖域关系上。比如量化与否定的辖域关系上，英语和汉语就有不同。比较有名的例子就是全称量化与否定共现的例子。下面的英语句子（引自 Liu 1990：1）是有歧义的，而对应的汉语句子没有歧义。

(26) a. Everyone doesn't know that.

b. 每个人都不知道那个。

(26a) 可以理解为"It was not the case that everyone knows that."，也可以理解为"For everyone it is the case he doesn't know that."。也就是 everyone 可以处在 not 的辖域之中，也可以处在其辖域之外[1]。而（26b）就只能理解为"每个人"处在"不"的辖域之外。而在 S-structure 中，"每个人"也是处在更外层的位置的。如果要将句子解读为"每个人"处在"不"的辖域中，那么就得在句子表层将"每个人"置于"不"的辖域中：

(27) 不是每个人都知道这个。

---

1 英语中的存在量化与否定不存在类似的辖域关系，如 Liu（1990：2）提到大多数说话者都认为下面这个句子是没有歧义的。

（i）Some student didn't come to the party.

这个句子只能解读为有一个学生，这个学生没有来参加晚会。不能解读为没有任何学生来参加晚会（即 it was not the case that any student came to the party）。即量化短语是处在否定词的辖域之外的。汉语中由于无定成分一般不直接作句子主语，跟（i）对应的句子可翻译成"有一个学生没有来参加晚会"，也是无定成分处在否定辖域之外的。

此外，量化短语与时间副词、情态词等共现时，英汉语句子所体现的辖域关系也不一样。例如（Liu 1990：3-5）：

(28) a. Some student often comes to class late.

b. 有的学生经常上课迟到。

(29) a. Some student may leave early.

b. 有的学生可能很早离开。

（28a）和（29a）是有歧义的，其中的量化短语 some student 可能处在 often 和 may 的辖域外，也可能给处在其辖域内。因此（28a）可以解读为存在某一个学生，这个学生经常上课迟到，即 some student 在 often 的辖域之外；也可以解读为经常有学生上课迟到（即迟到的事情经常发生，但每次迟到的学生可能不一样），即 some student 在 often 的辖域之内。同样，（29a）可以解读为存在某一个学生，这个学生可能很早离开；也可以解读为可能有学生很早离开（即可能发生这样的事：某个学生很早离开）[1]。对应的汉语句子（28b）和（29b）都没有歧义，只能解读为"有的学生"在"经常"和"可能"的辖域之外，即按照表层线性顺序所显示的辖域关系来解读。

以上这些例子显示了英语句子和汉语句子在句法语义同构上的不同：相对于英语，汉语句子更遵循句法语义同构的原则。

不过在疑问表达上，两种语言又呈现看上去与上述情况不同的方面。在疑问表达上，根据疑问语义是针对整个句子而言的这一点，可以认为英语比汉语更具有句法语义的同构性。这也就是英语的疑问词会发生表层的移位，使得其在表层所处的位置就是句子中最高的位置。而汉语句子

1 （29a）的两种解读看上去没有太大的语义差别，都是有可能发生某个学生很早离开这样的事。但实际上还是有不同的。第一种解读是针对某个学生，可能发生很早离开这种事，第二种解读是有可能发生某个学生很早离开这样的事情，但不针对某个学生。

中的疑问词在表层都待在原位（wh-in-situ），语义解读时需要认为它们是到了句子最外层的位置，因而需要假定其发生了 LF 的移位（见 Huang 1982），也就是句法语义是不同构的。这当然是从疑问语义在辖域上是管整个句子这个角度来看的。如果从论元结构的句法实现来看，假定不同的论元角色实现在较为固定的不同的句法位置，则疑问词的表层移位实际上带来了另一种的不同构，即论元结构与表层句法结构之间的错位（mismatch）。

8.6 无辖域依存的现象：分枝量化

上文所列的各家对量化辖域的讨论，都是在着力解决量化辖域歧义的问题。可以看到，上列的各种辖域歧义句中，都带有一个量化成分，其所引入的变量的值可能依存于另一个量化成分的变量的取值，也可能是独立而不依赖于其他量化成分的变量的取值。也就是文献中一般所说的占窄域还是占宽域的问题。而就辖域是否依存于其他成分而言，则可以区分为辖域依存和辖域独立两种。“分枝量化”就是一种辖域独立的解读。

分枝量化（branching quantification）最早由 Hintikka（1974）、Fauconnier（1975c）、Barwise（1979）等所讨论。Liu（1990：25-51）也讨论了分枝量化的问题。分枝量化是一种辖域独立的解读，且同时句子中所包含的两个名词短语所指的个体事物间必须是完全系联的关系。因此辖域独立（independence）和完全系联（full connection）是分枝量化的两个特点（见 Begheli *et al.* 1997：39）。如下面的例子（Barwise 1979：61-62）所示，其中的点和星之间的联系必须如（30b）所示的那样。

(30) a. More than half of the dots and more than half of the stars are all linked by lines.

b. 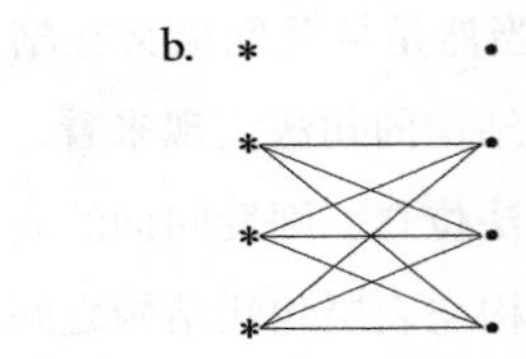

下面的句子，除了有主语相对于宾语占宽域的解读（Three>five）和宾语相对于主语占宽域的解读（Five>Three）外，还有一种解读是有两个独立的集合，分别是三个学生和五本课，其中的每个学生都读了每本书（Liu 1990：25-26）。

(31) Three students read five books.

解读 1：Three > five，即三个学生中的每一个学生读了五本不同的书，一共是三个学生，十五本；

解读 2：Five > Three，即五本书中的每一门都被不同的三个学生读过，一共是五本书，十五个学生；

解读 3：分枝解读，即一共三个学生，五本书，每个学生都读了每本书。

three students 和 five books 都是数量短语。二者都可以只指数量而不指个体，因而都可以有依存于对方的辖域解读。当它们都指称话域中的个体（即 individual denoting）时，就是辖域独立的解读。因此它们有三种语义解读的可能。

根据 Liu（1990），当句子包含两个名词短语时，辖域独立的解读是其基本的解读（P9），因为这种解读总是能得到的。而辖域依存的解读只有在特定的情形才能得到，比如两个数量短语容易有辖域依存的解读。而如果是一个专名配一个数量短语（如 John 和 two books）、两个全称量化短语相配（如 every student 和 every book），或者两个存在量化短语相配时（如 some student 和 some book），都没有辖域依存的解读（P9）。而当两个名词短语都辖域独立时，得到的解读就是分枝解读。

Liu（1990）根据一个名词短语能否有辖域依存的解读和能否诱发（induce）出其他名词短语的辖域依存解读，将名词短语分成了四类（P19）。[1]

(32)

	诱发辖域依存	依存于其他NP
A. 指称个体的NP	否	否
B. 全称量化NP，a certain，most 等	是	否（在主语位置）
C. 光杆数量成分，some，比例成分（超过50%的）	是	是
D. 受修饰的数量成分，单调下降的成分，比例成分（小于50%的）	否（在宾语位置）	是

其中 A 类“指称个体的 NP”主要包括专名，如 John，和定指成分，如 the book 等。在各类名词短语中，专名和定指成分是永远辖域独立的，也不会诱发出其他名词短语对它的辖域依存。因为专名指称特定的对象，其所指是唯一的，而定指成分也是指称特定的对象，其所指不会依存于其他量化成分而发生变化。B 类则包括全称量化短语，如 every student，a certain、most 和 a majority of 等。全称量化短语涵盖了话语里所有相关的对象，充当主语时也是辖域独立的（Liu 1990：6-7），但充当宾语时可以有辖域依存的解读，如“No student answered every question correctly.”这个句子的解读为没有学生是正确地回答出了所有的问题的。这种解读就是宾语 every question 依存于 no student 的解读。而这个句

1　框线为本书所加。

子没有主语依存于宾语的解读，即不能解读为没有一个问题是有学生正确地回答出来了的。most of、a majority of 和 a certain 在主语位置也都只有辖域独立的解读。如“Most of the students read every book.”“A majority of the students read two of the books.”“A certain student read five questions correctly.”这几个句子都没有主语依存于宾语的解读，也就是其中的 most of the students、a majority of the students 和 a certain student 在各自的句子中只能解读为一个特定的集合，不能解读为随宾语集合中的元素的不同而对应不同的集合。但是当它们处在宾语位置的话，就有可能得到辖域依存的解读。如“Every student read a certain book—his favorite book.”，其中的 a certain book 就可以依学生的不同而表示不同的书（P14）。

C 类主要包括光杆数量成分，如三个学生、五本书等，不定成分 some、a 等，还包括数量超过半数接近全部的比例成分，如 most、a majority、two thirds (of) 等。C 类成分能够诱发出辖域依存，也能辖域依存于其他成分。以数量成分为例。数量短语如果处在宾语的位置，是较容易获得辖域依存的解读的。如跟 A 类和 B 类主语成分共现时，像“Every student read two books.”“John and Bill read two books.”以及上面讲到 B 类量化短语时所举的“A majority of the students read two of the books.”和“A certain student read five questions correctly.”其中宾语位置的数量名成分都可以有辖域依存的解读，即可以解读为不同的两本书和不同的两个问题。数量短语处在主语位置的时候，理论上可以有依存于其他量化短语的解读，实则难以获得辖域依存的解读。像 Liu（1990）中提到“Two students read exactly five books.”这个句子难以获得 two students 依存于 exactly five books 的解读（P15）。（原因在于 exactly five books 属于 D 类，D 类是处在宾语位置时不诱发量化短语的辖域依存，而自身又要依存于其他量化短语的短语。）而“Two students read most of the books.”则有 two students 依存于 most of the books

的解读[1](P8)。而像数量短语与全称量化短语和专名并列结构的共现，当其处在主语位置时，也很难有辖域依存于宾语的解读。如“Two students read every book.”和“Two students read *Gone with the Wind* and *Jane Eyre*.”。

D 类成分是指不会诱发辖域依存，同时自身会辖域依存于其他成分的量化短语，也包含各种小类。Liu（1990）提到的有受到修饰的数量短语，如 exactly three、at least two、more than three、only five 等；约数，如 between five and ten、about ten；表示数量小于半数接近无的比例成分，如 10% (of)、one third (of) 等；以及单调下降的成分，如 no、fewer than five、neither 等。这里主要是说这些成分处在宾语位置时，一般得到辖域依存于主语量化成分的解读，如“Every student read more than two books.”和“Most students read more than two books.”中，two books 得到不同的两本书的解读。当它们处在主语位置且跟不是它们这一类（即非 D 类）的宾语成分共现时，也可以有辖域独立的解读，如“At least two of the students read two of the books.”和“No student read every book.”中，主语量化成分就是辖域独立的。

关于以上四类 NP 在主宾语位置互相搭配后能否得到辖域独立的解读，Liu（1990：22-23）做了详尽的考察。每一种搭配后都标出了“能得到”（available）或“不能得到”（unavailable），对不能确定的例子后面打了问号。从那些不能确定的例子可以看到，量化名词短语之间的辖域关系是较为复杂的，对那些不定的情况，需要在更多的因素，比如语境因素等的帮助下才能确定。同时，Liu 只给出了这些搭配是否有辖域独立的解读的判定，没有穷尽给出这些搭配的辖域依存解读的具体情况。而这些搭配也没有穷尽所有的可能。比如像主宾语都是光杆数量成分的这一种，在文中就没有列出。虽然大致的倾向性能够看出，如主语位置比宾语位置

1 Liu（1990：8）提到这个句子至少对有些人来说是可以获得这种解读的。

更容易诱发出其他成分对它的辖域依存，也就是更容易相对于宾语位置占宽域解读，相对地，宾语位置更容易有辖域依存的解读，也就是占窄域的解读。辖域解读的多样性和不确定性都进一步说明了辖域问题的复杂性，说明仅从句法角度是难以解决问题的。

如前面所提到的，Liu（1990）将两个量化名词短语辖域彼此独立的解读称为分枝量化。分枝量化现象在 Liu（1990）之前，就已经有学者们注意到了。最早是 Jackendoff（1972）举了下面这样的例子，提到（33a）和（33b）的一种解读是有三个故事和许多人，这许多人中的每一个都听了这三个故事，而这种解读是不能用传统的逻辑形式来表征的。虽然 Jackendoff 没有提到"分枝量化"这个说法，但是这种解读就是分枝解读（见 Liu 1990：31-32）。

(33) a. I told three of the stories to many of the men.

b. I told many of the men three of the stories.

在 Jackendoff（1972）之后不久，就有学者明确地提到自然语言中存在分枝量化，并举了例子。但是又有其他学者提出怀疑。具体见 Liu（1990：27-34）的介绍。其中 Liu 详细介绍了文献中对"No man loves no woman."的分析。这个句子是 van Benthem（1983）作为分枝量化的例子举出的。这个例子有两种解读。其一是宾语辖域依存于主语的解读：每一个男人至少喜欢一个女人。这种解读很难得到，但是也是有可能的。其二被认为是分枝解读：没有男人喜欢女人（即任何男人和女人的配对中都不存在 love 这种关系）。这种解读在某些方言里能得到。不过 Liu 认为这个例子是比较特异的，可能用非分枝量化的分析会更自然。因为这个例子虽然包含了单调递减的量词，但如果把它替换成别的递减量词，分枝量化就不存在了。如"No man loves fewer than two women."就只有宾语依存于主语的解读，而不存在主宾语都辖域独立的解读。文献中也确实有不是分枝量化的方法来分析“No man loves no woman.”的没有男人喜欢女人的这种解读的，如有的学者（May 1989 和 van Benthem 1989，见 Liu 1990：29-30）就用复指量词（resumptive quantifier）来分析 no，认为 no 是应用于两个论元的，即应用于（man，woman）。

Liu（1990）认为自然语言中存在分枝量化，而 Jackendoff（1972）所举的那样的例子是英语中较为简单且明确存在分枝量化的句子。因此 Liu 就主要讨论了这一类句子的分枝量化。文中所举的例子为（Jackendoff 1972：35-38）：

(34) a. A majority of the students read those two books.
b. A majority of the students read two of the books.
c. 90% students have taken two classes.
d. Most students subscribe to two newspapers.
e. Five students have read two of the books.
f. Two of the students have read most of the books.

这些例子都有主宾语辖域独立的解读，即分枝量化解读。其中（34a）至（34d）没有主语依存于宾语的解读，（34e）和（34f）有主语依存于宾语的解读。观察这些句子中作为主语和宾语的名词短语，就会发现主语不能辖域依存于宾语的句子，其中主语名词短语（a majority of the students、90% students 和 most students）都是属于 Liu（1990）所提出的广义殊指（G-specific）类型，而主语能够辖域依存于宾语的句子，其中主语名词短语（five students 和 two of the students）都是非殊指类（non-specific）的。

上面所介绍的对分枝量化的讨论，举的例子中很多都含有复杂的量化短语，如带有修饰成分 more than、fewer than、at least、at most 等，或者表达比例关系，如 most of、a majority of、90% of 等。这些复杂的量词我们在第六、七章介绍广义量词时大量出现过。广义量词理论正是由于这些复杂量词无法很好地在一阶谓词逻辑里表达而出现的。而对量化句的辖域考察，也因为带有这些量化成分的句子的复杂辖域解读而变得复杂。很多情况下，是否具有某种辖域关系，存在一定的不确定性，或者不同的句子在得到某种辖域解读的可能性上具有程度的差异。不同的母语者会有不同的语感。正因为如此，Liu（1990）在分析有些句子的时候，常用到这样的说法，如“很难得到，但也是有可能的”（is hard to get but possible）（P28），“至少对于一部分说话人来说，是有主语依存于宾语的解读的”（has a reading on which the subject depends on the object, at least for some speakers）（P16），“主语依存于宾语的解读在（10）中更容易得到”（the SDO reading is easier to get in（10））（P16），“主语辖域独立的地位在（5）中甚至更为牢固”（scope-independent status of the subject is even more solid in（5））（P14），“对于大多数说话人来说，……”（for most speakers, ...）（P14），等等。从这些表述可以看到，量化句的辖域解读并不总是清晰明了的，往往存在模糊且难以断定的情况。如果对量化现象的考察把这些非标准量化也考虑进去，而不是像前面提到的 May（1985）和 Aoun & Li（1993）那样仅仅只考察标准的全称量化和存在量化，那么量化现象显然不是仅从句法角度就可以描写和解释的。对那些不确定的例子的描写，需要考虑其解读的凸显程度，或者说在听者中的可获得度。这种凸显程度的调查，需要借助对较多说话人语感的调查。而对那些游离不定的解读，可能需要进一步借助实验测试的方法而得到相关的结论。所以量化研究的领域也是实验语义学的重要研究领域[1]。

1 关于实验方法在形式语义学中的应用，参见沈园（2017）。

8.7 汉语辖域研究

8.7.1 全称量化与存在量化之间的辖域关系

我们已经看到以上量化辖域文献中已有不少对汉语辖域现象的观察，并基于汉语量化辖域现象提出了新的辖域理论。其中最能显示英语和汉语辖域表现差异的量化句，就是如下所示的（35）存在辖域歧义和（36）不存在辖域歧义的对比。

(35) a. Every man loves a woman.

b. A woman will love every man.

(36) 每一个男人都喜欢一个女人。

汉语中由于主语一般不能为无定成分，因此不存在直接跟（35b）对应的句子[1]，这里只写出了跟（35a）对应的（36）。（36）这样的句子一般认为是不存在歧义的（上文介绍的 C.-T. Huang 1982 就认为其是没有歧义的代表），即只有主语占宽域的一种解读：不同的人喜欢不同的一个人。[2] 但是后来的 Liu（1990）、S.-Z. Huang（1996，2005）等对这种观察提出了不同意见。S.-Z. Huang 认为这种句子完全可以有跟英语一致的两种解读，即除了主语占宽域的解读外，还有宾语占宽域的解读。她举有如下这样的例子（S.-Z. Huang 1996：48）：

1 英语可以说“Some student bought every book.”，表示“有一个学生，这个学生买了所有的书。”汉语中跟 some student 对应的名词性成分是“一个学生”，但汉语中说“一个学生买了所有的书。”却是不太好的句子，如果说成“有一个学生买了所有的书。”则比较好，但加上“有”以后就是一个动词性成分了。

2 Huang（1982：112-113）举了“每个学生都买了一本书。”的例子。指出这个句子只能表达每个学生买了这本或那本书，而不断言他们买了相同的书。如果恰巧是同一本书，那也是巧合，并不是这个句子所要传递的意思。

(37) 在这所幼儿园里，每一个小孩都会背一首唐诗，（就是李白的“床前明月光，……”）

S.-Z. Huang 认为上面句子中括号里的成分显示“一首唐诗”可以作宽域解读，如果它不能作宽域解读，就不能以括号里的成分作为合法的后续成分。

Liu（1990）也认为类似（36）这样的句子完全可以有两种解读，只是她对第二种解读（即宾语占宽域的解读）的性质有不同的看法，她认为这种解读不应看作是跟辖域依存有关的解读，因为她认为全称量化短语虽然可以引起其他名词短语对它的依存，但它自身在辖域上总是独立的，不会依存于其他名词短语，也就是如上文所介绍的分枝量化的解读。[1] 她举的例子如下（Liu 1990：44）：

(38) a. 每个学生都答对了一道题。

b. 每道题都被一个学生答对了。

Liu 是在讨论了 Aoun & Li（1993）提出的虽然汉语中类似（36）这样的句子没有辖域歧义，但是其相应的被动结构存在歧义的说法后提出（38）这样的句子并进行讨论的。Aoun & Li（1993：12）用了下面的例子说明汉语中其实存在辖域歧义现象，认为其中“一个女人”可以作宽域解读。

1 Xu & Lee（1989）也提到，他们的一些语感调查对象也认为像“每个学生买了一本书”这样的句子中，宾语可以占有宽域。但是 Xu & Lee 认为，“一本书”占宽域的时候，实际上蕴含着“每个学生”也是占宽域。根据我们的理解，Xu & Lee 可能认为此时就不存在一个占宽域，而另一个占窄域的问题。其实 Xu & Lee 所注意到的问题，就是 Liu（1990）提到的分枝量化问题，即此时两个量化短语在辖域上都不依存于对方，都是独立的。

(39) 每一个人都被一个女人抓住了。

而 Liu 则认为（38a）和（38b）都具有歧义，而不光只是 Aoun & Li 提到的只有被动结构里才有歧义。在认为主动结构里也有歧义这一点上，Liu 和 S.-Z. Huang 的看法是一致的，只是她们各自有不同的解释。

除了对全称量化短语作主语、存在量化短语 / 数量量化短语作宾语的句子的辖域歧义现象的讨论外，由于汉语中主语须为有定成分的这一制约是语义上的而非句法形式上的，因此也有研究者观察到汉语中存在量化短语 / 数量量化短语可以出现在主语位置（Aoun & Li 1993），如（40）至（42）所示；或数量量化短语与全称量化短语同时出现在动词前的位置（Xu & Lee 1989），如（43）和（44）所示。

(40) 某个人喜欢每个人。

(41) 一本书被每个人推荐了。

(42) 两个学生被每个老师教到。

(43) 两道难题，每个学生做了好几次。

(44) 两个学生，每道难题做了好几次。

虽然 Aoun & Li 对类似上面的（38）那样的被动结构的辖域歧义现象的判断是正确的，[1] 但他们认为（40）至（42）也都有辖域歧义的判断，则跟我们的语感相悖。我们认为（40）至（42）都没有辖域歧义，只有主语占宽域的一种解读。Xu & Lee（1989）也指出，Aoun & Li（1993）中存在对句子的辖域解读判断上的问题，如提到 Aoun & Li 将“两个学生被每个老师教到”判断为有辖域歧义的句子，而他们的语感是，在这个句子中“两个学生”其实得不到窄域解读，也就是说这个句子不可能解读

1 Xu & Lee（1989：461）也提到，他们的一些语感调查对象将“每个男人都被一个女人抓到”判断为有歧义。

为每个老师教了两个不同的学生。这跟我们的语感判断是一样的。Xu & Lee（1989）认为，（43）和（44）不存在辖域歧义，只有居前的数量量化短语占宽域的一种解读。我们也认同 Xu & Lee 的语感。

8.7.2 数量量化之间的辖域关系

英语中数量量化短语跟存在量化短语一样，可以出现在主语位置，例如（Liu 1990：8）：

（45）Two students read most of the books.

出现在主语位置的数量短语可以有宽域或窄域的解读。在（45）中，当 two students 作宽域解读时，句子的意思是，有两个学生，这两个学生读了大多数的书，可能不同的学生读的是不同的"大多数的书"；当 two students 作窄域解读时，句子的意思是，有一堆书，这堆书构成"书"的大多数，而这"大多数的书"中的每一本都被两个学生读了，可能每本书是被不同的两个学生读的。当然，（45）最自然的解读是 two students 和 most of the books 在辖域上都独立，句子的意思为，有两个特定的学生，有一堆书构成 most of the books，而这两个学生中的每一个都读了这堆书中的每一本。这后一种解读就是分枝解读。

由于受主语须为有定成分的制约，汉语中数量量化短语跟存在量化短语一样，难以出现在主语位置。但在特定的语境下，数量量化短语也是可以出现在主语位置的。[1] 第五章 5.3 节还举过主语位置的数量短语表定指的用例。Xu & Lee（1989）专门讨论了数量量化短语之间的辖域关系

1 Lee（1986）提到，在数量短语前加"有"，在数量短语中增加修饰语，在句首增加一个话题，或将句子变为条件句（conditional clause）或句子型的主语（sentential subject），这些手段都可以帮助数量短语在句首主语位置的出现。不过在传统语法分析里，数量短语前出现"有"后，数量短语就是"有"的宾语，而不是句子的主语了。

问题。他们用到了如下这样的例子，并指出，在一个句子中如果两个数量量化短语分居于动词两边（不属于同一个 VP），或两个数量量化短语都位于动词之前，则由线性顺序来判断辖域关系，位置在前面的成分拥有宽域，如（46）和（47）所示。如果两个数量量化短语都位于动词之后，则题元角色对于判断辖域起着重要的作用，如果带有客体（theme）、受事（patient）或受影响者（factitive）题元角色的成分先于带有施事、方所、来源或目标等题元角色的成分，则两个成分可以互相占宽域，如（48b）和（49b）所示。而位置反过来的（48a）和（49a）是没有歧义的，只有位置处在左边的充当目标或方所的数量成分占宽域的解读（Xu & Lee 1989：453-455，459）。

(46) a. 根据人口调查，区里 500 个人有过 2 个配偶。

b. 这个学校，2 个主考老师批了 6 份试卷。

(47) a. 每一期，两篇重点文章主编寄给三个审稿人。

b. 每一期，两篇重点文章三个审稿人否定了。

c. 每一期，三个审稿人两篇重点文章否定了。

d. 每一期，两篇重点文章被三个审稿人否定了。

e. 每一期，三个审稿人把两篇重点文章否定了。

(48) a. 计划委员会每年分配给四个研究所两个重点项目。

b. 计划委员会每年分配两个重点项目给四个研究所。

(49) a. 请你每天在四个试管里放两种试剂。

b. 请你每天放两种试剂在四个试管里。

虽然 Xu & Lee（1989）的例子反映了汉语中数量短语之间的辖域关系，但汉语中更为典型的包含多个数量短语的句子为下列（50）这样的句子。陆俭明（2008）称其为表达容纳量的句子。

(50) a. 十个人吃了一锅饭。[1]

b. 十个人吃了两锅饭。

c. 一锅饭吃十个人。

d. 两锅饭吃了十个人。

虽然这些句子中主语和宾语位置都出现了数量量化短语，但这些句子不论是现实句还是模态句，[2]都只有表达“容纳量”的这种解读。这种解读可以看作一种集合解（collective reading）或累积解（cumulative reading）。也就是只能将主语表示的集合看作一个整体，把宾语表示的集合看作一个整体，两个整体之间建立谓词所表示的关系，无法建立集合内个体成员之间的关系。关于集合解和累积解这里不做具体介绍。

8.7.3 Wh- 词与全称量化之间的辖域关系

关于英语中 Wh- 词与全称量化间的辖域关系，前文（2）已提到过 May（1985）的用例，重引为（51）：

(51) a. What did everyone buy for Max?

b. Who bought everything for Max?

(51a）有歧义，可以是 everyone 占宽域，表示不同的人买了不同的东西，也可以是 what 占宽域，表示所有的人一起买了某样东西或某些东西；（51b）则没有歧义，只能是 who 占宽域，表示某人买了每一个东西。

---

1 陆俭明（2008）举的例子都是类似（50a）和（50c）这样的例子，即其中一个量为一的例子。我们增加了（50b）和（50d）这样的例子，以说明在这样的容纳句中，不论其中一个量为一还是大于一，都没有辖域相互作用关系，只有表示容纳量的这一种解读。

2 这里的“现实句”指带有时态成分的表示已然事件的句子，如（50a）和（50b）；“模态句”指带有显性或隐性的模态成分（如“一锅饭吃十个人”可以理解为一锅饭能让十个人吃饱等意思）的不表示现实事件的句子，如（50c）和（50d）。

我们在前文也已经介绍了汉语中的情况。汉语对译句（52）和英语的（2）有着一致的辖域表现。这里不重述。

(52) a. 每个人都给张三买了什么？
   b. 谁给张三买了每一样东西？

8.7.4 名词性结构中的量化辖域问题

名词性结构中的量化辖域问题，是指当名词性结构中出现了量化词时，该量化词跟该名词性结构之外的其他量化词之间的辖域关系，或者当名词性结构中出现了多个量化词时，这些量化词互相之间的辖域关系。前者 Aoun & Li（1993）称作量化词的离心表现（exocentric behavior），如（53）和（54）所示；后者 Aoun & Li（1993）称作量化词的向心表现（endocentric behavior），如（55）和（56）所示。

(53) a. Every woman's mother loves a man.　（a、b 都有歧义）
   b. A man's mother will love every woman.
   c. What did everyone's mother buy?　（有歧义）
   d. Whose mother bought everything?　（无歧义）
(54) a. 每个女人的妈妈都喜欢一个男人。（a、b 都无歧义）
   b. 一个男人的妈妈喜欢每个女人。
   c. 每个人的妈妈都买了什么？　（有歧义）
   d. 谁的妈妈买了每个东西？　（无歧义）
(55) a. [Some people from every walk of life] like jazz.
　（两个句子都有歧义）
   b. [Every senator on a key congressional committee] voted for the amendment.

(56) a. 我买了［每本三个人的书］。　　(四个句子都无歧义)

b. 我买了［三本每个人的书］。

c. 我买了［三个人的每本书］。

d. 我买了［每个人的三本书］。

上述第一组（53a）和（53b）跟（35a）和（35b）中的辖域关系完全一致。（53c）和（53d）、（54c）和（54d）跟（51a）和（51b）中的量词辖域关系也完全一致。而（54a）的辖域关系跟（36）一致。第二组（55）和（56）的量词辖域关系为：（55）有歧义，除了有左边的量词占宽域的解读外，还有右边的量词占宽域的解读，即 Huang（1982）和 Aoun & Li（1993）所说的逆序量化（inversely linked quantification）；汉语则没有这种逆序量化，（56）只有左边的量词占宽域的解读。

名词性结构中有一类特殊的结构，即关系结构。关系结构中也存在量化辖域问题。关系结构中的量化辖域问题，是指当关系小句中出现了量化名词短语时，该量化名词短语跟关系小句中的空成分，或者说跟关系结构中的中心语的辖域关系问题。英语中关系结构中的量化名词短语总是待在关系结构中作窄域解读。例如：

（57）I read the articles that every student chose.

（57）中的 every student 不可能取宽域，也就是如果 the articles 构成一堆文章，那么每一个同学都选中了这一堆文章，不可能是每个同学选了不同的文章，而这些文章构成 the articles。

汉语关系结构中的量化辖域问题则要复杂得多。一般认为，关系小句中的量化名词短语可以取宽域，也可以取窄域。这跟量化短语是处在主语位置还是宾语位置有关，也跟量化短语是全称量化短语还是数量短语有关。这一现象在 Huang（1982）、Lee（1986）、Huang（1996，2005）

等文章里都有讨论。Huang（1982）用名词短语内的解读（NP-internal reading）和名词短语外的解读（NP-external reading）来区分复杂名词短语内的量化名词短语占窄域和占宽域的情况，他用了如（58）这样的例子：

(58) a. 我看了三个人写的书。

b. 我喜欢他批评每个人的文章。

（58a）中的“三个人”可以取宽域，也可以取窄域。取宽域时解读为：有三个人，这三个人各自写了不同的书；取窄域时解读为：书是三个人合写的。（58b）中的“每个人”也可以取宽域或取窄域。取宽域时解读为不同的文章批评不同的人，取窄域时解读为同一篇文章批评所有的人。

在 C.-T. Huang 所举的两个例子中，一个属于数量短语的辖域解读，一个属于全称量化短语的辖域解读。全称量化短语的辖域解读跟其所在的句法位置有关，一般认为处于关系小句主语位置的全称量化短语没有歧义，只能占宽域，[1] 而处于宾语位置的全称量化短语的辖域解读较为复杂，不同的文章对此有不同的观察。Lee（1986）认为，宾语位置的全称量化短语跟主语位置的一样，没有辖域歧义，他用到了如下面的（59）这样

1 Aoun & Li（1993：129）认为，处于关系小句主语位置的全称量化短语也有可能出现辖域歧义，他们举了如下这样的例子：

（i）我看了每个女人写的一篇文章。

Yang（2001）提到，他对这个句子有不同的判断，而我们的语感觉得“每个女人写的一篇文章”在可接受性上就有问题，原因可能跟“一篇”的出现有关。当没有“一篇”时，“每个女人写的文章”肯定是合法的，可是当在中心语“文章”前用上“一篇”时，我们的判断总是在到底是一篇还是多篇文章中游移，得不到确定的解读。如果真的像 Aoun & Li（1993）所认为的那样，“每个女人”能作窄域解读，那么将“一篇”换成其他数量量化短语，也应该能得到相应的解读，而实际上换了以后，相应的表达变得更不合法，如“每个女人写的三篇文章”。所以，我们倾向于将这个表达判断为不合法的表达。实际上，如前文所提到的，在 Aoun & Li（1993）中，很多语感判断我们都觉得有问题。

的例子；而 Huang（1982）（如上面所示）和 Yang（2001）都认为存在辖域歧义。

(59) 我喜欢介绍每个旅游点的书。

可见汉语名词性结构中的辖域解读是一个较为复杂的问题。对于有语感分歧的句子，可能还需要通过一定的语感调查，最后来确定其具体解读情况。

第九章 焦点和量化研究的发展趋势和未来议题

焦点和量化研究发展至今，已经取得了丰硕的成果。但可以肯定地说，两个领域都还有很大的研究空间等待挖掘和开拓。下面分别来看焦点和量化研究的发展趋势和未来议题。

9.1 焦点和量化研究的发展趋势

发展趋势是事物在内部规律和外部因素共同作用下的在未来的延续。纵观焦点和量化研究的历史，可以看到从对两种现象的起始观察和研究，到形成蔚为大观的局面，跟对语言形和义的深度探究是分不开的。从语义特点上来看，焦点和量化所涉及的都是句子整体的语义。焦点是在语句逻辑语义表达的基础上，联系语句的信息功能，考察在信息传递中不同成分具有什么样的地位和表现形式。而我们知道语言是信息传递的工具。对信息自身特点的考察，是更为紧密地联系了语言的功用从而能对语句的解读有更好的把握。因此当 20 世纪 60 年代韩礼德讨论句法选择时，信息结构相关的选择是其三方面内容之一。焦点自进入研究者们的视野后，迅速成为语言学各个部门和语言学各个流派共同感兴趣的问题。如徐烈炯、潘海华（2023）前言中所介绍的，观察各个语言焦点表现的论著迭出，讨论话题和焦点的专题研讨会不断。[1] 顶峰时期大概出现在 20 世纪末，之后逐渐冷却下来。从本书介绍的几个问题的研究文献来看，目前是一个研究不间断但又不再过于热闹的状况。这种状况未来将继续维持。研究不会间断是因为对焦点现象的把握远没有达到充分的地步，而不会再像早期的热闹是因为在已经取得一定成果的情况下，之后的研究会以一种相对和缓的节奏进行。首先需要对更多语言事实进行收集并花时间做扎实的调查描写，只有在对语言事实有更多观察的基础上，才有可能在理论上有新的突破。

如本书前言中对量化研究发展历史的回顾所示，对自然语言的量化研究是伴随着逻辑学的发展而发展的。跟焦点表达的形式多样性和语用关联性不同，量化表达主要借助词汇句法的手段，是逻辑语义的表达。因此对量化的研究自始至终集中在句法语义研究领域。研究的过程伴随着对自然语言形式刻画的精准化追求而不断发展。自然语言形式化的道路阻且长，目前来看，量化研究是一个长时间内不会过时的课题。

9.2 焦点和量化研究的未来议题

9.2.1 对焦点形式手段的全面观察与描写

观察描写的工作永远是基础，是理论得以产生的基石。对焦点形式手段的观察虽然已得到了较为丰富的结论，但还远远谈不上充分。目前已知的常用手段，如重音、语序及形态标记等，仅仅是对大类手段的概括。每一类的具体表现形式，各类在不同语言中的分量及互动配合，跟其他共用相同手段的语义表达之间的关系等，仍然是比较模糊的面貌。在焦点研究的前期阶段，研究者们追求理论化。焦点的各种理论，主要是在对以英语等为代表的印欧语言的形式观察下概括抽象而出的。之后的研究虽然也扩

1 徐烈炯、潘海华（2023）提到对多种语言焦点现象进行研究的论著有 É. Kiss（1995）和 Rebuschi & Tuller（1999）。

大了观察的范围，如É. Kiss（1995）和Rebuschi & Tuller（1999）中对众多语言焦点表达的观察，以及焦点理论引入汉语研究后，汉语的语言事实也参与到了焦点理论的构建中，[1]但对于想全面把握世界语言焦点表达的规律来说，是远远不够的。想要得到理论的突破，更是需要积累大量的事实。因此在理论追求的热度暂时退却之后，回归到全面化、精细化的描写工作是必然的。

通过本书第一章的焦点类型学研究的介绍我们知道，最近二十多年，对焦点形式手段和表义细微差异等的跨语言观察逐渐成为研究者们关注的重点。这种转向就是上面所提及的原因：在理论精彩纷呈过后，回归朴实的再观察再描写。对事实的更为全面的把握和更为深入的思考，导致了新的看法的出现。比如在第四章的4.2.4节里提到的Kratzer & Selkirk（2020）对信息焦点在语法中所处地位的思考，就是在对信息焦点、对比焦点及已知信息的形式手段的充分观察的基础上得出的。认为对比焦点和已知才是由句法促动的特征，而“新”“旧”信息结构二分这样的情况，被认为是不存在的。敢于提出这种完全颠覆之前认识的观点，当然需要有充足的事实依据。而事实依据就来自于对语言事实的充分的观察（具体见4.2.4节的介绍）。

这种回归在汉语焦点研究中也应出现。焦点理论引入汉语研究后，我们观察了许多具体问题，总结了汉语焦点表达的一些规律。但对于全面精准把握汉语焦点表达的面貌还很不够。首先表现在所观察的现象主要集中在普通话，特别是对焦点表达的句法语义研究几乎都是以普通话为主的。仅在焦点重音的声学表现上，近年来有一些研究开始观察方言和民族语言（如第一章1.6、1.7节所述）。在方言调查相关材料中，“焦点”这一范

1　É. Kiss（1995）观察了英语、匈牙利语、芬兰语、卡德兰语、巴斯克语、现代希腊语、索马里语、克契瓦语、朝鲜语的焦点表达。Rebuschi & Tuller（1999）观察了英语、法语、葡萄牙语、土耳其语、标准阿拉伯语、摩洛哥阿拉伯语、印地语、乌儿都语、马拉雅拉姆语等的焦点表达。两本书虽然观察了这么多种语言，但遗憾的是其中都没有对汉语事实的调查。

畴是时而出现，时而不出现。如刘丹青在 2018 年根据 Comrie & Smith（1977）编著的《语法调查研究手册》中有“强调”这个范畴。在“强调”这一名目下较为详细地列出了焦点调查的各个方面。而新近出版的《汉语方言调查问卷》（夏俐萍、唐正大 2021）语法部分的 22 个调查范畴里，则没有列出“焦点”这个范畴[1]。可见对其作为需要调查的重要语法范畴的地位的认识是不一的。而在一些已有的具体问题上，也存在不同的看法。如对汉语“尾焦点”特征应如何概括、对众多功能性成分的焦点功能应如何定性、语序手段在话题和焦点表达中的作用到底如何，等等。看法分歧也期待观察更多的语言事实以最终得到消除。比如对于汉语“尾焦点”的特征，文献中多用信息焦点“通常”置于句末的说法。[2] 也就是在某些情况下信息焦点也可以不是在句末。而确实也有学者认为汉语中不存在一个固定的信息焦点位置。[3] 对于存在争议的问题，更深入地了解事实当然是最终解决的办法。可以全面观察汉语中信息焦点的表现而最终得到一个更为具体和有说服力的表述。

9.2.2 对焦点语义机制的深度分析与把握

在对焦点形式手段全面观察与描写的基础上，开展对其语义机制的深度分析，力求精准把握其语义效应与作用机制。在焦点语义效应上，以往已观察到了其语义的显著的特点，提炼出了语义表达的一些关键词，如

1《汉语方言调查问卷》所调查的 22 个语法范畴包括：构词、构词生动形式、名词复数、重叠、代词、数量名结构、定名结构、状语性成分、趋向动补结构、介词与连词、处置被动致使、双及物结构、连动结构、处所存现领有判断、语序与话题、复杂句与复合句、疑问否定、祈使感叹、时体、情态语气、反身相互、比较比拟。其中“语序和话题”这个调查类别里，“话题”跟焦点的关系密切，但对话题的调查不能代替对焦点的调查。

2 如方梅（1995：279）提到，“由于句子的信息编排往往是遵循从旧到新的原则，越靠近句末信息的内容就越新。句末成分通常被称作句末焦点，我们把这种焦点成分称为常规焦点”。徐烈炯、刘丹青（1998：95）提到，“在汉语中，句子末尾通常是句子自然焦点的所在”。徐烈炯（2002：407）提到“通常认为汉语在句法允许的条件下，把信息焦点置于句末”。

3 如李湘、端木三（2017）就认为汉语中不存在一个固定的自然焦点（按：即信息焦点）位置。

"新""旧""对比"等。信息的新和旧需要联系听说双方的知识状态来看。反映在话语中，就是要联系语境来看。语境能够充分显示信息在话语交际中是已经为说话人所掌握，还是说话人未知而想要找听话人索取的。这种联系语境对语句的焦点结构进行研究的方法，就是本书第三章疑问语义学视角下的焦点研究。其实联系语境来观察焦点这个做法由来已久，但把对信息状态的考察统一置于疑问—回答的框架中，用"问题"统领，将其结构化、程式化和规则化，就不仅在方法上更有可操作性，同时也可以强化我们对焦点的语境关联性的认识。后者其实是容易被忽略的。这一点似乎出人意料，但确实在具体研究中我们很容易忘记焦点的语境关联性而仅仅在孤立的句子中讨论焦点。[1]没有语境的句子在焦点理论中为句焦点句。就一个孤立的句子谈其中焦点的位置，更多的是一种对句子语义中组成成分在我们心理上所占重要性的主观认定。因此，回归到语境中，充分联系话语和语篇考察焦点，利用疑问语义学的相关理论和方法对焦点的信息功能做出观察和刻画，能更好地把握焦点的语义机制。这是我们未来可以多做的。

1　如刘林（2013）在考察汉语中焦点标记词的特点时，指出一个焦点标记词前如果还有其他的焦点标记词，根据句子的焦点选择机制，处于前面的焦点标记词标记的成分为句子的焦点，后面的焦点标记词不再标记焦点成分。举了下面的例子。

（i）中国化学工程第四化工建设公司只用了4个月就$_1$使第一台德士古炉点火烘炉。(《人民日报》1995-01-05）

（ii）这才$_1$几年，就$_1$混成大名人了，跟你比起来我不过小人物一个。

刘文认为(i)和(ii)中的焦点是第一个焦点标记词"只"和"才"标记指示的"4个月"和"几年"，而不是"就"后的成分。这个判断并没有联系语境进行。我们很容易找到"就"后成分是新信息的例子。如：

（iii）我在网上看到，五菱星辰很受用户的欢迎，上市才2个月，就已经有25000个人选择了这台车。(网络文章）

（iv）2023年才过去10天，就有13位名人离世，最大97岁，最小的只有48岁。(网络文章标题）

上面这些例子中，"就"后成分带有数量信息。数量信息一般被认为是能优先成为新信息的。而（iii）中前文带有的标明信息来源的句子"我在网上看到"，和（iv）中后续句中对离世的13位名人年龄的介绍，都能明确地表明"就"后数量信息的新信息的地位。

以往研究已指出，焦点最重要的语义功能是激活选项，在句子的普通语义之外带来句子的焦点语义。相关的研究形成焦点选项语义学，如本书第二章所介绍的。焦点选项语义学作为一种焦点语义理论，自出现之后一直处于活跃状态。第二章中我们介绍了选项中跟量级有关的选项。当选项与量级挂钩，对句子的语义解读及相关的语义推理能力大大增强。从量级相关的选项角度对语言现象的解释不仅包括对任选现象的解释，新近在汉语领域也用它来分析一些老的问题，如“都”的语义功能的问题，获得了新的认识（参看刘明明的系列文章）。焦点选项语义学研究在未来仍然是热门议题。

9.2.3 对量化形式手段的全面观察与描写

跟焦点表达不同的是，量化表达主要诉诸词汇性手段，以及一些形态或句法的手段。与逻辑学中所构建的理想化的形式语言不一样，自然语言表达形式多样，语义复杂，形义很难有完美的匹配。量化表达在谓词逻辑里只有全称和存在两种，但是自然语言中表达全称或存在的手段却极其丰富。对自然语言量化表达的研究，首先就是要弄清楚各种表达手段及它们之间表义上的细微差别。以汉语全称量化表达为例。汉语中表达全称量化的词汇性手段尤为丰富。第五章 5.3 节已提到，张蕾（2022）所考察的现代汉语中各类全称量化词就有 40 多个，这些量化词依具体用法还可以分出不同小类。同时在汉语中表达全称量化的成分共现的现象很普遍，这一点跟英语等其他语言很不一样。对于这些丰富的表达成分以及它们之间的各种共现，需要大量深入细致的观察描写工作。张蕾（2022）已经做了很好的研究，但由于全书观察了多达 40 多个的全称成分，对有些词的观察和比较难免较为概括。微观细致的观察描写无止境。这方面的工作需要继续进行。而对存在量化和其他类的量化表达的研究也是一样。

在汉语方言研究中，跟前面介绍的焦点研究的情况类似，刘丹青（2018）在其 1.2.5.2.6 节的“量化词”和 2.1.6 节的“数词 / 量化词”中详细地列出了量化考察项目，但夏俐萍、唐正大（2021）中没有列出。各个方言中的量化手段和机制，跟普通话中的一起共同构成汉语量化表达的全貌。这方面的研究已经开展了一些，如欧阳伟豪（1998）对粤语“晒”的量化特征的考察，徐烈炯（2007）对上海话“侪”与普通话“都”的异同的考察，黄晓雪（2013）对宿松方言的总括副词“一下”的考察，姜礼立、唐贤清（2019）对益阳方言总括副词“一回”的考察等，以及对某一量化现象的初步的跨方言考察，如王芳（2018）在考察了光山方言全称量化的基础上，对个体全称量化的表达进行了跨方言调查（含 12 个方言点）。但包含各大方言且同时涉及量化各个方面的全面深度的调查和深入细致的比较研究尚未开始。因此全面开展对方言量化面貌的调查，是接下来汉语量化研究的重点。而对世界语言量化表达形式的调查则已经有一些研究，研究成果如 Bach *et al.*（1995), Keenan & Paperno（2012）和 Paperno & Keenan（2017）等，都是大部头的反映多个语言量化情况的著作。Keenan & Paperno（2012）中更是设计了量词调查问卷，该问卷也可以作为汉语方言量化调查问卷设计的参考。但所包含的具体语言还是有限的。未来不论是汉语方言的量化调查，还是世界语言的量化调查，都可以加大力度全面深入地进行。

9.2.4 对量化语义机制的深度分析与把握

在自然语言量化语义机制上，以往研究已经观察到了一些规律。如限定量化与状语性量化的区别，一般的全称量化与分配性全称量化的区别，分配性量化中变量语义值的依存等。在量化域的限定、量化辖域的获取等方面也做了较多的研究并得到了一些规律。但是离全面把握自然语言量化机制也还有很大的距离。量化事实观察得越多，可能越会发现不一样的语义机制。比如对汉语量化现象的观察让我们发现了英汉语量化机制的不同[1]。汉语在量化表达上充分地显示了自己的个性，对汉语量化的研究对于

1 见第八章中对 Huang（1982）的量化辖域原则的介绍。

丰富量化理论具有重要的作用。可以想见对世界语言的观察越多，一定会有更多新的发现以充实已有的量化理论。

以往的量化研究不仅研究现实句的量化，还研究模态量化和类指量化（generic quantification）。后两者是研究的重点和难点，在今后长时间内都将是需要着力研究的议题。其中对条件句的研究已有较长时间。如Stalnaker（1968）、Lewis（1975）等是研究条件句较早的文献。类指研究的著作如Carlson & Pelletier（1995）以及书中提到的文献。由于涉及不同语义范畴之间的关系，要准确把握其语义并精确地刻画出来并非易事。

量化研究中还有一个重要的议题是事件量化的研究。如第五章所介绍的，事件是重要的量化对象之一。事件量化研究随着事件语义学的兴起而成为重要的研究领域。相对于个体量化，事件量化在实现方式、语义计算等方面都更为复杂。相应的研究已有较长时间并产生了丰富的文献（如Parsons 1990；de Swart 1991；Schein 1993；Rothstein 1995，2001，2004等），但仍然有极大的研究空间。而汉语领域的事件量化研究则处在起始阶段，在今后的量化研究发展中是重要的方向。

同时，量化与焦点的互动研究是未来焦点和量化研究共同的议题。二者的互动在以往已有较多的观察，本书前言中已提到一些相关的文献。在量化和焦点的互动上，已观察到焦点在决定量化域上有着重要的作用。焦点在量化语义实现中的作用不一，会随着量化词小类的不同而不同。从这个侧面可以进一步考察量化词内部性质的不同。

9.3 焦点和量化的推理（应用）价值研究

焦点和量化的推理价值表现在焦点和量化都涉及句子整体的语义，根据焦点和量化可以做出语句在预设和蕴涵等方面的各种推理。相关的推理决定着对语句的逻辑语义本身以及逻辑语义之外的话语交际和信息传递上的特点的全面而准确的把握。其推理价值也可以说是其应用价值，相关的研究应用到语言信息处理上，能够带来对文本解读和语句生成的更为有效的结果。

焦点跟预设有关，根据句中焦点位置能推出句子的预设，也就是听说双方在当前语句说出之前就已共享的信息。在我们充分考虑语句的交际意图和效果时，语句的信息结构是必定要观察的内容。“答非所问”的情况不仅出现在所答不着边际完全偏离所问的时候，也出现在看似回答了问题却采用了偏离的焦点位置时。“问答一致性”（如第三章所介绍的）保证了答案的有效性，也就是前后语句有着一致的焦点结构。在语言信息处理中必须要充分考虑语句的焦点结构。

量化句的推理方面则更多的是关涉句子的逻辑语义本身。第七章所介绍的量词单调性直接就是说的量化句的推理。不同的量化句可以做出不同的推理。语言信息处理中也必须要充分考虑量化句的各种推理可能性。它是保证我们可以对语句做出充分解读或者生成足够“聪明的”回应语句的最重要的条件之一。在今后的研究中，可以不断将焦点和量化研究的成果吸收进语言信息处理的相关技术中，充分体现研究的应用价值。

后记

这是我出版的第一本专著。在这里，我特别想借后记的宝贵篇幅，说一说我的“焦点·量化”历程。

2001年9月，我投身袁毓林老师门下开始博士阶段的学习。不久后袁老师在我的培养方案上给我定下了做焦点研究的计划，从此我便与焦点结缘。记得袁老师推荐我看的第一本外文专著是Ray Jackendoff的《生成语法的语义解释》(*Semantic Interpretation in Generative Grammar*)(对这本书后来一直有一种特殊的感情)。之后又看了多本跟焦点有关的书。我的博士论文写的是《量化副词“都”与句子的焦点结构》。在论文写作的过程中，袁老师一有相关文献的信息，就会推荐给我。其中我记得读过的黄师哲老师的博士论文、李行德老师的博士论文和徐烈炯老师的多篇论文，都是袁老师推荐给我看的。我特别庆幸遇到袁老师这样的紧随研究前沿的老师，让我在科研的最早期阶段就接触到较为前沿的课题和丰富的文献资料。我也要特别感谢读博期间陆俭明老师对我博士论文的悉心指导。

2005年7月到8月，我在香港城市大学潘海华老师那里做了两个月的访学研究。这两个月里我收获很大，不仅结交了好几位志同道合的朋友，最重要的是在潘老师的指导下，较多地接触了跟量化相关的文献。潘老师的文献资料尤为丰富，许多是当时在内地图书馆不太容易找到的。这些文献资料打开了我的眼界。由于博士论文对"都"研究已经跟量化有关，已读了一些量化的文章，再接触更为前沿的丰富的文献资料，我对量化研究的兴趣得到极大的拓展，以至之后的研究都以量化为主了。从香港访学回来第二年，我申请到了我的第一个国家社科基金项目"现代汉语事件量化系统的研究"。这个项目能成功申请上，离不开在潘老师那里所接触的量化理论。所以能有机会去潘老师那里访学也是我人生中最幸运的事情之一。我也要特别感谢徐烈炯老师的推荐而让我有这访学的机会。而访学的经历又直接促使了我后来申请香港理工大学石定栩老师的博士后职位，以及再后来的到威斯康星大学麦迪逊分校跟随李亚非老师的访学。我要衷心感谢石老师和李老师在我这两段经历中对我的指导和关爱。我的研究视野在跟随两位老师的学习中也得到进一步拓展。

而我更早的焦点·量化历程还可以回溯到我的硕士阶段。1998 年 9 月我师从彭小川老师开始硕士阶段的学习。彭老师手把手把我从科研的门外汉领入科研的殿堂，其严谨的科研态度和对语言事实细致入微的观察精神，深深地影响着我，成为我在硕士阶段收获的两件最珍贵的科研法宝。而硕士毕业论文写的是《时间副词"总"和"一直"的语义、句法、语用分析》。"总"和"一直"正好跟焦点和量化都密切相关。虽然当时还没有接触焦点和量化的具体理论，但论文研究过程中对语料的细致观察和对语义的相关总结概括，让我对汉语中的焦点和量化现象有了初步的了解，使我储备了在接触具体理论时可以马上浮现于脑海的较为丰富的汉语事实。很幸运在科研的起始阶段遇到彭老师，给我以严格的指导和训练。这让我终生受益。

这样的经历，让我从此走上了焦点和量化研究之路，并一直至今。有了前面的积累，才能让我今天通过努力能完成这部书稿。特别感谢袁老师在其作为主编的"外语学科核心话题前沿研究文库·语言学核心话题系列丛书·普通语言学"系列中，安排我撰写有关焦点与量化的这本书。虽然之前读过较多的文献，也做过一些研究。但这本书的撰写，让我更加系统而深入地阅读了相关文献和思考了相关问题。这个过程中我收获巨大。直接的收获就是在书稿撰写过程中对相关问题的研究形成的四篇论文均得以发表。当然，书稿最后的出版更是最大且最直接的收获。而我在这个过程中的学术积累也将更好地滋养我今后的研究。

在研究的过程中，越是广泛涉猎文献资料，深入思索相关问题，越觉得自己的研究远远不足。今后在研究中当以更为踏实而坚定的脚步前行。而一路心中也常怀感恩。感恩求学路上得遇众多良师，无私地以爱和推力助我前行。

最后，衷心感谢外语教学与研究出版社的陈阳老师。在本书的出版过程中，陈阳老师付出了大量的精力，陈老师耐心细致的工作态度给人留下了深刻的印象。

我把这本书献给我的父亲黄岳申先生。我出了书父亲是最高兴的。

参考文献

Aboh, E. O. 2007. Focused versus non-focused wh-phrases. In E. Aboh, K. Hartmann & M. Zimmermann (eds.). *Focus Strategies in African Languages: The Interaction of Focus and Grammar in Niger-Congo and Afro-Asiatic.* Berlin: De Gruyter Mouton. 287-314.

Akmajian, A. 1970. On deriving cleft sentences from pseudo-cleft sentences. *Linguistic Inquiry 1* (2): 149-168.

Aloni, M. & P. Égŕe. 2010. Alternative questions and knowledge attributions. *Philosophical Quarterly 60* (238): 1-27.

Alonso-Ovalle, L. 2006. Disjunction in Alternative Semantics. Ph.D. Dissertation. Amherst, MA: University of Massachusetts Amherst.

Aoun, J. & Y. A. Li. 1993. *Syntax of Scope*. Cambridge, MA: The MIT Press.

Ariel, M. 1990. *Accessing Noun-Phrase Antecedents.* London & New York: Routledge.

Armstrong, D. M. 1978. *Nominalism and Realism: Universals and Scientific Realism* (Volume 1). Cambridge: Cambridge University Press.

Bach, E. 1971. Questions. *Linguistic Inquiry 2* (1): 153-166.

Bach, E., E. Jelinek, A. Kratzer & B. H. Partee (eds.). 1995. *Quantification in Natural Languages* (Volumes 1 and 2). Dordrecht: Kluwer Academic Publishers.

Baker, C. L. 1968. Indirect Questions in English. Ph.D. Dissertation. Urbana: University of Illinois, Urbana-Champaign.

Barwise, J. 1979. On branching quantifiers in English. *Journal of Philosophical Logic 8*

(1): 47-80.

Barwise, J. & J. Perry. 1983. *Situations and Attitudes*. Cambridge, MA: The MIT Press.

Barwise, J. & R. Cooper. 1981. Generalized quantifiers and natural language. *Linguistics and Philosophy 4* (2): 159-219.

Beaver, D. & B. Clark. 2003. Always and only: Why not all focus-sensitive operators are alike. *Natural Language Semantics 11* (4): 323-362.

Beaver, D. & B. Clark. 2008. *Sense and Sensitivity: How Focus Determines Meaning*. Oxford: Blackwell.

Beaver, D. & D. Velleman. 2011. The communicative significance of primary and secondary accents. *Lingua 121* (11): 1671-1692.

Beaver, D. I., B. Z. Clark, E. S. Flemming, T. F. Jäger & M. Wolters. 2007. When semantics meets phonetics: Acoustical studies of second-occurrence focus. *Language 83* (2): 245-276.

Begheli, F., D. Ben-Shalon & A. Szabolcsi. 1997. Variation, distributivity, and the illusion of branching. In A. Szabolcsi (ed.). *Ways of Scope Taking*. Dordrecht: Kluwer Academic Publishers.

Bittner, M. & N. Trondhjem. 2008. Quantification as reference: Evidence from q-verbs. In L. Matthewson (ed.). *Quantification: A Cross-Linguistic Perspective*. Leeds: Emerald Publishing. 7-66.

Bonomi, A. 1997. Aspect, quantification and when-clauses in Italian. *Linguistics and Philosophy 20* (5): 469-514.

Büring, D. 2016. *Intonation and Meaning*. Oxford: Oxford University Press.

Carlson, G. N. 1977. Reference to Kinds in English. Ph.D. Dissertation. Amherst, MA: University of Massachusetts Amherst.

Carlson, G. N. & F. J. Pelletier (eds.). 1995. *The Generic Book*. Chicago: The University of Chicago Press.

Carlson, L. 1983. *Dialogue Games: An Approach to Discourse Analysis*. Dordrecht/ Boston/London: D. Reidel Publishing Company.

Chafe, W. 1976. Givenness, contrastiveness, definiteness, subjects, topics, and point of view. In C. Li (ed.). *Subject and Topic*. London/New York: Academic Press. 25-56.

Chen, Y. 2003. The Phonetics and Phonology of Contrastive Focus in Standard Chinese. Ph.D Dissertation. New York: State University of New York at Stone Brook.

Chierchia, G. 1988. Dynamic generalized quantifiers and donkey anaphora. In M. Krifka (ed.). *Genericity in Natural Language*, Tübingen: SNS: 53-84.

Chierchia, G. 1990. Anaphora and dynamic logic. Institute for Language, Logic, and Information, ITLI prepublications. 37-78.

Chierchia, G. 1992. Anaphora and dynamic binding. *Linguistics and Philosophy 15* (2): 111-183.

Chierchia, G. 2001a. Scalar Implicatures, Polarity Phenomena, and Syntax/ Pragmatics Interface. Manuscript. https://www.docin.com/p-62192228.html (accessed 12/30/2023).

Chierchia, G. 2001b. A puzzle about indefinites. In C. Cecchetto, G. Chierchia & M. T. Guasti (eds.). *Semantic Interfaces: Reference, Anaphora and Aspect*. Stanford: CSLI Publications. 51-89.

Chierchia, G. 2004. Scalar implicatures, polarity phenomena, and the syntax/ pragmatics interface. In A. Belletti (ed.). *Structures and Beyond: The Cartography of Syntactic Structures* (Volume 3). Oxford: Oxford University Press. 39-103.

Chierchia, G. 2013. *Logic in Grammar: Polarity, Free Choice, and Intervention*. Oxford: Oxford University Press.

Chomsky, N. 1975. *The Logical Structure of Linguistic Theory*. New York: Springer.

Chomsky, N. 1977. On wh-movement. In P. W. Culicover, T. Wasow & A. Akmajian (eds.). *Formal Syntax*. New York: Academic Press. 71-132.

Chomsky, N. 1981. *Lectures on Government and Binding: The Pisa Lectures*. Dordrecht: Foris Publications.

Chomsky, N. 1982. *Some Concepts and Consequences of the Theory of Government and Binding*. Cambridge, MA: The MIT Press.

Chomsky, N. & H. Lasnik. 1977. On filters and control. *Linguistic Inquiry 8*: 425-504.

Chomsky, N. & M. Halle. 1968. *The Sound Pattern of English*. New York: Harper and Row.

Chow, K. F. 2012. Inferential Patterns of Generalized Quantifiers and Their Applications to Scalar Reasoning. Ph.D. Dissertation. Hong Kong: Hong Kong

Polytechnic University. http://chowkafat.net/Thesis.pdf (accessed 30/11/2020).

Ciardelli, I., J. Groenendijk & F. Roelofsen. 2013. Inquisitive semantics: A new notion of meaning. *Language and Linguistics Compass 7* (9): 459-476.

Ciardelli, I., J. Groenendijk & F. Roelofsen. 2019. *Inquisitive Semantics*. Oxford: Oxford University Press.

Cipria, A. & C. Roberts. 2000. Spanish imperfecto and pretérito: Truth conditions and aktionsart effects in a situation semantics. *Natural Language Semantics 8* (4): 297-347.

Comrie, B. & N. Smith. 1977. Lingua descriptive studies: Questionnaire. *Lingua 42*: 1-72.

Constant, N. 2010. Mandarin *ne* as contrastive topic: The Case of CT Questions. http://people.umass.edu/nconstan/Constant%202010%20Mandarin%20ne%20as%20Contrastive%20Topic%20--%20Draft%202010.09.24.pdf (accessed 25/11/2022).

Constant, N. 2014. Contrastive Topic: Meanings and Realizations. Ph.D. Dissertation. Amherst, MA: University of Massachusetts Amherst.

Cresswell, M. J. 1974. *Formal Philosophy, Selected Papers of Richard Montague*. New Haven, CT: Yale University Press.

Davidson, D. 1967/2006. The logical form of action sentences. In D. Davidson. *The Essential Davidson*. New York: Oxford University Press. 37-71.

de Swart, H. 1991. Adverbs of Quantification: A Generalized Quantificational Approach. Ph.D. Dissertation. Groningen: University of Groningen.

de Swart, H. 1993. *Adverbs of Quantification: A Generalized Quantifier Approach*. New York & London: Garland Publishing, INC.

Drubig, H. B. 2003. Towards a typology of focus and focus constructions. *Linguistics 41* (1): 1-50.

É. Kiss, K. (ed.). 1995. *Discourse Configurational Languages*. New York: Oxford University Press.

É. Kiss, K. 1998. Identificational focus versus information focus. *Language 74* (2): 245-273.

Emmon, E. J., A. Kratzer & B. H. Partee (eds.). 1995. *Quantification in Natural Languages* (Volumes 1 and 2). Dordrecht: Kluwer Academic Publishers.

Emonds, J. E. 1976. *A Transformational Approach to English Syntax*. New York: Academic Press.

Ernst, T. 1998. Case and the parameterization of scope ambiguities. *Natural Language and Linguistic Theory 16* (1): 101-148.

Evans, G. 1980. Pronouns. *Linguistic Inquiry 11* (2): 337-362.

Fauconnier, G. 1975a. Polarity and the scale principle. *Chicago Linguistic Society 11*: 188-199.

Fauconnier, G. 1975b. Pragmatic scale and logic structure. *Linguistic Inquiry 6* (3): 353-375.

Fauconnier, G. 1975c. Do quantifiers branch? *Linguistic Inquiry 6*: 555-578.

Ferreira, M. 2005. Event Quantification and Plurality. Ph.D. Dissertation. Cambridge, MA: Massachusetts Institute of Technology.

Firbas, J. 1992. *Functional Sentence Perspective in Written and Spoken Communication*. Cambridge: Cambridge University Press.

Fodor, J. D. & I. A. Sag. 1982. Referential and quantificational indefinites. *Linguistics and Philosophy 5* (3): 355-398.

Fox, D. 2004. Back to the Theory of Implicatures, Class 4 of Implicatures and Exhaustivity. Handouts from a class taught at USC. http://lingphil.mit.edu/papers/fox/class_4.pdf (accessed 02/02/2023).

Fox, D. 2007. Free choice and the theory of scalar implicatures. In U. Sauerland & P. Stateva (eds.). *Presupposition and Implicature in Compositional Semantics*. London: Palgrave Macmillan. 71-120.

Frege, G. 1918-1919. Der Gedanke. Eine logische Untersuchung. *Beiträge zur Philosophie des deutschen Idealismus I*: 58-77. Translated as Frege 1956.

Frege, G. 1956. The thought: A logical inquiry. *Mind 65* (259): 289-311.

Geach, P. T. 1972. *Logic Matters*. Berkeley & Los Angeles: University of California Press.

Giurgea, I. 2016. On the Interpretation of Focus Fronting in Romanian. http://www.diacronia.ro/indexing/details/A26099/pdf (accessed 04/05/2022).

Goodhue, D. 2022. All focus is contrastive: On polarity (verum) focus, answer focus, contrastive focus and givenness. *Journal of Semantics 39* (1): 117-158. http://www.diacronia.ro/indexing/details/A26099/pdf (accessed 05/04/2022).

Grice, P. 1975. Logic and Conversation. In P. Cole & J. L. Morgan (eds.). *Syntax and Semantics* (Volume 3): *Speech Acts*. New York: Academic Press. 41-58.

Grice, P. 1989. Conversation and logic. In P. Grice. *Studies in the Way of Words*. Cambridge, MA: Harvard University Press. 21-40.

Groenendijk, J. & F. Roelofsen. 2011. Inquisitive Semantics. ESSLLI lecture handouts.

Groenendijk, J. & M. Stokhof. 1990. Dynamic Montague Grammar. https://www.researchgate.net/profile/Martin-Stokhof/publication/2805412_Dynamic_Montague_Grammar/links/02e7e531dcd61d00eb000000/Dynamic-Montague-Grammar.pdf (accessed 21/03/2024).

Groenendijk, J. & M. Stokhof. 1991. Dynamic predicate logic. *Linguistics and Philosophy 14*: 39-100.

Groenendijk, J. & M. Stokhof. 1997. Questions. In J. van Benthem & A. ter Meulen (eds.). *Handbook of Logic and Language*. Armsterdam: Elsevier. 1055-1124.

Groenendijk, J., T. Janssen & M. Stokhof (eds.). 1984. *Truth, Interpretation and Information*. Dordrecht: Foris.

Gundel, J. K. 1999. Different kinds of focus. In P. Bosch & R. van der Sandt (eds.). *Focus: Linguistic, Cognitive, and Computational Perspectives*. Cambridge: Cambridge University Press. 293-305.

Halliday, M. A. K. 1967. Notes on transitivity and theme in English: Part 2. *Journal of Linguistics 3* (2): 199-244.

Hamblin, C. L. 1976. Questions in Montague English. In B. H. Partee (ed.). *Montague Grammar*. New York: Academic Press. 247-259.

Hartmann, K. & M. Zimmermann. 2007. In place – out of place? Focus strategies in Hausa. In K. Schwabe & S. Winkler (eds.). *On Information Structure, Meaning and Form: Generalizations Across Languages*. Amsterdam: John Benjamins Publishing Company. 365-403.

Haspelmath, M., E. König, W. Oesterreicher & W. Raible (eds.). 2001a. *Language Typology and Language Universals: An International Handbook* (Volume 1). Berlin/New York: Walter de Gruyter.

Haspelmath, M., E. König, W. Oesterreicher & W. Raible (eds.). 2001b. *Language Typology and Language Universals: An International Handbook* (Volume 2). Berlin/New York: Walter de Gruyter.

Heim, I. R. 1982. *The Semantics of Definite and Indefinite Noun Phrases*. Ph.D Dissertation. Armherst, MA: University of Massachusetts Amherst.

Heim, I. R. 1983. On the projection problem for presuppositions. In P. Portner & B. H. Partee (eds.). *Formal Semantics: The Essential Readings*. Oxford: Blackwell. 249-260.

Heim, I. R. 1992. Presupposition projection and the semantics of attitude verbs. *Journal of Semantics 9* (3): 183-221.

Heim, I. & A. Kratzer. 1998. *Semantics in Generative Grammar*. Oxford/Malden, MA: Blackwell Publishers.

Herburger, E. 2000. *What Counts: Focus and Quantification*. Cambridge, MA: The MIT Press.

Hintikka, J. 1974. Quantifiers vs. quantification theory. *Linguistic Inquiry 5* (2): 154-177.

Hirschberg, J. 1985. A Theory of Scalar Implicature. Ph.D. Dissertation. Philadelphia, PA: University of Pennsylvania.

Hoeks, M. 2020. The role of focus marking in disjunctive questions: A QUD-based approach. In *Proceedings of SALT 30*: 654-673. https://www.xueshufan.com/reader/160432371?publicationId=3135394195 (accessed 19/09/2023).

Horn, L. 1969. A presuppositional theory of *only* and *even*. *Proceedings from the Annual Meeting of the Chicago Linguistic Society 5* (1): 98-107.

Horn, L. 1972. On the Semantic Properties of Logical Operators in English. Ph.D. Dissertation. Los Angeles, CA: University of California, Los Angeles.

Horn, L. 1989. *A Natural History of Negation*. Chicago, IL: The University of Chicago Press.

Huang, C.-T. J. 1982. Logical Relations in Chinese and the Theory of Grammar. Ph.D. Dissertation. Cambridge, MA: Massachusetts Institute of Technology.

Huang, S. F. 1981. On the scope phenomena of Chinese quantifiers. *Journal of Chinese Linguistics 9* (2): 226-243.

Huang, S.-Z. 1996. Quantification and Predication in Mandarin Chinese: A Case Study of Dou. Ph.D. Dissertation. Philadelphia, PA: University of Pennsylvania.

Huang, S.-Z. 2005. *Universal Quantification with Skolemization as Evidence in Chinese and English*. Lewiston, ME: The Edwin Mellen Press.

Hyman, L. M. & J. R. Watters. 1984. Auxiliary focus. *Studies in African Linguistics 15* (3): 233-273.

Jackendoff, R. 1972. *Semantic Interpretation in Generative Grammar.* Cambridge, MA: The MIT Press.

Jespersen, O. 1924. *The Philosophy of Grammar.* New York: Henry Holt.

Jiménez-Fernández, Á. L. 2015. Towards a typology of focus: Subject position and microvariation at the discourse-syntax interface. *Ampersand 2*: 49-60. https://idus.us.es/bitstream/handle/11441/27013/1-s2.0-S2215039015000077-main.pdf;jsessionid=ED7DCEA9F961E7D9323028346CBB2277?sequence=4 (accessed 05/04/2022).

Kadmon, N. 1987. On Unique and Non-Unique Reference and Asymmetric Quantification. Ph.D. Dissertation. Amherst, MA: University of Massachusetts, Amherst.

Kadmon, N. 2001. *Formal Pragmatics: Semantics, Pragmatics, Presupposition, and Focus.* Malden, MA: Blackwell.

Kamp, H. 1979. Events, instants and temporal reference. In R. Bäuerle, U. Egli & A. Stechow (eds.). *Semantics from Different Points of View.* Berlin/Heidelberg: Springer-Verlag. 376-418.

Kamp, H. 1981. A theory of truth and semantic representation. In J. Groenendijk, T. J. & M. Stokhof (eds.). *Formal Methods in the Study of Language.* Amsterdam: Mathematisch Centrum. (Reprinted in: J. Groenendijk, T. Janssen & M. Stokhof (eds.). 1984. *Truth, Interpretation and Information.* Dordrecht: Foris. 1-41.)

Karttunen, L. 1977. Syntax and semantics of questions. *Linguistics and Philosophy 1*: 3-14.

Karttunen, L. & S. Peters. 1975. Conventional Implicature in Montague Grammar. In C. Cogen (ed.). BLS 1: *Proceedings of the First Annual Meeting of the Berkeley Linguistics Society.* Berkeley, CA: Berkeley Linguistics Society. 266-278.

Karttunen, L. & S. Peters. 1979. Conventional implicature. In C. K. Oh & D. A. Dinneen (eds.). *Syntax and Semantics 11: Presupposition.* New York: Brill Academic Publishers. 1-56.

Katz, J.-E. & O. Selkirk. 2005/2006. Pitch and duration scaling for contrastive focus: A phrase stress analysis. Manuscript, University of Massachusetts Amherst.

Kay, P. 1990. Even. *Linguistics and Philosophy 13* (1): 59-111.

Keenan, E. L. 1981. A boolean approach to semantics. In J. A. G. Groenendijk, T. M. V. Janssen & M. B. J. Stokhof (eds.). *Formal Methods in the Study of Language*. Amsterdam: Mathematisch Centrum. 343-379.

Keenan, E. L. 2012. The quantifier questionnaire. In E. L. Keenan & D. Paperno (eds.). *Handbook of Quantifiers in Natural Language*. Dordrecht: Springer. 1-20.

Keenan, E. L. & D. Paperno (eds.). 2012. *Handbook of Quantifiers in Natural Language*. Dordrecht: Springer.

Kempson, R. M. & A. Cormack. 1981. Ambiguity and quantification. *Linguistics and Philosophy 4* (2): 259-309.

Kennedy, C. 1997. Comparison and polar opposition. In A. Lawson (ed.). *Proceedings of SALT 7*. Ithaca, NY: CLC Publications. 240-257.

Kennedy, C. 2001. Polar opposition and the ontology of "degrees". *Linguistics and Philosophy 24*: 33-70.

Keshet, E. 2017. Scalar implicatures with alternative semantics. In C. Lee, F. Kiefer & M. Krifka (eds.). *Contrastiveness in Information Structure, Alternatives and Scalar Implicatures*. Cham: Springer. 261-279.

Kitahara, H. 1996. Raising quantifier without quantifier raising. In W. Abraham, S. D. Epstein, H. Thráinsson & C. J. W. Zwart (eds.). *Minimal Ideas: Syntactic Studies in the Minimalist Framework*. Amsterdam: John Benjamins.

König, E. 1991. *The Meaning of Focus Particles: A Comparative Perspective*. London/New York: Routledge.

Koopman, H. J. & D. Sportiche. 1982. Variables and the bijection principle. *The Linguistic Review 2* (2): 139-160. (Reprinted in H. Koopman. 2000. *The Syntax of Specifiers and Heads: Collected Essays of Hilda J Koopman*. New York: Routledge. 16-36.)

Kratzer, A. 1989. An investigation of the lumps of thought. *Linguistics and Philosophy 12*: 607-653.

Kratzer, A. 1995. Stage-level and individual-level predicates as inherent generics. In G. N. Carlson & F. J. Pelletier (eds.). *The Generic Book*. Chicago, IL: University of Chicago Press. 125-175.

Kratzer, A. & E. Selkirk. 2020. Deconstructing information structure. *Glossa: A Journal of General Linguistics 5* (1): 1-53.

Kratzer, A. & J. Shimoyama. 2002. Indeterminate pronouns: The view from Japanese. Paper presented at the Third Tokyo Conference on Psycholinguistics, Tokyo, Japan, March 2002. https://www.mcgill.ca/linguistics/files/linguistics/KratzerShimoyama2002.pdf (accessed 12/03/2023).

Krifka, M. 1992. A Compositional semantics for multiple focus constructions. In J. Jacobs (ed.). *Informationsstruktur und Grammatik*. Weisbaden: VS Verlag für Sozialwissenschaften. 17-53.

Krifka, M. 2008. Basic notions of information structure. *Acta Linguistica Hungarica 55* (3-4): 243-276.

Kuno, S., K. Takami & Y. Wu. 1999. Quantifier scope in English, Chinese, and Japanese. *Language 75* (1): 63-111.

Ladusaw, W. A. 1979. Polarity Sensitivity as Inherent Scope Relations. Ph.D. Dissertation. Austin, TX: University of Texas at Austin.

Lambrecht, K. 1994. *Informational Structure and Sentence Form: Topic, Focus, and the Mental Representations of Discourse Referents*. Cambridge: Cambridge University Press.

Lambrecht, K. 2000. When subjects behave like objects: An analysis of the merging of S and O in sentence-focus constructions across languages. *Studies in Language 24* (3): 611-682.

Lambrecht, K. & M. Polinsky. 1997. Typological variation in sentence-focus constructions. Paper presented at the Thirty-third Annual Meeting of the Chicago Linguistic Society, Chicago, US, 1997.

Larson, R. K. 1988. On the double object construction. *Linguistic Inquiry 19* (3): 335-391.

Larson, R. K. 1990. Double objects revisited: Reply to Jackendoff. *Linguistic Inquiry 21* (4): 589-632.

Lee, C. 2006. Contrastive topic/focus and polarity in discourse. In K. von Heusinger & K. Turner (eds.). *Where Semantics Meets Pragmatics*. CRiSPI 16, Elsevier. 381-420.

Lee, C. 2017. Contrastive topic, contrastive focus, alternatives, and scalar implicatures. In C. Lee, F. Kiefer & M. Krifka (eds.). *Contrastiveness in Information Structure, Alternatives and Scalar Implicatures*. Cham: Springer. 3-21.

Lee, C., F. Kiefer & M. Krifka. 2017. *Contrastiveness in Information Structure, Alternatives and Scalar Implicatures*. Cham: Springer.

Lee, T. H. 1986. Studies on Quantification in Chinese. Ph.D. Dissertation. Los Angeles, CA: University of California.

Lee, T. H. 2021. *Studies on Quantification in Chinese*. Beijing: The Commercial Press.

Lewis, D. 1973. *Counterfactuals*. Oxford: Blackwell. https://zh.1lib.in/dl/2270439/17eaf9 (accessed 15/01/2022).

Lewis, D. 1975. Adverbs of quantification. In E. L. Keenan (ed.). *Formal Semantics of Natural Language*. Cambridge: Cambridge University Press. 3-15.

Li, C. N. & S. A. Thompson. 1981. *Mandarin Chinese: A Functional Reference Grammar*. Berkeley, CA: University of California Press.

Liao, H. 2011. Alternatives and Exhaustification: Non-Interrogative uses of Chinese Wh-words. Ph.D. Dissertation. Cambridge, MA: Harvard University.

Lin, J. 1998. Distributivity in Chinese and its implication. *Natural Language Semantics 6*: 201-243.

Lindström, P. 1966. First order predicate logic and generalized quantifiers. *Theoria 32*: 186-195.

Liu, F. 1990. Scope Dependency in English and Chinese. Ph.D. Dissertation. Los Angeles, CA: University of California, Los Angeles.

Liu, M. M. 2017. Varieties of alternatives: Mandarin focus particles. *Linguistics and Philosophy* 40: 61-95.

Liu, M. M. 2018. *Varieties of Alternatives: Focus Particles and wh-Expressions in Mandarin*. Beijing: Peking University Press & Singapore: Springer Nature Singapore Pte Ltd.

Liu, M. M. 2021. A pragmatic explanation of the mei-dou co-occurrence in Mandarin Chinese. *Journal of East Asian Linguistics 30*: 277-316.

Matsumoto, Y. 1995. The Conversational Condition on Horn Scales. *Linguistics and Philosophy 18*: 21-60.

May, R. 1977. The Grammar of Quantification. Ph.D. Dissertation. Cambridge, MA: Massachusetts Institute of Technology. https://dspace.mit.edu/handle/1721.1/16287 (accessed 07/06/2021).

May, R. 1985. Logical Form: Its Structure and Derivation. Cambridge, MA: The MIT Press.

May, R. 1989. Interpreting logical form. *Linguistics and Philosophy 12* (4): 387-435.

Montague, R. 1970a. English as a formal language. In B. Visentini *et al.* (eds.). *Linguaggi nella Societa e nella Tecnica*. Milan: Edizioni di Communita. 189-224. (Reprinted: Montague, R. 1974. *Formal Philosophy: Selected Papers of Richard Montague*. Edited and with an introduction by Richmond H. Thomason. New Haven, CT/London: Yale University Press. 188-221.)

Montague, R. 1970b. Universal grammar. *Theoria 36*: 373-398. (Reprinted: Montague, R. 1974. *Formal Philosophy: Selected Papers of Richard Montague*. Edited and with an introduction by Richmond H. Thomason. New Haven, CT/London: Yale University Press. 222-246.)

Montague, R. 1973. The proper treatment of quantification in ordinary English, In K. J. J. Hintikka, J. M. E. Moravcsik & P. Suppes (eds.). *Approaches to Natural Language: Proceedings of the 1970 Stanford Workshop on Grammar and Semantics*. Dordrecht: Springer. 221-242. (Reprinted: Montague, R. 1974. *Formal Philosophy: Selected Papers of Richard Montague*. Edited and with an introduction by Richmond H. Thomason. New Haven, CT/London: Yale University Press. 247-270.)

Mostowski, A. 1957. On a generalization of quantifiers. *Fundamenta Mathematicae 44*: 12-36.

Neeleman, A., E. Titov, H. van de Koot & R. Vermeulen. 2009. A syntactic typology of topic, focus and contrast. https://www.researchgate.net/profile/Ad-Neeleman/publication/253975822_A_Syntactic_Typology_of_Topic_Focus_and_Contrast/links/02e7e53ab1c8474cc7000000/A-Syntactic-Typology-of-Topic-Focus-and-Contrast.pdf (accessed 21/04/2023).

Onea, E. 2016. *Potential Questions at the Semantics-Pragmatics Interface*. Leiden & Boston: Brill.

Paperno, D. & E. L. Keenan. 2017. *Handbook of Quantifiers in Natural Language* (Volume II). Cham: Springer.

Parsons, T. 1990. *Events in the Semantics of English: A Study in Subatomic Semantics*. Cambridge, MA: The MIT Press.

Partee, B. H. (ed.). 1976. *Montague Grammar*. New York/San Francisco/London: Academic Press.

Partee, B. H. 1991. Topic, focus and quantification. In S. Moore & A. Wyner (eds.). *Proceedings from Semantic and Linguistic Theory (SALT) I*. Ithaca, NY: Cornell University. 159-188.

Partee, B. H. 1995. Quantificational structures and compositionality. In E. Bach, E. Jelinek, A. Kratzer & B. H. Partee (eds.). *Quantification in Natural Languages*. Dordrecht: Springer. 541-601.

Partee, B. H. 1999. Focus, quantification, and semantics-pragmatics issues. In P. Bosch & R. van der Sandt (eds.). *Focus: Linguistic, Cognitive, and Computational Perspectives*. Cambridge/New York: Cambridge University Press. 213-231.

Peters, S. & D. Westerståhl. 2006. *Quantifiers in Language and Logic*. Oxford: Clarendon Press.

Prince, E. F. 1981. Topicalization, focus-movement, and yiddish-movement: A pragmatic differentiation. In D. Alford *et al.* (eds.). *Proceedings of the Seventh Annual Meeting of the Berkeley Linguistics Society*. 249-264.

Quine, W. V. 1954. Quantification and the empty domain. *The Journal of Symbolic Logic 19* (3): 177-179.

Radford, A. 2000. *Syntax: A Minimalist Introduction*. Beijing: Foreign Language Teaching and Research Press & Cambridge: Cambridge University Press.

Rebuschi, G. & L. Tuller. 1999. *The Grammar of Focus*. Amsterdam: John Benjamins.

Reichenbach, H. 1947. *Elements of Symbolic Logic*. New York: Macmillan Company.

Reinhart, T. 1992. Wh-in-situ: An apparent paradox. In P. Dekker & M. Stokhof (eds.). *Proceedings of the Eighth Amsterdam Colloquium*. Amsterdam: ILLC, University of Amsterdam. 483-491.

Reinhart, T. 1997. Quantifier scope: How labor is divided between QR and choice functions. *Linguistics and Philosophy 20* (4): 335-397.

Rizzi, L. 1997. The fine structure of the left periphery. In L. Haegeman (ed.). *Elements of Grammar*. Dordrecht: Springer. 281-337.

Roberts, C. 1995. Domain restriction in dynamic semantics. In E. Bach, E. Jelinek, A. Kratzer & B. H. Partee (eds.). *Quantification in Natural Languages*. Dordrecht: Springer. 661-700.

Roberts, C. 1996. Information structure in discourse: Towards an integrated formal theory of pragmatics. https://kb.osu.edu/bitstream/handle/1811/81500/WPL_49_Summer_1996_091.pdf (accessed 02/11/2022).

Roberts, C. 2012. Information structure: Afterword. *Semantics & Pragmatics 5* (7): 1-19.

Rochemont, M. 1986. *Focus in Generative Grammar.* Amsterdam: John Benjamins.

Rooth, M. 1985. Association with Focus. Ph.D. Dissertation. Amherst, MA: University of Massachusetts, Amherst.

Rooth, M. 1992. A theory of focus interpretation. *Natural Language Semantics 1*: 75-116.

Rooth, M. 1996. Focus. In S. Lappin (ed.). *The Handbook of Contemporary Semantic Theory.* London: Blackwell. 271-298.

Rooth, M. 2016. Alternative Semantics. In C. Féry & S. Ishihara (eds.). *The Oxford Handbook of Information Structure.* Oxford: Oxford University Press. 19-40.

Rothstein, S. 1995. Adverbial quantification over events. *Natural Language Semantics 3*: 1-31.

Rothstein, S. 2001. *Predicates and Their Subjects.* Dordrecht: Kluwer Academic Publishers.

Rothstein, S. 2004. *Structuring Events: A Study in the Semantics of Lexical Aspect.* Oxford: Blackwell.

Samko, B. 2016. Syntax & Information Structure: The Grammar of English Inversions. Ph.D. Dissertation. Santa Cruz, CA: University of California, Santa Cruz.

Sauerland, U. 2004. Scalar implicatures in complex sentences. *Linguistics and Philosophy 27*: 367-391.

Sauerland, U. 2017. Disjunction and Implicatures: Some Notes on Recent Developments. In C. M. Lee, F. Kiefer & M. Krifka (eds.). *Contrastiveness in Information Structure, Alternatives and Scalar Implicatures.* Cham: Springer. 245-259.

Sauerland, U. & P. Stateva (eds.). 2007. *Presupposition and Implicature in Compositional Semantics.* Basingstoke, UK: Palgrave Macmillan.

Schein, B. 1993. *Plurals and Events.* Cambridge, MA: The MIT Press.

Schubert, L. & J. Pelletier. 1987. Problems in the interpretation of the logical form of generics, bare plurals, and mass terms. In E. LePore (ed.). *New Directions in Semantics.* London: Academic Press. 387-453.

Schubert, L. & J. Pelletier. 1989. Generically speaking, or, using discourse representation theory to interpret generics. In G. Chierchia, B. H. Partee & R. Turner (eds.). *Properties, Types and Meaning. Volume II: Semantic Issues.* Dordrecht/

Boston/London: Kluwer Academic Publishers. 193-268.

Selkirk, E. 1984. *Phonology and Syntax: The Relation between Sound and Structure*. Cambridge, MA: The MIT Press.

Selkirk, E. 1995. Sentence prosody: Intonation, stress and phrasing. In J. Goldsmith (ed.). *The Handbook of Phonological Theory*. Cambridge, MA/Oxford: Blackwell. 550-569.

Selkirk, E. 2008. Contrastive focus, givenness and the unmarked status of "discourse-new". *Acta Linguistica Hungarica 55* (3-4): 331-346.

Shi, D. 1994. The nature of Chinese emphatic sentences. *Journal of East Asian Linguistics 3*: 81-100.

Solomon, M. 2022. True Distributivity and the Functional Interpretation of Indefinites. http://www.semanticsarchive.net/Archive/zkxN2M4M/solomon-functional-indefinites.pdf (accessed 16/02/2022).

Sperber, D. & D. Wilson. 1982. Mutual knowledge and relevance in theories of comprehension. In N. V. Smith (ed.). *Mutual Knowledge*. London: Academic Press. 61-85.

Sperber, D. & D. Wilson. 1986. *Relevance: Communication and Cognition*. Cambridge, MA: Harvard University Press.

Stalnaker, R. 1968. A theory of conditionals. In N. Rescher (ed.). *Studies in Logical Theory*. Oxford: Blackwell. 98-112.

Stalnaker, R. 1978. Assertion. In P. Cole (ed.). *Syntax and Semantics*. New York: Academic Press. 315-332.

Stump, G. 1985. *The Semantic Variability of Absolute Constructions*. Dordrecht/Boston/Lancaster: D. Reidel Publishing Company.

Sugawara, A. 2016. The Role of Question-Answer Congruence (QAC) in Child Language and Adult Sentence Processing. Ph.D. Dissertation. Cambridge, MA: Massachusetts Institute of Technology. https://dspace.mit.edu/bitstream/handle/1721.1/107090/971249985-MIT.pdf?sequence=1&isAllowed=y (accessed 21/09/2023).

Szabolcsi, A. 1981. The semantics of topic-focus articulation. In J. Groenendijk, T. Janssen & M. Stokhof (eds.). *Formal Methods in the Study of Language*. Amsterdam: Matematisch Centrum. 513-540.

Torrence, H. 2013. A promotion analysis of Wolof clefts. *Syntax 16* (2): 176-215.

Vallduví, E. 1990. The Informational Component. Ph.D. Dissertation. Philadelphia, PA: University of Pennsylvania. https://repository.upenn.edu/server/api/core/bitstreams/5a98c033-b50a-44df-9f78-703abc2b8a72/content (accessed 15/01/2023).

Vallduví, E. 1992. *The Informational Component*. New York: Garland Pub.

van Benthem, J. 1983. Five easy pieces. In A. ter Meulen (ed.). *Studies in Model-Theoretic Semantics*. Dordrecht: Foris. 1-17.

van Benthem, J. 1989. Polyadic quantifiers. *Linguistics and Philosophy 12* (4): 437-464.

van Benthem, J. & A. ter Meulen. 2011. *Handbook of Logic and Language*. Amsterdam: Elsevier.

van Valin, R. D. & R. J. Lapolla. 2002. *Syntax: Structure, Meaning and Function*. Beijing: Peking University Press.

Vilkuna, M. 1994. Discourse configurationality in Finnish. In K. É. Kiss (ed.). *Discourse Configurational Languages*. New York & Oxford: Oxford University Press. 244-268.

von Fintel, K. 1994. Restrictions on Quantifier Domains. Ph.D. Dissertation. Amherst, MA: University of Massachusetts, Amherst.

von Fintel, K. 1999. NPI licensing, Strawson entailment, and context dependency. *Journal of Semantics 16*: 97-148.

von Stechow, A. 1991. Focusing and backgrounding operators. In W. Abraham (ed.). *Discourse Particles: Descriptive and Theoretical Investigations on the Logical, Syntactic and Pragmatic Properties of Discourse Particles in German*. Amsterdam & Philadelphia: John Benjamins. 37-84.

Wagner, M. 2006. Givenness and locality. In M. Gibson & J. Howell (eds.). *Semantics and Linguistic Theory*. Ithaca, NY: Cornell University. 295-312.

Walker, M. A. 1993. Informational Redundancy and Resource Bounds in Dialogue. Ph.D. Dissertation. Philadelphia, PA: University of Pennsylvania.

Winkler, S. 2005. *Ellipsis and Focus in Generative Grammar*. Berlin: Mouton de Gruyter.

Xu, L. & T. H. Lee. 1989. Scope Ambiguity and Disambiguity in Chinese. Papers from the 25th Chicago Linguistic Society Meeting: Part One, General Session, Chicago, USA. 451-466.

Yabushita, K. 1989. The Semantics of Plurality Quantification: The Proportion Problem Is a Pseudo-Problem. In the Proceedings of *ESCOL 89*. Newark, DE: University of Delaware. 301-312.

Yabushita, K. 2017. Partition Semantics and Pragmatics of Contrastive Topic. In C. Lee, F. Kiefer & M. Krifka (eds.). 2017. *Contrastiveness in Information Structure, Alternatives and Scalar Implicatures*. Cham: Springer. 23-45.

Yang, C.-Y. B. 2001. Quantification and its Scope Interpretation in Mandarin Chinese. MA Thesis. Taipei: Taiwan Tsing Hua University.

Zimmermann, M. 2006. Adverbial Quantification and Focus in Hausa. http://www.researchgate.net/publication/348459044_Adverbial_quantification_and_focus_in_Hausa (accessed 05/04/2022).

Zimmermann, M. 2008. Contrastive Focus. http://core.ac.uk/download/pdf/85129741.pdf (accessed 06/08/2022).

Zubizarreta, M. 1998. *Prosody, Focus, and Word Order*. Cambridge, MA: The MIT Press.

安文桢，2017，频度副词及其对外汉语教学研究。硕士学位论文。武汉：华中科技大学。

蔡黎雯、林华勇，2022，岳池方言量词重叠的形式和意义——兼谈组合性量词重叠式的类型，《语言学论丛》(1)：266-288。

曹逢甫，1987/1994，再论话题和“连……都/也”结构。载戴浩一、薛凤生(主编)，《功能主义与汉语语法》。北京：北京语言学院出版社。95-116。

陈波，1990，可能世界语义学及其哲学问题，《社会科学战线》(3)：64-73。

陈波，1996，蒯因的语言哲学，《北京社会科学》(4)：31-34。

陈虎，2003，自然语言的重音分布及其语义解释——西方研究综述，《现代外语》(1)：93-103。

陈莉、潘海华，2020，极项理论中衍推关系的评估层面，《中国语文》(2)：188-200。

陈平，1994，试论汉语中三种句子成分与语义成分的配位原则，《中国语文》(3)：161-168。

陈平，1987，释汉语中与名词性成分相关的四组概念，《中国语文》(2)：81-92。

陈振宇，2019，间接量化——语用因素导致的全称量化，《东方语言学》(18)：88-104。

陈振宇，2020，《逻辑、概率与地图分析——汉语语法学中的计算分析》。上海：复旦大学出版社。
陈宗明，1993，《汉语逻辑概论》。北京：人民出版社。
丁淑娟，2004，现代汉语频率副词研究。硕士学位论文。延吉：延边大学。
段文君、贾媛，2015，济南方言和太原方言中焦点语音实现的对比研究。《第十三届全国人机语音通讯学术会议（NCMMSC2015）论文集》，天津，2015年10月。
段文君、贾媛、冉启斌，2013，山东方言焦点语音实现的共性和差异性特征——以济南、聊城、淄博方言为例，《清华大学学报（自然科学版）》（6）：835-838。
方梅，1995，汉语对比焦点的句法表现手段，《中国语文》（4）：279-288。
冯光武，2008，规约含义的哲学溯源与争鸣，《现代外语》（2）：194-202。
何宏华、陈会军，2003，语链结构与汉语量词辖域，《当代语言学》（3）：222-230。
何瑜群，2013，汉藏语量词重叠的类型学研究。《民风（科学教育）》（4）：50-51。
花东帆，2023，焦点的选项语义论。载徐烈炯、潘海华（主编），《焦点结构和意义的研究》。上海：上海教育出版社。109-126。
黄师哲，2022，“每A都B”及汉语复句的二元双标化，《中国语文》（1）：16-38。
黄晓雪，2013，宿松方言的总括副词“一下”，《语言研究》（4）：103-106。
黄瓒辉，2003，焦点、焦点结构及焦点的性质研究综述，《现代外语》（4）：428-438。
黄瓒辉，2016a，“了$_2$”对事件的存在量化及标记事件焦点的功能，《世界汉语教学》（1）：42-58。
黄瓒辉，2016b，“总”从量化个体到量化事件的历时演变——兼论汉语中个体量化与事件量化的关系，《中国语文》（3）：289-302。
黄瓒辉，2022，“还”“也”焦点功能的异同——疑问语义学视角的考察，第二届现代汉语语法前沿论坛会议论文。上海，2022年12月4日。
黄瓒辉，2024a，关于汉语中的“自然焦点”和“尾焦点”，《中国语文》（2）：184-196。
黄瓒辉，2024b，条件型数量句的推理型式及机制——以“三个女人一台戏”和“三个臭皮匠，顶个诸葛亮”为例，《当代语言学》（3）：354-370。
黄瓒辉、石定栩，2011，“都”字关系结构中中心语的宽域解读及相关问题，《当代语言学》（4）：304-320。
刘丹青（编著），2018，《语法调查研究手册（第二版）》。上海：上海教育出版社。
贾国恒，2008，情境语义学的发展，《湖南科技大学学报（社会科学版）》（5）：35-39。
贾国恒，2011，情境语义学的发展评析，《燕山大学学报（哲学社会科学版）》（4）：12-14。
姜礼立、唐贤清，2019，益阳方言的总括副词“一回”，《汉语学报》（3）：78-87。

蒋静忠、魏红华，2010，焦点敏感算子“才”和“就”后指的语义差异，《语言研究》(4)：43-50。

蒋协众，2018，汉语方言量词重叠的类型学考察，《南开语言学刊》(1)：107-117。

蒋严、潘海华，1998，《形式语义学引论》。北京：中国社会科学出版社。

蒋宗礼、姜守旭（编著），2017，《形式语言与自动机理论引论》。北京：清华大学出版社。

克里斯特尔（编），沈家煊（译），2000，《现代语言学词典》。北京：商务印书馆。

蒯因（W. V. Quine），1953/2007，从逻辑的观点看。载涂纪亮、陈波（主编），《蒯因著作集（第4卷 第一部）》。北京：中国人民大学出版社。

李宝伦、潘海华、徐烈炯，2003a，对焦点敏感的结构及其语义解释（上），《当代语言学》(1)：1-11。

李宝伦、潘海华、徐烈炯，2003b，对焦点敏感的结构及其语义解释（下），《当代语言学》(3)：108-119。

李京廉、冯岚，2008，生成语法的语义观，《河北大学学报（哲学社会科学版）》(3)：133-136。

李可胜、邹崇理，2013，从自然语言的真值条件到模型论语义学，《中国社会科学院研究生院学报》(4)：110-113。

李湘、端木三，2017，“自然焦点”有多“自然”？——从汉语方式状语的焦点结构地位说起，《世界汉语教学》(4)：448-462。

刘丹青（编著），2017，《语法调查研究手册（第二版）》。上海：上海教育出版社。

刘林，2013，现代汉语焦点标记词研究——以“是”、“只”、“就”、“才”为例。博士学位论文。上海：复旦大学。

刘林，2016，汉语焦点标记词的分类与句法特征，《语言研究集刊》(1)：107-123。

刘明明，2023，从“wh-都”看疑问代词的任指用法，《世界汉语教学》(2)：222-235。

刘探宙，2008，多重强式焦点共现句式，《中国语文》(3)：259-269。

陆俭明，2008，构式语法理论的价值与局限，《南京师范大学文学院学报》(1)：142-151。

罗琼鹏，2016，程度、量级与形容词“真”和“假”的语义，《语言研究》(2)：94-100。

罗琼鹏，2017，程度语义学视角下的英汉语比较结构研究，《天津外国语大学学报》(3)：30-38。

罗琼鹏，2018，等级性、量级结构与汉语性质形容词分类，《汉语学习》(1)：27-38。

满海霞，2010，对“一+单位词+N+否定词”类周遍性主语的广义量词个案研究，《重庆理工大学学报（社会科学版）》(7)：12-16。

莫静清、方梅、杨玉芳，2010，多重强式焦点共现句中焦点强度的语音感知差异，《汉语学习》（1）：18-25。

莫绍揆，1979，传统逻辑与数理逻辑，《哲学研究》（3）：25-34。

涅尔、涅尔（著），张家龙、洪汉鼎（译），1985，《逻辑学的发展》。北京：商务印书馆。

欧阳伟豪，1998，也谈粤语“哂”的量化表现特征，《方言》（1）：58-62。

秦鹏，2021，汉语信息焦点和对比焦点区分的语调证据，《当代语言学》（1）：74-86。

杉村博文，1999，“的”字结构、承指与分类。载江蓝生、侯精一（主编），《汉语现状与历史的研究》。北京：中国社会科学出版社。47-66。

沈园，2017，形式语义学和实验方法，《当代语言学》（2）：234-245。

史金生，2002，现代汉语副词的语义功能研究。博士学位论文。天津：南开大学。

《数学辞海》编辑委员会（编），2002，《数学辞海（第六卷）》。北京：中国科学技术出版社/南京：东南大学出版社/太原：山西教育出版社。

王芳，2018，光山方言的全称量化——兼论汉语方言中个体全量的表达，《中国语文》（1）：49-64。

王功平，2019，不同类型语言疑问焦点的重音凸显，《汉语学报》（1）：57-64。

王玲，2011，焦点的韵律编码方式——德昂语、佤语、藏语、汉语等语言比较研究。硕士学位论文。北京：中央民族大学。

王路，2015，奎因的本体论承诺，《求是学刊》（5）：33-40。

伍雅清，2000，英汉语量词辖域的歧义研究综述，《当代语言学》（3）：168-182。

夏俐萍、唐正大（编著），2021，《汉语方言语法调查问卷》。上海：上海教育出版社。

熊玮，2016，汉语语句焦点音高及时长模式研究。硕士学位论文。广州：暨南大学。

徐杰、李英哲，1993，焦点与两个非线性语法范畴：否定和疑问，《中国语文》（2）：81-92。

徐烈炯，2001，焦点的不同概念及其在汉语中的表现形式，《现代中国语研究》（1）：10-22。

徐烈炯，2002，汉语是话题概念结构化语言吗？《中国语文》（5）：400-410。

徐烈炯，2007，上海话“侪”与普通话“都”的异同，《方言》（2）：97-102。

徐烈炯、刘丹青，1998，《话题的结构与功能》。上海：上海教育出版社。

徐烈炯、潘海华（主编），2005，《焦点结构和意义的研究》。北京：外语教学与研究出版社。

徐烈炯、潘海华（主编），2023，《焦点结构和意义的研究（增订本）》。上海：上海教育出版社。

徐颂列，1998，《现代汉语总括表达式研究》。杭州：浙江教育出版社。

玄玥，2002，焦点问题研究综述，《汉语学习》(4)：35-43。

玄玥，2004，论汉语对比焦点标记“是”——兼论焦点标记对焦点敏感算子的制约。硕士学位论文。长春：东北师范大学。

玄玥，2007，描述性状中结构作谓语的自然焦点，《世界汉语教学》(3)：64-78。

杨小璐，2009，《焦点与级差：现代汉语“才”和“就”的儿童语言习得研究》。北京：北京大学出版社。

殷何辉，2009，焦点敏感算子“只”的量级用法和非量级用法，《语言教学与研究》(1)：49-56。

袁毓林，2003，从焦点理论看句尾“的”的句法语义功能，《中国语文》(1)：3-16。

袁毓林，2006，试析“连”字句的信息结构特点，《语言科学》(2)：14-28。

袁毓林，2012，《汉语句子的焦点结构和语义解释》。北京：商务印书馆。

袁正校、何向东，1997，实质蕴涵“怪论”新探，《自然辩证法研究》(增刊)：94-96+135。

张进凯、金铉哲，2022，焦点敏感算子“就”和“才”互换性的多重对应分析，《语言教学与研究》(4)：101-112。

张静，1987，《汉语语法问题》。北京：社会科学出版社。

张蕾，2022，《现代汉语全称量化词研究》。上海：上海教育出版社。

张蕾、潘海华，2019，“每”的语义的再认识——兼论汉语是否存在限定性全称量化词，《当代语言学》(4)：492-514。

张乔，1998a，《模糊语义学》。北京：中国社会科学出版社。

张乔，1998b，广义量词理论及其对模糊量词的应用，《当代语言学》(2)：24-30。

张维真，1993，试论“基数量词”，《哲学研究》(增刊)：23-26。

张维真，1994，广义量词理论述评，《中州学刊》(6)：52-55。

张晓君，2014，《广义量词理论研究》。厦门：厦门大学出版社。

张谊生，2003，范围副词“都”的选择限制，《中国语文》(5)：392-398。

赵建军、杨晓虹、杨玉芳、吕士楠，2012，汉语中焦点与重音的对应关系，《语言研究》(4)：55-59。

赵威，2013，汉语量词的单调性特征研究。硕士学位论文。长沙：湖南大学。

赵玉荣，2004，汉语主动、被动简单句中的量词辖域释义，《清华大学学报(哲学社会科学版)》(S1)：12-16。

钟良萍，2015，焦点重音韵律编码的方言对比研究。硕士学位论文。南京：南京大学。

周小兵，1999，频度副词的划类与使用规则，《华东师范大学学报（哲学社会科学版）》（4）：116-119。
邹崇理，1995，《逻辑、语言和蒙太格语法》，北京：社会科学文献出版社。
邹崇理，1996，情境语义学，《哲学研究》（7）：62-69。
邹崇理，2002，《逻辑、语言和信息——逻辑语法研究》。北京：人民出版社。
邹崇理，2007，关于非连续量词的类型—逻辑语义处理，《浙江社会科学》（2）：123-128。

推荐文献

Bach, E., E. Jelinek, A. Kratzer & B. H. Partee (eds.). 1995. *Quantification in Natural Languages* (Volumes 1 and 2). Dordrecht: Kluwer Academic Publishers.

Barwise, J. & R. Cooper. 1981. Generalized Quantifiers and Natural Language. *Linguistics and Philosophy 4*: 159-219.

Carlson, G. N. 1977. Reference to Kinds in English. Ph.D. Dissertation. Amherst, MA: University of Massachusetts, Amherst.

Ciardelli, I., J. Groenendijk & F. Roelofsen. 2019. *Inquisitive Semantics*. Oxford: Oxford University Press.

de Swart, H. 1993. *Adverbs of Quantification: A Generalized Quantifier Approach*. New York/London: Garland Publishing, INC.

Halliday, M. A. K. 1967. Notes on transitivity and theme in English Part 2. *Journal of Linguistics* (3): 177-274.

Heim, I. & A. Kratzer. 1998. *Semantics in Generative Grammar*. Oxford/Malden: Blackwell Publishers.

Jackendoff, R. 1972. *Semantics Interpretation in Generative Grammar*. Cambridge, MA: The MIT Press.

Keenan, E. (ed.). 1975. *Formal Semantics of Natural Language*. Cambridge: Cambridge University Press.

Lambrecht, K. 1994. *Informational Structure and Sentence Form: Topic, Focus, and the Mental Representation of Discourse Referents*. Cambridge: Cambridge University Press.

Rooth, M. 1985. Association with Focus. Ph.D. Dissertation. Amherst, MA: University of Massachusetts, Amherst.

Zubizarreta, M. 1998. *Prosody, Focus, and Word Order*. Cambridge, MA: The MIT Press.

蒋严、潘海华，1998，《形式语义学引论》。北京：中国社会科学出版社。

徐烈炯、潘海华（主编），2023，《焦点结构和意义的研究（增订本）》。上海：上海教育出版社。

袁毓林，2012，《汉语句子的焦点结构和语义解释》。北京：商务印书馆。

索引